水田利用と農業政策

水田フル活用政策の歴史的性格

西川 邦夫 編著

筑波書房

序言

　主食用米が2023年産から2024年産に切り替わる端境期は、全国的にスーパー等の小売店の棚から米が消え去る事態となった。マスコミではこれを「令和の米騒動」として、センセーショナルに報じている。この事態が何によってもたらされたのか、また1993年の冷害によって同じく引き起こされた「平成の米騒動」に匹敵するものなのかという点等は、今後事態が落ち着いてから冷静に検証される必要があるだろう。現時点で1点だけ明らかなのは、主食用米の需給調整を司る食糧法（主要食糧の需給及び価格の安定に関する法律）の目的である、「主要食糧の需給及び価格の安定を図り、もって国民生活と国民経済の安定に資すること」（第1条）が達成されていないことである。

　主食用米需要が減少を続ける中で、政府は水田の作付を主食用米から他の作物へ転換する「生産調整政策」を、半世紀以上にわたって継続してきたことは、農業を少しでも知っている者であれば周知のことである。本書で取り上げるのは、その中で2009年から2021年までに取り組まれてきた、「水田フル活用政策」と呼ばれる一連の政策群である。麦類や大豆等への作付転換に限界が感じられる中で、非主食用米による水田の湛水利用に舵を切ったのが水田フル活用政策であった。本章の各章で明らかにするように、同政策は主食用米需要に対して不要となった水田のスムーズな転換に貢献するとともに、地域によっては二毛作による水田利用率の上昇も達成することができた。本格的な非主食用米市場を形成したことも、同政策が残した実績ということになるだろう。膨れ上がる財政負担に直面した政府は、コロナ禍以降になって本格的に畑地利用への復帰を推進しているが、「令和の米騒動」はその転換の過程、つまりは米政策の空白期間で引き起こされたことに注意する必要があるだろう。

　米政策の機能不全が農業関係者だけでなく、国民一般に知れ渡ってしまっ

た以上、政策の見直しは不可避である。そのためには、まずはそれまで行われてきた政策を冷静に検証することから始める必要があるだろう。本書は水田フル活用政策について、主に水田利用に与えた影響について、地域性と歴史性の2面から検証したものである。今後展開するだろう議論の参考になれば、筆者一同望外の喜びである。

　本書は西川が研究代表者を務めた、科研費・基盤（C）「水田高度利用の構造と課題—二毛作と単収水準に焦点を当てて—」（20K06274）、2020年度～2024年度、による共同研究の成果である。研究メンバーによって組織した、令和3年度日本農業経営学会研究大会分科会「水田二毛作の現段階—地域性・経営主体・政策課題—」、2021年9月19日、2022年度政治経済学・経済史学会秋季学術大会「日本の水田農業の分岐点—1970-80年代—」、2022年10月23日、での議論がもとになっている。既発表の論文を大幅に加筆・修正したものも含まれており、各章の初出は以下の通りである。

　第1章　書き下ろし
　第2章　西川邦夫（編著）（2022）『北海道における良食味米産地の産地構造—上川中央・比布町における実態調査より—』（日本の農業257）、農政調査委員会。
　第3章　書き下ろし
　第4章　西川邦夫（2021）「茨城県における生産調整の現状と課題—2021年産における手法の変化に焦点を当てて—」『農村と都市をむすぶ』71（10）：38-48。
　第5章　西川邦夫（2022）「栃木県における水田二毛作の再編と担い手—新規需要米の導入による表作への影響に注目して—」『農業経営研究』60（2）：65-70。
　第6章　西川邦夫（2021）「新潟県における枝豆生産の現状と課題」農政調査委員会（編著）『水田地帯における枝豆振興の現状と課題—新潟県上越・

中越地区─』（日本の農業256）農政調査委員会：37-49。

　西川邦夫（2021）「中越地方における枝豆生産の展開構造─米価上昇・農業構造・収穫機械化」前掲農政調査委員会編著：87-119。

　第7章　西川邦夫（2022）「瀬戸内地方における水田二毛作の存立構造─岡山県と香川県の比較分析─」『農業経済研究』94（3）：214-219。

　第8章　書き下ろし

　第9章　西川邦夫「南九州における水田二毛作経営の存立条件─宮崎県都城市A経営の事例より─」『農業経営研究』59（2）：37-42。

　第10章　書き下ろし

　第11章　書き下ろし

　第12章　書き下ろし

　第13章　書き下ろし

　第14章　書き下ろし

　本書の出版に当たっては、令和6年度茨城大学研究推進経費（出版等支援）の支援を受けた。

　2024年9月2日

西川　邦夫

目 次

序言 ……………………………………………………………………… iii

第1部　水田利用の地域的展開 ………………………………… 1

第1章　はじめに―水田フル活用政策の諸相―
　　　………………………………………………… 西川邦夫… 3
　1．はじめに ………………………………………………… 3
　2．水田フル活用政策とは何か ……………………………… 4
　3．水田フル活用政策の成果 ………………………………… 12
　4．本書の構成 ………………………………………………… 23

第2章　北海道水田農業の特徴と良食味米産地の実態
　　　―統計分析と上川中央・比布町での実態調査より―
　　　……… 西川邦夫・安藤光義・渡部岳陽・平林光幸… 27
　1．はじめに ………………………………………………… 27
　2．都府県と比較した北海道水田作経営の行動……………… 29
　3．北海道水田地帯の地域的分化 …………………………… 34
　4．比布町における農業構造変動と町行政の取組 ………… 38
　5．大規模水田作経営の生産力構造 ………………………… 46
　6．おわりに ………………………………………………… 57

第3章　都府県における稲麦経営に関する統計分析
　　　―主に北関東・北九州の二毛作地帯に着目して―
　　　………………………………………………… 平林光幸… 61
　1．はじめに ………………………………………………… 61
　2．稲麦経営体の構造変動 …………………………………… 62

vii

３．稲麦経営体（個別経営）の規模別収益性分析 ……………………… 70

４．おわりに ……………………………………………………………… 74

第4章　茨城県における飼料用米の作付拡大と水田作経営の行動

西川邦夫… 77

１．はじめに ……………………………………………………………… 77

２．生産調整と飼料用米作付拡大の推移 ……………………………… 78

３．飼料用米作付経営の実態分析 ……………………………………… 86

４．おわりに ……………………………………………………………… 90

第5章　栃木県における水田二毛作の再編と担い手
　　　　　―非主食用稲の導入による表作への影響に注目して―

西川邦夫… 93

１．はじめに ……………………………………………………………… 93

２．栃木県における水田二毛作 ………………………………………… 96

３．A集落営農組織の事例分析 ………………………………………… 101

４．おわりに ……………………………………………………………… 104

第6章　新潟県における水田園芸導入の実態と課題
　　　　　―稲作と枝豆の相克― ……………………………… 西川邦夫… 107

１．はじめに ……………………………………………………………… 107

２．新潟県における枝豆生産の特徴 …………………………………… 111

３．中越地方における枝豆産地の実態 ………………………………… 119

４．枝豆経営の行動 ……………………………………………………… 124

５．おわりに ……………………………………………………………… 130

第7章　瀬戸内地方における水田二毛作の存立構造
　　　　　―岡山県と香川県の比較分析― ………………… 西川邦夫… 133

１．はじめに ……………………………………………………………… 133

２．岡山・香川県における水田利用と農業構造 ……………………… 138

viii

目 次

　3．水田作経営の事例分析 ……………………………… 142

　4．結論 ………………………………………………… 146

第8章　北部九州における水田二毛作の到達点と課題
―福岡県における麦類作付に焦点を当てて―

　　　　　　　　　　　　　　　　　　　　　渡部岳陽 … 149

　1．背景と課題 ………………………………………… 149

　2．福岡県における水田二毛作の動向と特徴………… 152

　3．糸島市における水田二毛作の展開と課題 ……… 158

　4．まとめ ……………………………………………… 166

第9章　南九州における水田二毛作の存立条件
―宮崎県における稲飼料二毛作に注目して―

　　　　　　　　　　　　　　　　　　　西川邦夫 … 171

　1．はじめに …………………………………………… 171

　2．宮崎県における水田利用の動向 ………………… 174

　3．集落営農組織による水田二毛作 ………………… 179

　4．飼料作コントラクター組織の実態 ……………… 184

　5．おわりに …………………………………………… 190

第2部　水田フル活用政策の歴史的比較 ……………… 193

第10章　1970-80年代の水田農業政策
―生産調整政策の形成過程―

　　　　　　　　　　　　　　　　　　安藤光義… 195

　1．はじめに …………………………………………… 195

　2．振り返ってみれば―日本版マクシャリー改革の可能性は― ……… 196

　3．生産調整開始に際して―複数の可能性が検討された― ………… 197

　4．供給削減と需要拡大のための措置 ……………… 199

　5．生産調整開始後の足取り―1971 ～ 1975年― ……………… 202

ix

6．生産調整政策の確立—水田利用再編対策— ……………………… 205

　　7．おわりに—他の可能性はなかった— ………………………………… 209

第11章　米生産調整政策の展開と労働力流動化政策

　　　　　　　　　　　　　　　　　……………………………………… 友田滋夫 … 213

　　1．1961年農業基本法の労働力政策と国民所得倍増計画 ………… 213

　　2．需給調整の観点で分析された米生産調整政策 ………………… 224

　　3．生産調整政策の諸要因 ……………………………………………… 228

　　4．生産調整政策と労働力需要の質的変化 ………………………… 230

第12章　1970 ～ 80年代の水田農業生産力

　　　　　　　　　　　　　　　　　………………………………… 渡部岳陽 … 243

　　1．はじめに—1970 ～ 80年代の農業・農村を取り巻く状況と動向—

　　　　　　　　　　　　　　　　　…………………………………………… 243

　　2．田作付作物の労働生産性と土地生産性 ………………………… 246

　　3．田作付の地域別動向 ………………………………………………… 249

　　4．田面積の増減率を規定する要因 ………………………………… 258

　　5．おわりに—まとめと考察— ………………………………………… 262

第13章　1970-1980年代の水田農業における農業生産組織の動向と
　　　　　その後の展開に関する統計分析

　　　　　　　　　　　　　　　　　………………………………… 平林光幸 … 265

　　1．はじめに ………………………………………………………………… 265

　　2．各地域での水田利用の状況 ……………………………………… 266

　　3．農業生産組織の形成と農家の参加 …………………………… 274

　　4．集落営農実態調査にみる経営発展の状況 …………………… 280

　　5．おわりに ………………………………………………………………… 282

第14章　おわりに―水田フル活用政策の歴史的性格―

　　　………………………………………………西川邦夫… 285

　1．はじめに ……………………………………………… 285

　2．本書の要約 …………………………………………… 285

　3．考察 …………………………………………………… 294

　4．おわりに ……………………………………………… 298

第1部

水田利用の地域的展開

第 1 章

はじめに
―水田フル活用政策の諸相―

西川邦夫

1．はじめに

　本書の目的は、水田フル活用政策が日本の水田利用に及ぼした影響を検証することで、同政策の到達点を明らかにすることである。つまり、水田フル活用政策が水田利用をどのように変えたのか、そしてその結果として何がもたらされたのかということを、本書の各章を通じて検証することとする。

　本書は 2 部構成をとっているが、それは本書の視角を表している。第 1 に、水田フル活用政策自体の分析として、実施期間中の水田利用の地域的展開を検討する。各地の水田利用は自然的・社会的条件によって多様である。水田フル活用政策では非主食用米や麦・大豆・飼料作物等について全国一律の単価が設けられたが、それが各地の水田利用にどのような差をもたらしたのか、どの地域により強く影響を与えたのかという点から、水田フル活用政策の特徴が明らかになってくるだろう。第 2 に、1970年代から1980年代にかけて実施された水田利用再編対策との比較である。本章で後ほど検討するように、水田利用再編対策と水田フル活用政策は、国際秩序の変化に起因した食料安全保障の確保への寄与という、背景となった環境や政策理念が類似している。一方で、主食用米からの作付転換の手法は、水田利用再編対策は畑地利用（畑作物への転換）、水田フル活用政策は湛水利用（非主食用米への転換）と異なっている。水田利用再編対策と水田フル活用政策の到達点を比較することで、後者の歴史的性格がより明瞭になることが期待できる。

3

第1部　水田利用の地域的展開

　本章では、本書の導入部分として水田フル活用政策の特徴を整理するとともに、二毛作、水田利用の地域的展開、非主食用米市場の動向に注目して、簡単な評価をしたい。そのうえで、本書の各章の位置づけを示す。

2．水田フル活用政策とは何か

（1）水田フル活用政策の期間

　水田フル活用政策とは、主食用米から他作物への作付転換を推進する生産調整政策として、2009年から2021年まで13年間にわたって実施された政策のことを指す。「水田フル活用政策」と呼ばれる定型化された施策が存在したわけではない。ある理念に沿った複数の施策の連続が、水田フル活用政策を形成している。その理念とは、水田の湛水利用を通じた食料安全保障への寄与である。

　第1表は、水田フル活用政策実施期間における主な出来事を、年表形式で示したものである。同政策の起点とした2009年は、2008年度第2次補正予算において水田最大限活用緊急対策（水田フル活用推進交付金）が措置された

第1表　水田フル活用政策の関連年表

年	月	主な事項
2009	3	2008年度第2次補正予算が成立、水田最大限活用緊急対策（水田フル活用推進交付金）が措置。
		2009年度予算が成立、水田等有効活用促進対策が措置。
	4	「米政策に関するシミュレーション結果（第1次）」（第1次石破プラン）の公表。
	8	第45回衆議院議員総選挙で民主党が勝利、政権交代へ。
	9	「米政策に関するシミュレーション結果（第2次）」（第2次石破プラン）の公表。
2010	4	米戸別所得補償モデル事業、及び水田利活用自給力向上事業の開始。
2012	12	第46回衆議院議員総選挙で自民党が勝利、再び政権交代へ。
2013	11	農林水産業・地域の活力創造本部で「新たな米政策」が決定。
2014	4	経営所得安定対策における米の直接支払交付金が15,000円/10aから7,500円/10aへ減額。
		水田活用の直接支払交付金において飼料用米・米粉用米に対する数量払いを導入。
2017	4	全国一律の二毛作助成の廃止、以降は産地交付金として各都道府県等が措置。
2018	4	国による主食用米の生産目標数量の配分、及び米の直接支払交付金の廃止。
		新市場開拓用米（輸出用米等）、畑地化に対する支援が設けられる。
2021	4	都道府県等で作成する「水田フル活用ビジョン」を「水田収益力強化ビジョン」に改称。
	5	『食料・農業・農村白書』で「水田フル活用」に類する用語が登場する最後。

資料：筆者作成。小川（2022）、pp.329-332、も一部参照した。

4

第1章　はじめに―水田フル活用政策の諸相―

年である。おそらく初めて「水田フル活用」という名称を冠した同対策は、2007年の行政による生産目標数量の配分廃止によって緩和した生産調整の引き締めを狙って、生産調整実施者の米作付面積に対して3,000円/10ａを交付したものであった。

　そして2021年は、農林水産省が毎年公表している『食料・農業・農村白書』において、水田フル活用に関する記述が最後に確認できる年である。**第2表**は、白書における水田フル活用に関する記述を抜き出して示したものである。2009年から2021年まで、「施策」部分も含めて毎年「水田フル活用」や「水田の有効活用」等、水田フル活用政策に関連した記述が見られた。し

第2表　『食料・農業・農村白書』における水田フル活用政策関連の記述

年版	頁番号	記述
2009	186	水田フル活用に向けた新規需要米（米粉用米、飼料用米等）の本格生産を推進するなど、生産調整の実効性の確保に向けた取組を推進する。
2010	104	水田を有効に活用して食料の安定供給の確保を図るため、米粉用・飼料用米の生産増に取り組んでいくことも重要です。
2011	177	食料自給率向上、水田の有効活用のためには、輸入小麦の代替となる米粉、飼料用とうもろこしの代替となる飼料用米の需要・生産の拡大が必要です。
2012	182	食料自給率の向上のためには、水田を有効に活用し、麦、大豆、米粉用米、飼料用米等の戦略作物を生産することが不可欠です。
2013	191	米の消費及び生産が減少を続ける中、食料自給率の向上、水田の有効活用に向けて、米粉の生産・利用の拡大等が進められています。
2014	15	「ウ．水田フル活用と米政策の見直し」…（中略）…麦、大豆、飼料用米等の作物の生産性向上へ…（中略）…水田を有効に活用していくことが重要です。
2015	17（施策）	食料自給率・食料自給力の維持向上を図るため、飼料用米、麦、大豆など戦略作物の本作化を進めるとともに、…（中略）…水田のフル活用を図ります。
2016	129	我が国の気候・風土に適した米は、とうもろこしとほぼ同等の栄養価を有し、…（中略）…水田フル活用による農地の維持保全等を図ることができます。
2017	19（施策）	食料自給率・食料自給力の維持向上を図るため、飼料用米、麦、大豆など、戦略作物の本作化を進めるとともに、…（中略）…水田のフル活用を図ります。
2018	148	都道府県段階と地域段階に設置された農業再生協議会は、…（中略）…主食用米、麦、大豆、飼料用米等の作付方針（水田フル活用ビジョン）を検討し、…
2019	181	水田フル活用による食料自給率の向上等を図るため、水田における麦、大豆、飼料用米、米粉用米等の主食用米以外の作付けに対する支援を実施しています。
2020	193	食料自給率・食料自給力向上等を図る観点から、水田をフル活用し、需要のある麦、大豆、米粉用米、飼料用米等への転換を進めることが重要です。
2021	188	水田をフル活用し、需要のある麦、大豆、米粉用米、飼料用米等の戦略作物や野菜、果樹等の高収益作物等への転換が進められることが重要です。

資料：農林行政を考える会（2023）、p.12、図5、より引用。原資料は、農林水産省『食料・農業・
　　　農村白書』各年版より、筆者作成。
注：「施策」とは同年に講じようとする施策の説明部分を指す。

5

かしながら、2022年版白書からそのような記述は見られなくなった。2022年
は、転作助成に当たる水田活用の直接支払交付金の受給要件として、5年間
水張りがされなかった水田を交付対象から除外する、いわゆる「5年水張り
ルール」が始まった年である。その前年の2021年からは、水田から畑地への
転換に対して1回に限って支払われる畑地化支援が、105,000円/10aから
175,000円/10aに引き上げられた。

　なぜ2021年から導入された一連の政策が、水田フル活用政策からの転換を
象徴するのか。それは、作付転換の重点が転作作物として水稲を作付ける湛
水利用から、畑作物を作付ける畑地利用に移行したからである。正確に言う
と、再度移行したからである。1969年の生産調整開始以降、作付転換の中心
は麦・大豆・飼料作物等の畑地利用であり、その延長線上に水田の畑地化が
構想されることもあった。1980年代から1990年代にかけては、他用途利用米
制度による加工原料米生産が試みられたが、水田利用においては副次的なも
のにとどまった。主食用米の過剰生産力を除去するという観点からは、畑地
利用が根本的な解決となるからである[1]。しかしながら、生産調整面積の
拡大とともに湿田等の畑地利用が困難な水田での作付転換が困難になり、こ
れ以上の畑作物の生産拡大に限界感が指摘されるようになった。矛盾が噴出
したのが2007年以降の生産調整緩和と米価下落であり、その対応が「水田を
水田として活用することが何よりも重要である」ことを理念とする水田フル
活用政策であった（小川（2022）、p.327）。

（2）水田フル活用政策の特徴

1）政策手法―湛水利用の全国的展開―

　水田フル活用政策の特徴として、以下の3点を指摘したい。第1に、主食
用米からの作付転換の中心が、非主食用稲による水田の湛水利用であったこ
とである。農林水産省の資料では、新規需要米として主に米粉用米、飼料用

（1）以上の経緯については、西川（2023e）、pp.25-26、を参照。

第1章　はじめに―水田フル活用政策の諸相―

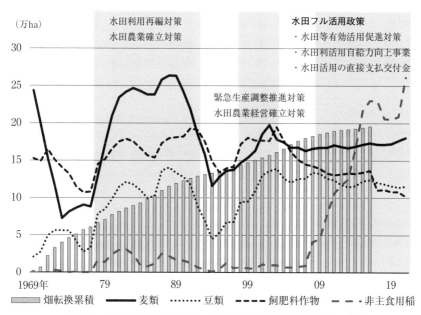

第1図　水田における作物別作付面積と畑転換累積面積の推移
資料：西川（2023e）、pp.30、第2図、より加筆の上引用。原資料は、農林水産省『作物統計』より、筆者作成。
注：1）非主食用稲作付面積＝水稲作付面積－主食用米作付面積。2017年以降、豆類は大豆のみ。
　　2）畑転換面積は田のかい廃面積の内訳である。2017年から公表されなくなったので、本図における表示も2016年までである。
　　3）飼肥料作物の値は、2008年以降飼料用米、WCS用稲を除いたものである。

米、WCS用稲、新市場開拓用米（輸出用米等）が挙げられている[2]。本書ではこれらに加えて、加工用米と備蓄用米も含めて、非主食用稲として議論を進めていきたい。つまり、国内で消費される主食用米以外の米を非主食用稲として定義するのである。

第1図は、水田における作物別作付面積と畑転換累積面積の長期的な推移を示したものである。麦類、豆類、飼肥料作物の作付面積は、時期によって上下はありつつも1980年代後半には上限に達している。それに対して、非主

（2）例えば、農林水産省「新規需要米等の用途別作付・生産状況の推移（平成20年産～令和4年産）」を参照。

7

第1部　水田利用の地域的展開

食用稲の作付面積は2000年代後半から急速に増加し、2021年には26.1万haに達した。2022年も増加したので、麦類が1988年に記録した最大作付面積26.4万haを上回ることが見込まれる。また、非主食用稲は2015年に畑転換累積面積の値も上回った。主食用米からの作付転換という観点からは、非主食用稲による湛水利用を推進する水田フル活用政策は、これまでで最も成功した政策ということになる。

そして、水田フル活用政策は水田の湛水利用を全国的に展開する制度構造を有していた。民主党政権下の水田利活用自給力向上事業（2011年からは水田活用の所得補償交付金）では、飼料用米、米粉用米、WCS用稲、麦、大豆、飼料作物等が戦略作物に指定され、全国一律の交付単価が設定された。その中でも、飼料用米や米粉用米等の非主食用稲（新規需要米）に対しては、80,000円/10 a という高単価を設定して全国的な作付拡大が推進された。それまでの転作助成である産地づくり交付金が、2004年の米政策改革以降、各地域の協議会に対して使途の裁量性を全面的に認めてきたことと対照的であった（田代（2010）、pp.56-57）。水田利活用自給力向上事業への転換に当たっては、麦と大豆の交付単価低下に対して地域の協議会が使途を決めることができる激変緩和措置が設けられ、2011年からは産地資金として制度化された。しかしながら、あくまで全国一律単価の部分が主、産地資金の部分は従という扱いであった。上記の制度構造は、自民党に政権が再度交代した後の水田活用の直接支払交付金にも引き継がれた。全国的に水田の湛水利用を推し進めることになったのである。

２）政策理念─食料安全保障の確保─

第2に、水田フル活用政策は13年間の長期間にわたって継続された政策であり、その背景には高まる食料安全保障の重要性があった。同政策と比較可能なのが、1970 ～ 1980年代に実施された水田利用再編対策である。水田フル活用政策の到達点は、水田利用再編対策との比較によって評価をすることが、ある程度は可能である。

第1章　はじめに―水田フル活用政策の諸相―

　生産調整政策は1969年の稲作転換対策から、複数年にわたる政策パッケージの連続として現在まで継続されている。その中で長期にわたる対策として実施されたのが、1978年から1986年にかけて3期9年にわたった水田利用再編対策である。同対策は、主食用米の構造的過剰が定着したとの認識の下、水田の有効利用と食料安全保障の確保へ寄与するために、特定作物と呼ばれた麦・大豆・飼料作物等、自給力に乏しい作物への作付転換を進めるものであった（田代（1993）、p.221）。転作助成の特定作物に対する当初の手厚い支援と、2,000億円〜3,000億円程度の予算の確保にも支えられ、**第1図**にあるようにそれら作物の作付面積は大幅に増加した。その後、転作助成の予算削減によって⁽³⁾、それら作物の作付面積は縮小と拡大を繰り返した。そして、再び主食用米所得と均衡する十分な転作助成が確保できた水田フル活用政策によって、非主食用稲の作付が拡大したという経緯がある（西川（2023b）、pp.39-41）。

　第3表は、水田利用再編対策と水田フル活用政策を取り巻く環境を比較し

第3表　1970〜1980年代と2000年代後半以降の政策環境の比較

	1970〜1980年代	2000年代後半〜
国際関係	・アメリカが支えてきたIMF体制の危機（大島（1991））	・「撤退するアメリカ」（スティーブンス（2015））
食料政策	・穀物価格上昇に対する食料安全保障確保	・穀物価格上昇に対する食料安全保障確保
生産調整	・水田利用再編対策による麦・大豆・飼料作物の作付拡大（1978〜1986年）	・水田フル活用政策による非主食用米の作付拡大（2008〜2021年）
担い手育成	・中核農家の育成と地域ぐるみの対応（「地域農業の組織化」）（「1980年農政審答申」）	・意欲ある多様な農業者による農業経営の推進（「2010年基本計画」） ・多様な経営体による地域の下支え（「2020年基本計画」）
農地政策	・農用地利用増進法（1980年） →農地の「集団利用」と「自主的管理」（関谷（2002））	・人・農地プランの作成（2014年） ・地域計画の作成（2023年）

資料：農政審議会『80年代の農政の基本方向』（1980年）、農林水産省「食料・農業・農村基本計画」（2010年・2020年）等から作成。

（3）2010年頃までの転作助成の推移については、10a当たりの金額で見た、荒幡（2014）、pp.616-617、当初予算で見た、中渡（2010）、p.57、を参照。

9

第1部　水田利用の地域的展開

たものである。両者の間には多くの類似点があることが分かる。まず国際環境を見ると、いずれも基軸通貨国であり日本の同盟国であるアメリカの影響力低下が指摘されていた。1970年代から1980年代にかけては、ドルの金交換停止と変動相場制への移行により、第2次世界大戦後の世界経済を支えてきたIMF（国際通貨基金）体制の危機が訪れた（大島（1991））。それに対して2000年代後半以降は、アフガン・イラク戦争の行き詰まりと世界経済における新興国の台頭により、世界の秩序維持から「撤退するアメリカ」（スティーブンス（2015））が主張された。

　両方の時期で食料安全保障の重要性が高まったことは、国際秩序の変化と関連している。前者はソビエト連邦による穀物の大量輸入、後者は中国をはじめとした新興国の穀物需要拡大と、アメリカのエネルギー安全保障政策（2005年エネルギー政策法）が直接的な契機であったが、アメリカの過剰なドル供給による過剰流動性の存在が背景にある。いずれも基軸通貨であるドルの信認低下につながるとともに[4]、国際的な穀物価格の上昇をもたらすことになった。国際秩序が変化する度に必要とされる食料安全保障の確保という政策課題に対して、水田利用再編対策は畑地利用によって、水田フル活用政策は湛水利用によって応えようとするものであったといえよう。

　一方で、食料生産を支える農業構造は、両方の時期で置かれている状況が全く異なる。前者は高度経済成長の終焉による農村労働力の滞留が農民層分解の停滞をもたらしたのに対して、後者は農家数の激減による縮小再編過程

（4）1970年代と2000年代後半の食料価格上昇の比較については、矢口（2009）、pp.77-78、も参照。なお、筆者は2000年代後半と2020年代に入ってからの食料価格の上昇は、ひと続きの事象であると考えている。2010年代において世界の穀物在庫率が比較的高位で維持されたのは、ロシアとウクライナによる輸出拡大のためだった。農林水産省（2020）、pp.112、図表1-3-4、によると、2000年から2019年にかけての世界の小麦輸出合計の増加（1.0億トン→1.8億トン）のほとんどが、ロシアとウクライナによって供給されている。また、2020年代における価格上昇をもたらしたのも、ウクライナ戦争の当事国である両国であった。国際穀物市場においてもアメリカの影響力が低下する中で、穀物供給の多極化と不安定化が進展しているのである。

第1章　はじめに―水田フル活用政策の諸相―

（安藤（編著）（2018））の只中にある。それにもかかわらず、農業構造政策として用意されているものは、小規模農家も含めた多様な担い手を措定し、地域における集団的な農地利用調整に委ねるものとして共通している。構造と政策の不一致は、政策課題である食料安全保障の確保の達成にとって阻害要因となることが考えられる。農業が縮小再編過程にある現在において、農民層の分解が停滞していた1970～80年代と類似した政策をとることの妥当性である。ただし、本書の各章における分析では水田利用に焦点を当てたので、農業構造の分析は不十分になっている。この点の解明は他日を期したい。

3）政治環境―政権交代の影響―

　従来型の生産調整においては、未達成者を各種補助金の対象から除外する等のペナルティ措置や、行政指導による強制が推進の手法として用いられてきた。作付けできない主食用米の所得を補うには不十分な転作助成を、経済外的な手法で補うためであり、それが日本における生産調整の特徴であるとされてきた（荒幡（2014）、p.557）。水田フル活用政策の理念の１つである主食用米所得と均衡する転作助成は、ペナルティ措置等を廃止する、いわゆる「選択制生産調整」とセットになったものであった。従来型の生産調整の行き詰まりが明瞭になる中で、選択制生産調整への移行を打ち出したのが、2009年に石破茂農林水産大臣（当時）が主導して作成された「米政策に関するシミュレーション結果（第１次）（第２次）」、いわゆる「石破プラン」であった。そこでは、ペナルティ措置の廃止、米価下落補填対策の導入、非主食用稲を中心とした十分な転作助成の確保を１つの政策パッケージとして、選択制生産調整として打ち出した。

　「石破プラン」は自民党内の農林関係議員の強い反対によって、結局実現されなかった。その政策パッケージを、2010年に米戸別所得補償モデル事業（ペナルティ措置の廃止、米への直接支払制度、主食用米所得と均衡する転作助成）として実現したのが民主党政権であった。水田の畑地利用から湛水利用への実効性のある転換のためには、政権交代による政治的衝撃が必要

11

第1部 水田利用の地域的展開

だったのである⁽⁵⁾。民主党政権は短命に終わり、再度政権についた自民党
は米の直接支払交付金を2017年までに段階的に廃止した。しかしながら、そ
の後も水田活用の直接支払交付金を梃子に、非主食用稲による生産調整が継
続されたのは周知のとおりである。

　本章では水田フル活用政策の終焉を2021年としたが、その頃から生産調整
政策の手法には大きな変化が見られるようになった。2022年からは経営所得
安定対策のナラシ対策の受給要件に、JA等の集荷業者と6月末までに出荷
数量等の契約を結ぶことが設けられた。これによって、主食用米の需給調整
はより精度が上がることが予想されるが、一方で米価下落時のセーフティー
ネットとしてのナラシ対策を受給するために、農業者の作付の自由は制約さ
れることになった。また、農林水産省の職員が生産現場に出向いて生産調整
への協力を要請する、いわゆる「キャラバン」は、2014年以降年々その回数
を増加させている。選択制生産調整が導入される従来型の生産調整がペナル
ティや行政指導に多くを依っていたことを想起すると、近年の生産調整は過
去への逆戻りの様相を呈している（西川（2023f）、pp.27-28）。それは、自民
党に代わって政権を担当できる政党が長期にわたって不在となる中で、民主
党農政の遺産から最終的に脱却する過程でもある。

3. 水田フル活用政策の成果

（1）水田フル活用政策は変質したのか

　水田フル活用政策の検証としては、小川真如による体系的な研究が存在す
る。小川によると、2014年を境として水田フル活用政策の性格は変質した。
2014年以前の自民党政権末期から民主党政権期にかけては、不作付地対策と
しての非主食用稲の作付拡大と、二毛作による耕地利用率の向上が理念とさ
れた。しかしながら、再度自民党に政権が交代した後の2014年以降は、2018

（5）「石破プラン」と民主党農政の連続性については、西川（2023b）、pp.38-39、
　を参照。

年以降の国による生産目標数量の配分廃止をにらんで、非主食用稲による主食用米の需給調整の推進に主眼を置いたものになった。以上の結果、2009年から2013年にかけては、非主食用稲も含めた稲作の維持と水田利用率の上昇が見られたが、2014年から2018年にかけては、水田利用率が停滞する中で非主食用稲への作付転換が進んだことが明らかにされている（小川（2022）、pp.328-332、367-371）。

　小川による分析は水田フル活用政策の推移を丹念に追ったものであり、その結論は概ね首肯できるものである。本書の各章においても、2010年代の中頃までとそれ以降では、特に水田二毛作地帯を中心に、水田利用の変化が見られることが確認できる。例えば、第5章で取り上げた栃木県では、2010年から2015年と比べて、2015年から2020年にかけて非主食用稲が増加から減少に転じ、夏期不作付田面積の減少も鈍化した。第7章で取り上げた岡山県と香川県でも、同様の動きが見られた。確かに、湿田等における不作付地の解消に焦点を合わせるなら、小川が指摘するように2014年以降の水田フル活用政策は当初の理念を失って変質したという評価になるだろう。しかしながら、本書のように水田の湛水利用という利用方法に注目するのであるなら、異なった評価が可能になってくる。主食用米から非主食用稲への作付転換自体は確実にその後も進んだのであり、その意味で、水田フル活用政策は一貫していたのである。そのうえで、現時点で政策の到達点を評価する必要がある。小川は水田という資源そのもの、つまり米産業の再生産過程の「入口」に注目したのに対して、本書は水田に何を作っているのかという、むしろ「出口」に焦点を合わせていると言えるだろう。

　以下では、二毛作、地域的展開、非主食用米市場の3点に絞って、水田フル活用政策の成果を評価したい。

（2）二毛作の拡大と水田生産力の上昇

　水田フル活用政策は当初から二毛作に対する支援を行ってきた。自民党政権下の2009年には、水田等有効活用促進対策に水田裏作への助成15,000円

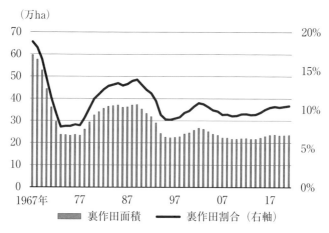

第2図　裏作水田面積及び割合の長期的推移

資料：農林水産省『作物統計』より作成。
注：裏作田面積＝田の作付延べ面積－夏期作付面積（夏期水稲作付面積＋夏期水稲以外の作物のみの作付田面積）。裏作田割合＝裏作田面積／田本地面積。

/10aが盛り込まれ、2010年以降は民主党政権の水田利活用自給力向上事業に引き継がれた。自民党への政権再交代後も二毛作への支援は維持されたが、2017年から水田活用直接支払交付金における全国一律のメニューからは外された。しかし、水田二毛作を行っている地域では、自治体が独自に産地交付金に二毛作への支援を設けている場合が多い。

　第2図は、水田裏作の長期的な推移を示したものである。高度経済成長期に裏作が縮小して以降、水田フル活用政策下は3度目の回復期に当たる。1度目は水田利用再編対策が行われた1970年代から1980年代にかけて、2度目は水田農業経営確立対策が行われた1990年代後半から2000年代初めにかけてである。水田フル活用政策下では、裏作田面積は2013年（21.7万ha）を、裏作田面積割合は2009年（9.2％）をボトムとして上昇を始めた。裏作田面積は2018年（23.7万ha）をピークにその後は停滞しているが、裏作田面積割合は2021年（10.5％）も上昇を続けている。全国的な二毛作助成が継続されている間は面積自体が増加し、それ以降は水田面積の減少が割合を押し上げて

いるということになるだろう。ちなみに、2009年から2021年にかけて、水田利用率は97.0％から98.4％に上昇している。

　この間の動きを総合すると、水田フル活用政策は水田面積全体の減少を抑えることはできなかったが、残された水田については利用率を上昇させる方向に働いたとすることができる。経済理論を用いて整理するならば、水田から生産される作物の需要が総量として減少する中で、劣等地が耕境外に押し出される一方で（差額地代の第1形態の減少）、残された相対的な優等地に追加的な投資が行われた（差額地代の第2形態の増加）ということになるだろう。

　問題は追加的な投資の中身である。本書の各章で注目するのが、夏作（表作）の再編成である。主食用米から非主食用稲への転換に加えて、夏期休閑を行っていた水田に非主食用稲を作付けたことで二毛作となった場合もある（第5章）。主食用米から非主食用稲への転換は単収の上昇をもたらすことが多い。また、冬作（裏作）の麦において新品種を導入する場合も確認できた（第8章）。主に新品種を用いた水稲作付という追加的な投資、それによる水田生産力の上昇は、政策的な二毛作の推進をポジティブに評価する要素となるであろう。

（3）水田利用の地域的展開

　第4表は、地域別に2020年における田作付の構成、及び2010年からの変化を示したものである。水田の利用には地域性が見られる。良食味米の産地として市場評価が高い北陸（70.7％）や、消費地である首都圏に隣接している関東・東山（68.0％）は主食用米の構成が高い。北海道（45.3％）、四国（57.3％）、九州（53.6％）は主食用米の割合が低いが、代わりに北海道と九州は麦類（15.6％、19.8％）、大豆（8.7％、7.0％）、飼料作物（12.3％、12.6％）の割合が高い。九州の場合、麦類は北九州（25.6％）で高く、飼料作物は南九州（28.8％）で高い。四国は田本地利用率（90.5％）が低いために、主食用米に代わって割合が高い作物が見当たらない。

15

第1部　水田利用の地域的展開

第4表　地域別田作付の構成と過去10年間の変化（2020年）

地域	田本地利用率	裏作田割合	田本地面積に占める割合									
			主食用米	非主食用稲					麦類	大豆	飼料作物	その他
				計	飼料用米	WCS用稲	加工用米	備蓄用米				
全国	98.3%	10.4%	60.8%	9.3%	3.1%	1.9%	2.0%	1.6%	7.8%	5.1%	4.6%	10.7%
	0.5%	1.2%	-6.3%	6.0%	2.5%	1.2%	0.4%	1.3%	0.7%	0.0%	0.5%	-0.5%
北海道	98.7%	1.0%	45.3%	4.5%	0.9%	0.3%	2.8%	0.2%	15.6%	8.7%	12.3%	12.4%
	-0.4%	0.8%	-7.6%	3.2%	0.2%		1.8%	-0.4%	2.4%	1.9%	0.6%	-0.9%
東北	91.5%	1.6%	60.3%	12.3%	4.0%	1.3%	2.6%	3.9%	1.2%	5.7%	4.0%	7.9%
	-0.7%	0.6%	-7.4%	7.6%	3.0%	0.8%	-0.3%	3.3%	-0.3%	-0.2%	-0.2%	-0.2%
北陸	95.5%	4.3%	70.7%	10.0%	1.8%	0.4%	2.6%	3.5%	3.6%	4.3%	0.3%	6.6%
	1.5%	0.5%	-2.6%	4.6%	1.4%	0.2%	-1.2%	3.1%	0.2%	-0.9%	0.0%	0.3%
関東・東山	100.7%	11.3%	68.0%	10.7%	6.0%	1.0%	1.8%	1.0%	8.6%	2.0%	1.9%	9.6%
	1.7%	1.2%	-6.4%	8.0%	5.2%	0.6%	0.5%	1.0%	-0.2%	-0.7%	0.2%	0.8%
北関東	105.1%	15.7%	63.8%	13.5%	8.2%	1.3%	2.2%	0.9%	11.6%	2.2%	2.8%	11.3%
	3.8%	2.2%	-6.5%	9.8%	7.3%	0.7%	0.4%	0.9%	-0.5%	-1.3%	0.4%	1.9%
東海	99.2%	16.9%	63.3%	6.9%	4.4%	0.6%	1.3%	0.3%	11.8%	8.0%	0.7%	8.5%
	0.8%	2.0%	-5.4%	5.0%	3.6%	0.3%	0.7%	0.3%	1.8%	1.0%	0.0%	-1.6%
近畿	95.0%	13.2%	61.9%	4.1%	1.0%	0.8%	1.3%	0.2%	6.6%	5.7%	0.9%	15.9%
	1.0%	0.7%	-2.8%	2.8%	0.9%	0.5%	0.6%	0.2%	0.5%	0.5%	-0.1%	0.0%
中国	85.1%	6.5%	60.1%	5.3%	2.1%	1.3%	1.2%	0.1%	3.9%	2.4%	3.4%	10.0%
	-2.8%	1.0%	-7.0%	3.8%	1.6%	0.8%	0.8%	-0.3%	1.5%	-0.4%	0.7%	-1.5%
四国	90.5%	12.2%	57.3%	3.7%	2.2%	0.9%	0.2%	0.1%	6.2%	0.6%	0.9%	21.8%
	-6.2%	-0.3%	-8.3%	2.8%	1.5%	0.7%	0.2%	-0.1%	1.4%	-0.2%	-0.3%	-1.6%
九州	121.8%	35.9%	53.6%	12.8%	2.1%	8.6%	1.6%	0.2%	19.8%	7.0%	12.6%	16.1%
	4.4%	4.4%	-8.3%	8.8%	1.4%	5.9%	1.2%	0.0%	2.4%	0.3%	2.7%	-1.4%
北九州	123.7%	38.0%	55.1%	10.0%	2.3%	6.6%	0.7%	0.0%	25.6%	8.9%	7.7%	16.4%
	3.3%	3.1%	-6.7%	6.6%	1.5%	4.5%	0.3%	0.0%	3.0%	0.4%	1.8%	-1.8%
南九州	115.5%	29.1%	48.4%	21.9%	1.6%	15.2%	4.7%	0.0%	0.2%	0.8%	28.8%	15.5%
	8.1%	8.6%	-13.7%	15.9%	1.2%	10.3%	4.1%	0.0%	0.0%	0.1%	6.1%	-0.2%
沖縄	99.0%	22.8%	82.5%	-	0.0%	0.4%	2.5%		0.0%	0.0%	2.6%	33.6%
	-28.6%	-15.9%	-28.1%	-	0.0%	-5.2%	2.5%		0.0%	0.0%	1.9%	-15.8%

資料：農林水産省『作物統計』「米に関するマンスリーレポート（資料編）」（2023 年8 月）「令和2 年度　経営所得安定対策等の支払実績」「令和2 年産の水田における都道府県別の作付状況（確定値）」「戸別所得補償モデル対策の支払実績（速報値）について」（2010 年）より作成。

注：1）飼料用米、WCS 用稲、加工用米、飼料作物の値は、「令和2 年度　経営所得安定対策等の支払実績」「戸別所得補償モデル対策の支払実績（速報値）について」による。備蓄用米については、2020 年は「令和2 年産の水田における都道府県別の作付状況（確定値）」は未見であるので、「米に関するマンスリーレポート（資料編）」の2011 年の落札数量を『作物統計』の水稲単収で割って求め、2010 年に割り当てた。データの出所が異なるので、非主食用稲の内訳を足し合わせても合計に一致しない。

　　　2）各欄の上段は2020 年の値、下段は2010 年からの変化ポイントである。

田本地利用率が高いのは関東・東山（100.7％）（特に北関東（105.1％））、九州（121.8％）である。これら地域は二毛作を行っているためである。裏作をしている裏作田の割合も、関東・東山（11.3％）、九州（35.9％）で高い。特に南九州では、過去10年の田本地利用率（＋8.1ポイント、以下「pt」とする）、裏作田割合（＋8.6pt）の上昇が急激であり、二毛作が拡大していることがうかがわれる。一方で、近畿、四国では裏作田割合が高い（13.2％、12.2％）にもかかわらず、田本地利用率が低くなっている（95.0％、90.5％）。二毛作が可能なこれら地域において、水田利用の粗放化が進んでいることが分かる。特に四国（－6.2pt）では田本地利用率の低下が急速に進んでいる[6]。

　北陸と近畿を除いて主食用米の割合が低下したが、作付転換の中心になったのが非主食用稲である。特に、二毛作地帯として挙げた北関東（＋9.8pt）、北九州（＋6.6pt）、南九州（＋15.9pt）で上昇が著しい。非主食用稲の作付拡大が二毛作の拡大をもたらしていることが示唆されるが、具体的な分析は本書の各章を参照されたい。北関東は飼料用米（＋7.3pt）、北九州はWCS用稲（＋4.5pt）、南九州はWCS用稲（＋10.3pt）と加工用米（＋4.1pt）が上昇の中心となっている。北関東は茨城県・鹿島港から飼料用米の海上輸送に便利であること、北九州と南九州ではWCS稲による耕畜連携が広範に普及していることが示唆される。なお、南九州では飼料作物（＋7.7pt）の上昇も高い。水田フル活用政策が最もポジティブな影響を与えた地域は、二毛作地帯でありかつ畜産との結びつきが確保できた、北関東、北九州、南九州ということになる。なお、東北（＋3.3pt）、北陸（＋3.1pt）では備蓄用米の上昇が目立つ。水稲単作地帯での有力な転作作物となっていることがうかがわれる。

　二毛作の担い手としての、集落営農組織等の組織経営体の重要性に触れておきたい。**第5表**は農林水産省『農林業センサス』（2015年）より、田の経営耕地面積に占める組織経営体の割合を示したものである。2020年センサス

──────────

（6）近畿、中国、四国は、第2次世界大戦前に「高位生産力地帯」と呼ばれた地域で、農業生産力が高い地域であった。山田（1984）、p.142、を参照。

第1部　水田利用の地域的展開

第5表　地域別組織経営体が田に占める割合（2015年）

| | 田 | 稲を作った田 | | | 稲以外の作物だけを作った田 | 二毛作をした田 | 何も作らなかった田 |
		合計	食用	飼料用			
全国	16.2%	13.8%	13.4%	21.8%	28.4%	37.0%	7.5%
北海道	7.1%	6.0%	5.9%	15.2%	8.4%	-	11.6%
東北	16.7%	13.4%	12.9%	24.7%	36.0%	51.5%	6.2%
北陸	25.5%	22.5%	22.3%	36.6%	51.4%	58.4%	12.8%
関東・東山	9.5%	7.6%	7.1%	19.4%	24.8%	23.4%	5.1%
北関東	8.4%	7.0%	6.3%	18.4%	18.2%	25.7%	5.4%
東海	19.5%	15.6%	14.6%	39.5%	40.1%	39.6%	6.6%
近畿	16.1%	12.5%	12.2%	30.6%	33.6%	27.5%	6.7%
中国	17.9%	16.4%	15.6%	37.9%	29.7%	33.9%	9.9%
四国	9.6%	8.1%	7.9%	15.4%	18.9%	21.8%	3.3%
九州	21.6%	18.4%	19.1%	13.2%	35.7%	42.5%	8.0%
北九州	25.5%	22.3%	22.8%	17.5%	39.1%	48.2%	8.9%
南九州	5.4%	4.6%	4.3%	5.6%	11.7%	7.0%	2.7%
沖縄	2.9%	2.6%	2.6%	-	4.5%	0.0%	4.8%

資料：農林水産省『農林業センサス』（2015年）より作成。

では二毛作の項目が無くなったので、2015年センサスを用いた。田全体の経営耕地面積に占める組織経営体の割合は16.2％である。利用状況について見ると、食用稲（13.4％）＜飼料用稲（21.8％）＜稲以外の作物（28.4％）＜二毛作（37.0％）、の序列で組織経営体の割合が高くなることが確認できる。二毛作地帯においては、北関東と北九州が同様の序列となっている。組織経営体が地域の転作の担い手であることはこれまでも指摘されてきたが（鈴村（2008）、pp.143-148）、二毛作についても大きな役割を果たしている。水田フル活用政策のポジティブな影響は二毛作に強く表れたが、担い手としての組織経営体の存在が政策の受け皿として重要であったことのである。一方で、ここでも四国の低調な値が目に付く。四国における水田利用の後退は、組織経営体を中心とした担い手形成の遅れによるところが大きいと考えられる。

（4）非主食用米市場の成長

　第6表は、主食用米だけでなく非主食用米も含めた日本の米市場の規模の

第1章　はじめに―水田フル活用政策の諸相―

第6表　用途別に見た米市場の規模（供給ベース）

単位：トン

年	主食用うるち米				加工原材料用米穀					飼料用米				政府所有米穀			新市場開拓用米	合計	非主食用米の割合
	小計	農家消費	出荷・販売	MA	小計	もち	加工用米（うるち）	米粉用米	MA	小計	国産	備蓄	MA	小計	国産	MA			
2004年	785	180	599	6	70	27	12		31					58	37	21		913	16.3%
05	805	183	614	8	68	31	12		25					66	39	27		939	16.8%
06	781	165	606	10	66	27	14		25	15			15	39	25	14		901	15.4%
07	783	174	598	11	82	31	15		36	58			58	34	34			957	22.3%
08	808	172	626	10	81	30	14	0	37	67	1		66	10	10		0	966	19.5%
09	777	161	608	8	65	29	13	1	21	27	2		25	16	16		0	885	13.9%
10	766	174	584	8	75	32	19	2	21	49	7		42	10	10		0	900	17.4%
11	768	170	597	1	64	33	12	4	15	54	16		38	15	7	8	0	901	17.3%
12	783	167	608	8	66	33	15	3	15	64	17	2	45	8	8		0	921	17.7%
13	783	165	608	10	70	31	18	2	19	57	11	13	33	20	18	2	1	930	18.8%
14	749	154	591	4	71	30	23	2	16	101	19	38	44	28	25	3	1	949	26.7%
15	701	146	554	1	66	33	21	2	10	134	44	25	65	25	25		1	927	32.2%
16	707	146	560	1	71	35	22	2	12	142	51	21	70	23	23		1	942	33.4%
17	693	139	549	5	76	33	22	3	19	125	50	12	63	20	20		1	915	32.0%
18	703	130	564	9	72	29	22	3	18	92	43	10	39	12	12		2	880	25.3%
19	691	129	558	4	68	28	20	3	17	101	39	12	50	19	19		2	881	27.5%
20	688	124	559	5	66	29	19	3	14	110	38	19	53	23	21	2	3	890	29.3%

資料：農林水産省「食糧統計年報」「食糧をめぐる関係資料」（2013年7月）「米をめぐるマンスリーレポート（資料編）」（2023年8月）「加工用米生産量（平成16年産～令和4年産）「新規需要米等の用途別作付・生産状況の推移（平成20年産～令和4年産）」「平成22年産及び23年産米取引の状況について」（2012年4月），及び西川（2023d）より作成。

注：本表における非主食用米には，WCS用稲は含まれていない。

第1部　水田利用の地域的展開

推移を、供給ベースで示したものである。WCS用稲は含んでいないため、ここでは「非主食用米」の値となる。現在、主食用米の国内需要は毎年10万トンずつ減少しているとされる[7]。供給ベースでみた場合も、主食用うるち米の市場は2004年の785万トンから2020年の688万トンまで12.3%減少した。それに対して、非主食用米も含めた米市場全体でみると、913万トンから890万トンまで2.5%の減少にとどまっている。米市場全体でみると、案外健闘しているというのが実態である。

　米市場の規模を維持する要因となったのが、非主食用米市場の成長である。全体に占める非主食用米の割合は、2004年の16.3%から29.3%まで上昇した。現在、日本で流通している米の4分の1以上は非主食用米となっているのである。非主食用米の増加は、主に飼料用米によっている。2006年にMA米から15万トンが供給されたのを皮切りに、その後、国産米や政府備蓄米も追加され、2020年には110万トンが供給されている。

　非主食用米市場では、以下2つの注目すべき変化が起こっている。第1に、加工原材料用米穀におけるMA米の比重が低下していることである。加工原材料用米穀の供給量は、この間70万トン前後でほぼ一定であるが、MA米は2004年の31万トンから2020年の14万トンまで半減している。それに対して加工用米（うるち米）や、米粉用米の供給が増加している。本書の第9章における宮崎県の事例でも触れるが、米トレーサビリティの導入等により、加工原材料用米穀ではMA米から国産米への置き換えが進んでいるのである。第2に、余剰となったMA米は飼料用米に向けられるようになった。MA米の飼料用米向け供給が始まったのは2006年であり、年によって変動はあるが毎年40〜60万トン程度が供給されている。一方で、飼料用には国産米と政府備蓄米も向けられる。特に国産飼料用米は政策的な振興により供給量が増加しており、ここでもMA米と競合する勢いとなりつつある。

　このような動きは、以下2つの問題を惹起する。第1に、飼料用米の需要

────────────────────

（7）農林水産省「米をめぐる関係資料」（2023年7月）、p.5、を参照。

20

第1章　はじめに—水田フル活用政策の諸相—

の上限問題である。筆者による別稿での推計によると、国内畜産による飼料用米の年間使用可能数量は、近年190万トン程度で一定となっている。かつては飼料用米の潜在的な需要量は449万トンという農林水産省による見積もりもあったが、それは明らかに過大であり、現在は現実的なところで定まりつつある。そのような需要量の上限に向かって、急速に供給量を増やしているのが国産飼料用米である。**第6表**は2020年までの値しか示していないが、2021年には国産供給量は66万トン、全体の供給量は144万トンに達した。このままのペースでいくと、今後6〜7年で需要の上限に到達する可能性がある（西川（2023d）、pp.45-46）。現在の飼料用米市場は需要を国産米とMA米で分け合う形になっているが、供給量が需要の上限に達した後は国産米がMA米を置き換えるという、加工原材料用米市場と同様の事態が起こる可能性がある。

　第2に、財政問題である。非主食用稲、特に飼料用米は、主食用米との所得格差を補填するための交付金単価が高いために、その生産増加は必然的に財政負担の増加をもたらす。その結果として、近年飼料用米に対する財政当局からの批判が強まっていることが指摘されている（谷口（2021）、p.53）。転作助成の交付金単価の低さをペナルティ措置や行政指導によって補うような、従来型の生産調整とは異なる手法を探そうとすると、たちまち財政問題が壁になる。このことが水田利用再編対策の頃から繰り返されてきたことは、第10章の安藤論文でも指摘されている。さらに現在は、国産米によるMA米の置き換えが問題をより加重する。加工原材料用米と比べて飼料用米への販売は、必要とする財政負担が大きいと考えられる。MA米の購入価格は同一なのに対して、販売価格は加工原材料用米のほうが高いからである。

　第7表は、2022年産における用途別の米の生産者価格を示したものである。流通経費に大きな差が無いと仮定すると、様々な流通の段階における用途別の価格水準を概ね示していると言えよう。同表によると、主食用米13,209円/60kgに続くのが、加工用米8,955円/60kg、新市場開拓用米8,507円/60kgとなる。それをさらに下回るのが、加工原材料等に使用されるふるい目下

21

第 1 部　水田利用の地域的展開

第 7 表　用途別の生産者価格（2022 年産）

単位：円/10a、kg/10a、円/60kg

	10a 当たり収入	単収	生産者価格	交付金	交付金込み価格
主食用米	118,000	536	13,209	0	13,209
加工用米	80,000	536	8,955	4,590	13,545
新市場開拓用米	76,000	536	8,507	6,940	15,448
中米			6,000〜7,000	0	6,000〜7,000
飼料用米	16,000〜21,000	536〜686	1,791〜1,837	9,739〜9,769	11,530〜11,633

資料：西川（2023c）、p.16、表 1、より引用。農林水産省『作物統計』『令和 5 年度　経営所得安定対策の概要―農業者の皆様へ』、『日本経済新聞』より作成。

注：1 ）主食用米価格は、10a 当たり収入を水稲単収で割り戻して求め。飼料用米（標準単収）、加工用米、新市場開拓用米の計算方法も同様。飼料用米（多収）は標準単収＋150kg とした。

　　2 ）飼料用米は標準単収と多収のケースに分けて計算した。

　　3 ）中米価格は『日本経済新聞』2021 年 1 月 30 日付の記事より、流通経費 2,000 円（農協の集出荷経費を参照）（西川（2022）、p.4）を差し引いて求めた。

（1.70 〜 1.85mm） の 中 米6,000 〜 7,000円/60kgであり、 飼 料 用 米1,791 〜 1,837円/60kgはそれをさらに下回る。米市場では主食用米を頂点に、用途別に大きな価格差が形成されていることが分かる。中米以外は用途間の融通が用途限定米穀制度によって厳しく制限されているため、価格裁定機能は働かない。その代わりに、交付金によって主食用米並みかそれを上回る所得が保証される。水田フル活用政策の理念が主食用米と均衡する所得の確保である以上、非主食用稲の生産拡大は財政負担を増大し続けることになる。

　非主食用稲が抱える上記の問題は、結局のところ主食用米の価格問題にたどり着く。主食用米と非主食用稲の価格に大きな格差があることが、将来的に米市場を維持、さらには拡大していくことを妨げているのである。生産調整による主食用米の価格維持と、用途間の融通を制限している用途限定米穀制度の見直しが当面の課題となってくる。しかしながら、上記 2 つのシステムは水田フル活用政策を推進していくうえでの根幹でもあった。米市場を維持、さらには拡大していくためには、主食用米価格の水準を見直す新たな一

第1章　はじめに─水田フル活用政策の諸相─

歩を踏み出す必要がある[8]。

4．本書の構成

　本書は2部から構成される。第1部は、水田フル活用政策が水田利用をどのように変えたのか、地域的な展開の違いを明らかにするとともに、その要因を検討する。統計分析と、各地における実態調査を通じて課題に接近する。第2章（西川邦夫・安藤光義・渡部岳陽・平林光幸）では、北海道における良食味米産地である比布町を対象として、北海道水田農業の構造変動と水田利用の実態を明らかにする。農地購入による規模拡大と、大区画圃場整備の効果が多面的に検討される。第3章（平林）では、都府県における稲麦経営の展開の特徴を、統計分析に基づいて明らかにする。以下の都府県における地域別分析の前提となる章である。第4章（西川）では、茨城県における飼料用米作付の拡大と水田作経営の行動を、実態調査に基づいて検討する。行政主導による飼料用米の作付拡大が、どのように水田作経営の行動を変容させたか検討される。第5章（西川）では、栃木県における水田二毛作の変容を、飼料用米と集落営農組織に注目して検討する。飼料用米の普及に伴い、表作の作付の再編が水田二毛作を拡大したことが明らかにされる。第6章（西川）では、新潟県において水田園芸と非主食用稲が競合する要因を、JAや水田作経営に対する調査から分析する。稲作に強く依存した新潟県において、それと競合する水田園芸の導入には大きな壁が存在する。第7章（西川）は、瀬戸内地方における水田二毛作の存立条件を、岡山県と香川県を比

（8）主食用米価格が生産調整によって維持されていることは、近年増加しつつある米の輸出も妨げることになる。制度的には新市場開拓用米に含まれる輸出用米の生産拡大は、内外価格差を補填するための交付金を増加させ、結局のところ飼料用米等と同様の財政問題に帰結するからである。また、輸出用米に対する財政支援は、WTO協定で原則禁止されている輸出補助金に該当する可能性があるので、よりシビアな対応が求められる。西川（2023a）、p.17、を参照。

第1部 水田利用の地域的展開

較しながら明らかにする。春作業で麦類の収穫と水稲の田植が競合すること
を回避するため、水稲晩生品種を普及できるかが二毛作維持の鍵になる。第
8章（渡部）は、福岡県における水田二毛作の実態を、裏作の麦作の拡大に
注目して検討する。担い手の形成と二毛作拡大の関係、そして麦類の単収上
昇が分析の焦点となる。第9章（西川）は、宮崎県における水田二毛作の存
立条件を、集落営農組織と飼料作コントラクター組織に対する実態調査を通
じて明らかにする。畜産経営の高齢化によって徐々に難しくなる耕畜連携の
維持を、コントラクター組織がどこまでカバーできるかが、二毛作維持のポ
イントとなる。

　第2部は、水田フル活用政策の比較対象として、水田利用再編対策を中心
とした1970年代から1980年代にかけての水田農業を再検討する。これまで水
田利用再編対策を検討した先行研究は数多い。本書の分析では、第1に水田
利用再編対策の検討を通じて、水田フル活用政策の特徴もより明瞭になるこ
とが期待される。第2に、生産調整政策が本格化した同時期に、他の政策選
択はあり得たかということを念頭に置いて分析する。筆者らは、生産調整政
策が現在までに至る日本の水田農業の縮小再編を規定する、1つの要因では
ないかという問題意識を持っているからである。第10章（安藤）では、生産
調整の形成過程を検討する。転作助成の交付金単価の不十分さを行政指導や
集落規制で補う、従来型の生産調整に選択肢が絞り込まれていく過程が明ら
かにされる。第11章（平林）では、水田農業構造と生産組織が検討される。
1970年代から1980年代にかけて形成された生産組織が、現在の集落営農組織
の原型になっているかがポイントになる。第12章（渡部）では、水田利用と
生産力の地域性に焦点が当てられる。交付金が水田の耕作、そして水田自体
を維持する効果を持つことに対して、水田利用率の地域性とともに分析され
る。第13章（友田滋夫）では兼業滞留構造と転作助成の関係を、それぞれ検
討する。

　最後に第14章（安藤）では、それまでの各章の内容を再度整理するととも
に、今後の水田農業政策の展望を記して本書の総括とする。

第1章　はじめに―水田フル活用政策の諸相―

〔参考文献〕
・安藤光義（編著）（2018）『縮小再編過程の日本農業―2015年農業センサスと実態分析―』（日本の農業250・251）農政調査委員会。
・荒幡克己（2014）『減反40年と日本の水田農業』農林統計出版.
・ブレット・スティーブンス（藤原朝子訳）（2015）『撤退するアメリカと「無秩序」の世紀―そして世界の警察はいなくなった―』ダイヤモンド社.
・中渡明弘（2010）「米の生産調整政策の経緯と動向」『レファレンス』2020年10月号：51-71.
・西川邦夫（2022）「米の価格形成の仕組みと今後の展望―相対取引価格と現物市場創設をめぐって―」『輸入食糧協議会報』779：1-8.
・西川邦夫（2023a）「米輸出増加の要因と今後の課題」『ニューカントリー』826：16-19.
・西川邦夫（2023b）「米の生産調整における「農業者・農業者団体が主役となるシステム」と「選択制」―概念の形成と移行の過程―」『輸入食糧協議会報』782：34-42.
・西川邦夫（2023c）「『米産業に未来はあるか』の総括と今後の課題」農政調査委員会（編著）『米産業・水田農業の動向と将来展望―「米産業懇話会」の記録―』農政調査委員会：1-19.
・西川邦夫（2023d）「食料・農業・農村基本法の見直しと米政策―飼料用米の需給に注目して―」『農村と都市をむすぶ』856：44-50.
・西川邦夫（2023e）「米の生産調整における水田利用の構想―畑地利用と湛水利用をめぐって―」『輸入食糧協議会報』783：23-33.
・西川邦夫（2023f）「米政策における価格と需要―安さで消費は増えるか？―」『輸入食糧協議会報』784：23-33.
・小川真如（2022）『現代日本農業論考―存在と当為、日本の農業経済学の科学性、農業経済学への人間科学の導入、食料自給力指標の罠、飼料用米問題、条件不利地域論の欠陥、そして湿田問題―』春風社.
・大島雄一（1991）『現代資本主義の構造分析』大月書店.
・農林行政を考える会（2023）「研究会　令和4年度食料・農業・農村白書をめぐって」『農村と都市を結ぶ』859：4-46.
・農林水産省（編）（2020）『令和2年版　食料・農業・農村白書』.
・関谷俊作（2002）『日本の農地制度　新版』農政調査会.
・鈴村源太郎（2008）「農家以外の農業事業者を基軸とした構造変化」小田切徳美（編著）『日本の農業―2005年農業センサス分析―』農林統計協会：135-164.
・谷口信和（2021）「袋小路に迷い込んだ食用米需給問題―米関係予算はどう対応

25

第1部　水田利用の地域的展開

　しようとしているのか―」『農村と都市をむすぶ』833：27-40.
・田代洋一（1993）『農地政策と地域』日本経済評論社.
・田代洋一（2010）『政権交代と農業政策―民主党農政―』（暮らしのなかの食と農
　48）筑波書房.
・矢口芳生（2009）「2E2F危機下の日本農業の進路」『農業経済研究』81（2）：76-
　92.
・山田盛太郎（1984）「日本農業生産力構造の構成と段階」『山田盛太郎著作集　第
　4巻』岩波書店：53-170.

第2章

北海道水田農業の特徴と良食味米産地の実態
―統計分析と上川中央・比布町での実態調査より―

西川邦夫・安藤光義・渡部岳陽・平林光幸

1. はじめに[(1)]

　かつて北海道産米は食味を中心とした品質の市場評価が低く、「やっかい
どう米」「猫またぎ米」と呼ばれた頃もあった（佐々木（1997）、p.23-24）。
しかしながら、食管制度下の自主流通米制度開始から50年を経て、北海道は
国内産地の中で最も市場評価が高い米産地の1つになった。

　第1図は、農林水産省『米及び麦類の生産費』より、米価として60kg当
たり粗収益の推移を、全国、北海道、そして良食味米産地が集中する北陸に
ついて見たものである。2000年代中頃まで、北海道産米の価格は全国平均と
比べて明らかに低かった。しかし、同年代後半から全国平均が停滞する中で
北海道は上昇に転じ、2014年に全国を、2017年には北陸を上回るに至った。
2008年に極良食味米として「ゆめぴりか」が優良品種に登録され、本格的に
生産が開始されたことが契機になっていることが分かる。「ゆめぴりか」は、
北海道のもう1つの主力品種である「ななつぼし」とともに、2010年以降11
年連続で日本穀物検定協会の米食味ランキングで特Aを獲得している。

　農林水産省『作物統計』によると、2021年産の北海道の米収穫量は57.4万
トンであり、全国に占める割合は7.6％、新潟県に次ぐ全国第2位の米産地
である。ロットも確保でき、また市場評価も高めた北海道が今後どのような

（1）本章は第1・3・6節を西川が、第2節を安藤が、第4節を渡部が、第5節
を平林が中心となって執筆した。

第1部　水田利用の地域的展開

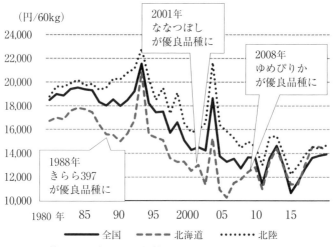

第1図　全国・北海道・北陸における米価の推移
資料：農林水産省『米及び麦類の生産費』より作成。
注：米価として60kg当たり粗収益をとった。

方向に向かっていくのか、主食用米需要の縮小に直面する日本の稲作全体にとって重要な論点と言えよう。

　本章の目的は、第1に主に統計分析を用いて、都府県と比べた北海道水田農業の特徴を明らかにすることである。そして第2に、北海道の中でも良食味米地帯とされる上川中央・比布町での実態調査を通じて、その実態を明らかにすることである。まず「2」では、都府県と比べた北海道の水田作経営の行動を、統計分析から明らかにする。そして「3」では、水田地帯の地域的分化を検討する。続いて「4」では比布町における農業構造変動、非主食用米の作付選択、及び町行政の取組を、「5」では水田作経営の生産力構造を検討する。なお、北海道産米の市場評価の高まりについては、北海道立総合研究機構における品種改良の成果や、農協系統組織のマーケティング戦略を検討し、米産地構造をトータルとして分析することが欠かせない。しかし、本章では紙幅の制限のため割愛せざるを得なかった。別稿を参照されたい（西川（編著）（2022））。

２．都府県と比較した北海道水田作経営の行動

（１）農地利用と農業生産

　最初に農林水産省『営農類型別経営統計』を用いて、都府県と比較した北海道水田農業の特徴を整理したい。検討は担い手と目される水田作付延べ面積20ha以上の個別経営に限定するとともに、連続した統計データが得られる2018年までとした。

　第１表は、経営土地の概況を示したものである。都府県と北海道の違いは借入耕地面積にある。調査年によって変動はあるが、都府県は多い年で30haを超えている。これに対して北海道は７ha台という調査年が多い。その結果、借入耕地面積割合（計と田）は都府県で９割弱、北海道では４分の１前後で推移している。北海道で借入地の比重が高まる傾向はないようにみえる。

　次に主要農産物の生産概況を第２表で確認する。都府県の水田作経営規模

第１表　経営土地の概況（水田作 20ha 以上・個別経営）

単位：a

		2014 年	2015 年	2016 年	2017 年	2018 年
集計経営体数	都府県	171	162	177	113	124
	北海道	58	60	59	55	55
経営耕地面積計	都府県	2,909	3,630	3,611	3,761	3,359
	北海道	3,090	3,667	3,456	3,360	3,437
経営耕地（田）	都府県	2,813	3,494	3,527	3,667	3,276
	北海道	2,853	3,160	3,170	3,149	3,158
経営耕地面積 のうち借入地	都府県	2,465	3,185	3,098	3,233	2,780
	北海道	772	1116	896	795	750
田借入地	都府県	2,405	3,085	3,045	3,172	2,729
	北海道	764	986	831	765	719
借入耕地面積割合	都府県	85%	88%	86%	86%	83%
	北海道	25%	30%	26%	24%	22%
借入耕地面積割合 （田）	都府県	86%	88%	86%	86%	83%
	北海道	27%	31%	26%	24%	23%

資料：各年「営農類型別経営統計（水田作経営・個別経営）」より筆者作成。

第1部　水田利用の地域的展開

第2表　農業生産の概況（水田作20ha以上・個別経営）

単位：ha、kg/10a、千円、円/60kg

		2014年	2015年	2016年	2017年	2018年
水田作経営規模	都府県	3,327	4,154	4,081	4,224	3,549
	北海道	2,625	2,651	2,723	2,799	2,806
水稲作付面積	都府県	1,660	1,859	1,833	1,996	1,996
	北海道	1,548	1,631	1,557	1,572	1,609
水稲作面積割合	都府県	50%	45%	45%	47%	56%
	北海道	59%	62%	57%	56%	57%
水稲単収	都府県	494	484	506	508	496
	北海道	559	548	549	588	530
麦類単収	都府県	353	356	319	410	376
	北海道	525	528	410	447	323
豆類単収	都府県	160	179	160	158	129
	北海道	189	183	213	220	170
水稲農業粗収益	都府県	14,808	18,277	19,764	24,235	23,348
	北海道	15,803	16,560	17,695	20,739	19,568
水稲単価	都府県	10,827	12,182	12,787	14,335	14,153
	北海道	10,957	11,117	12,414	13,475	13,755

資料：第1表に同じ。
注：水稲単価＝水稲農業粗収益／水稲生産量。

（水田作付延べ面積）は常に30ha以上であり、調査年によっては40haを超えるなどかなりの規模になっているのに対し、北海道は少しずつ増加しているものの30haには達していない。集計経営体に限定すると水田作経営面積という点では都府県が北海道よりも大きくなっている。表示は省略したが、これは都府県の方が北海道よりも麦類や豆類の作付面積が大きいためであり、転作での麦大豆の作付面積が大きいということである。これが後でみるように都府県の共済・補助金等受取金の多さに関係している。

　水稲作付面積も都府県の方が北海道より大きく、最近になるほどその差が拡大しているが、水田作付延べ面積に占める水稲作付面積の割合は、生産調整が廃止された2018年を除いて北海道の方が10パーセントポイント程度大きい調査年が続いている。北海道の水田作経営は都府県と比べると水稲作の比重が高いように思われる。

　注目したいのは単収水準である。2018年の麦類を除けば、水稲、麦類、豆

30

第2章　北海道水田農業の特徴と良食味米産地の実態

類いずれも北海道が都府県を上回っている。特に水稲の差は大きく、北海道の方が1俵前後多く、生産力の高さを示している。2018年の北海道の米の作況は「不良」であったにもかかわらず500kgを超え、都府県よりも多くなっていた。さすがに作付面積の大きさが違うので水稲の農業粗収益は都府県が北海道を上回っており、水稲単価も都府県の方が高くなっているが、2014年の米価暴落時は北海道の方が高く、それ以外の調査年も「別商品」というような極端な差がつくことはなくなっている。北海道米は単収も高く、価格も都府県に追いつきつつあるということのようだ。

（2）農業粗収益と農業経営費

　表出はしていないが、農業粗収益をみると水稲作付面積割合の高さを反映し、北海道では作物収入の占める割合は6割程度、稲作収入の占める割合は4〜5割程度と都府県よりも高い年が続いている。転作助成金ではなく作物をしっかりと作って収入を増やすというインセンティブは北海道の方がはたらいていると考えられる。共済・補助金等受取金の占める割合は米の直接支払交付金の廃止によって4割前後から3割前後に下がったが、水田活用の直接支払交付金と畑作物の直接支払交付金という転作助成なしに水田作経営は成り立たないことに変化はない。

　農業経営費で特徴的なのが、北海道は都府県と比べて支払小作料が占める割合が低いことと（都府県は1割強なのに対して北海道は3〜4％）、北海道では小作料負担がない代わりに農地購入等のための借入金があるため負債利子が1〜2％あることである。ただし、現在の低金利の下では負債利子の支払いは北海道の水田作経営にとって大きな負担とはなっていないようだ。北海道で土地改良・水利費の占める割合が7〜8％と高いのは、自作地拡大のため土地改良事業費の償還金等の負担が大きいためではないだろうか（借入地の水利費は通常は借り手が支払うので差がつくとすれば土地改良事業費の償還金だと思われる）。

31

第1部　水田利用の地域的展開

（3）経営成績

　『営農類型別経営統計』に記載されている経営分析指標等をまとめたのが、**第3表**である。農業粗収益に占める共済・補助金受取金の割合とその実額は、北海道で不作となった2018年以外は都府県の方が大きくなっている。また、経営耕地の分散が少なく、農業経営費に占める農機具費の割合も小さいことから北海道の固定資産の回転率は都府県を上回っており、年2回転以上の調査年が5年中3年となっている。経営耕地面積10aあたり農業固定資産額も都府県では8万円を超えるのに対して北海道は6万円を切っており、経営耕地面積10aあたり自営農業労働時間も都府県の17時間に対して北海道は11時間と、機械、労働力ともに高い効率性を発揮している。その結果、農業専従者一人当たり農業所得は、2014年以外、北海道は1,000万円を超えているの

第3表　経営分析指標（水田作 20ha 以上・個別経営）

単位：千円、回、時間

		2014 年	2015 年	2016 年	2017 年	2018 年
共済・補助金等受取金/農業粗収益	都府県	39%	44%	43%	38%	29%
	北海道	38%	36%	39%	36%	33%
農業粗収益 − 農業経営費	都府県	10,804	15,370	16,720	18,155	13,092
	北海道	11,049	14,913	13,223	17,582	13,088
共済・補助金等受取金	都府県	14,116	21,184	21,132	19,732	12,732
	北海道	12,776	15,022	15,641	16,012	13,293
農業粗収益 − 共済・補助金等受取金 − 農業経営費	都府県	-3,312	-5,814	-4,412	-1,577	360
	北海道	-1,727	-109	-2,418	1,570	-205
農業固定資産回転率	都府県	1.36	1.56	1.57	1.58	1.63
	北海道	1.72	2.07	1.86	2.32	2.08
経営耕地面積 10 a 当たり自営農業労働時間	都府県	17	16	17	17	17
	北海道	12	11	11	11	11
経営耕地面積 10 a 当たり農業固定資産額	都府県	91	85	87	88	80
	北海道	64	55	62	57	56
農業専従者 1 人当たり農業所得	都府県	7,503	9,981	10,787	11,866	8,286
	北海道	9,285	10,885	10,839	14,066	12,465
水田作作付延べ面積 10 a 当たり農業所得	都府県	47	55	60	62	56
	北海道	49	64	56	69	54

資料：第1表と同じ。

に対し、都府県は上下を繰り返しており、安定して1,000万円を超える状況にはなっていない。水稲単収の高さも影響しているためか、水田作付延べ面積10ａあたり農業所得も調査年５年中３年で北海道が都府県を上回っている。こうした数字をみる限りだが、北海道の水田作経営は経営成績的にも都府県より優れていると考えられる。

　主要な資産の構成比を示したものが**第４表**である。資産合計に占める固定資産の割合は、都府県は５割、北海道は４割弱となっている一方、固定資産に占める土地の割合は、都府県は2018年を除くと４分の１、北海道は４割となっている。固定資産に占める建物と農機具の割合は都府県が北海道を上回っており、この２つの項目を合計する、都府県７割、北海道６割となる。資産に占める固定資産の割合と固定資産の構成の違いが都府県と北海道との違いである。

　流動資産に占める現金・預貯金等の割合は、都府県は2015年に35％まで下がっているが、それを除くと５割弱の高さで推移している。これに対し、北海道は57％と６割を切った2016年を除くと一貫して６割を超えており、2014年のように66％と３分の２となった調査年もある。現金・預貯金等の金額ならびに資産に占める割合の高さは北海道の水田作経営の特徴とすることがで

第４表　経営体の財産（農業）（水田作 20ha 以上・個別経営）

		2014 年	2015 年	2016 年	2017 年	2018 年
資産に占める 固定資産の割合	都府県	50%	61%	51%	51%	53%
	北海道	33%	36%	42%	37%	39%
固定資産に占める 土地の割合	都府県	28%	26%	25%	26%	34%
	北海道	37%	37%	38%	43%	42%
固定資産に占める 建物の割合	都府県	29%	33%	33%	32%	25%
	北海道	21%	22%	24%	24%	24%
固定資産に占める 農機具の割合	都府県	41%	38%	39%	40%	39%
	北海道	40%	40%	37%	32%	33%
資産に占める現金 ・預貯金等の割合	都府県	48%	35%	47%	47%	44%
	北海道	66%	64%	57%	62%	60%
資産に対する 負債の割合	都府県	20%	25%	24%	23%	20%
	北海道	33%	38%	43%	38%	40%

資料：第１表と同じ。

第1部　水田利用の地域的展開

きる。また、この項目には農業経営基盤強化準備金が含まれていることから、農地購入のための原資となっていると考えられる。

　資産に対する負債の割合は都府県と比べると北海道が圧倒的に高い。都府県の場合は最も高い2015年でも25％であり、2014年と2018年は20％にとどまっている。これに対して北海道は、2014年は33％だが、それ以外は低い調査年でも30％台後半、2016年（43％）と2018年（40％）は4割と、資産に対する負債の割合が高くなっている。これは農地の借入れか購入かという規模拡大の方法の違いが反映されていると考えてよいだろう。

　これまでの検討から、北海道の水田作経営の行動を整理すると次のようになる。都府県と比べて北海道は作物の単収が高く、粗収益に占める作物収入の割合が高い。農業経営費も労働・機械の効率的な利用や小作料負担の低さのために都府県と比べて少なく、交付金への依存度を都府県ほど高めずに所得を確保している。良好な経営指標は財務内容にも反映されており、農業経営から析出された余剰は現金・預貯金として農地購入に向けられることになる。

3．北海道水田地帯の地域的分化

（1）生産調整と北海道米産地の地域的分化

　北海道の水田地帯の特徴は、上川中央、北空知、南空知が食味、米の用途と販売、そして農業構造によって地域的に分化していることである。まず、気象条件と土壌条件に規定されて、北海道では、上川中央＞北空知＞南空知、の順に食味が良く市場評価が高いことが指摘されているが（細山（2015）、p.107-109）、それに対応して生産調整の傾斜配分が行われてきた。北海道農協米対策本部委員会によって2002年産からの導入が決定された「米ガイドライン配分」では、①生産力（収量の安定性、単収水準）、②商品性（1等米比率、高品質米比率）、③販売力（計画出荷比率）に基づき、市町村を7区分に分けて米の作付配分が行われた。2004年産からは商品性として高整粒比

第2章 北海道水田農業の特徴と良食味米産地の実態

率と低タンパク米比率が、販売力として産地指定比率が加味されることになった。以上を通じて、下位の区分になるほど生産調整面積が増加することになった（仁平（2004）、p.77-78）。また、米価が下落する中で、高価格・高単収・低コストの上川中央ほど生産調整割合が低く、加工用米での転作が進む一方で、低価格・低単収・高コストの南空知では大胆に米作付割合を引き下げ、小麦と大豆によるローテーションが定着してきたことも明らかにされている（仁平（2003）、p.112-114；仁平（2004）、p.80）。

　2000年代の中頃になると産地の分化はより明瞭な形をとるようになる。南空知では米作付は業務用・加工用米に特化するとともに、冷凍米飯適性品種「大地の星」が麦・大豆連作障害回避のためのクリーニングクロップとして位置づけられることになった。業務用・加工用米は高タンパクでもある程度市場で許容されるため、水稲を麦・大豆のローテーションの中で副次的な位置に置いて低価格で供給できる可能性が展望されたのであった（仁平（2007）、p.29-30）。一方で上川中央については、市場評価の高さと水田利用、担い手のあり方の変化を関連付けて検討した研究は乏しい。細山（2015、p.245）が良食味米生産維持のために、転作田固定方式の下で水稲連作が行われていることを指摘している程度である。

（2）地域的分化の到達点

　第5表は、2020年における水田地帯の水田利用の状況を見たものである。各作物の作付面積は水田活用の直接支払交付金の実績によるので、園芸作が含まれていないという問題はあるが、概ね地域的分化の現状を示したものといえる。上川中央と北空知の水田利用は類似しており、主食用米の構成比はむしろ北空知の方が高い。食味序列からは、上川中央が家庭用、北空知が業務用という分担を予想させるが、その点を直接明瞭にすることができるデータは乏しい。北海道農政部が公表している『米に関する資料（生産・価格・需要）』には、振興局別の品種別作付面積が明らかにされている。それによると、2020年産において上川総合振興局内でうるち米作付面積に対する構成

35

第1部 水田利用の地域的展開

第5表 北海道水田地帯における水田利用 (2020年)

単位：ha

	上川中央		北空知		南空知	
	面積	構成比	面積	構成比	面積	構成比
田本地面積	25,670	100.0%	22,550	100.0%	42,100	100.0%
合計作付面積	23,518	91.6%	21,176	93.9%	38,193	90.7%
水稲	17,150	66.8%	16,197	71.8%	17,250	41.0%
主食用米	15,622	60.9%	15,530	68.9%	14,960	35.5%
非主食用稲	1,528	6.0%	667	3.0%	2,290	5.4%
麦	1,354	5.3%	1,459	6.5%	12,327	29.3%
大豆	957	3.7%	896	4.0%	6,839	16.2%
飼料作物	2,518	9.8%	95	0.4%	1,071	2.5%
そば	1,535	6.0%	2,703	12.0%	345	0.8%
なたね	4	0.0%	0	0.0%	462	1.1%

資料：農林水産省『農林業センサス』『作物統計』、農林水産省北海道農政事務所「北
海道の令和2年産の水田における作付け状況（確定値）」（2020年）より作成。
注：1）本表の地域区分は、上川中央：旭川市、鷹栖町、東神楽町、当麻町、比布町、
愛別町、東川町、北空知：深川市、妹背牛町、秩父別町、北竜町、沼田町、雨
竜町、南空知：岩見沢市、美唄市、南幌町、長沼町、新篠津村とした。細山（2015）、
p.108、で抽出された市町村に準拠するとともに、広域行政圏に当たる上川中部
圏地方拠点都市地域から比布町と愛別町を、南空知ふるさと市町村圏から美唄
市を追加した。追加した市町は、いずれも『農林業センサス』で2020年にお
いて田面積割合が80％を超えている。
2）田本地面積と作付面積は別の統計であるため、構成比には誤差が生じうる。

比が大きい品種は、順に「ななつぼし」49％、「ゆめぴりか」25％、「きらら
397」13％である。一方で空知総合振興局内では、「ななつぼし」45％、「ゆ
めぴりか」22％、「きらら397」11％であり、良食味米3品種の作付面積割合
が上川と比べて低いことが分かる。良食味米ほど家庭用に向けられていると
すると、上記データからは上川の方がやや家庭用米に傾斜していることが類
推できる。

　南空知においては、田に占める水稲の構成比は41.0％と低い。一方で麦
29.3％、大豆16.2％と高く、作付が畑作物への転作に傾斜している。2000年
代中頃までの傾向が現在でも継続していることが分かる。3地域ともに非主
食用米の作付面積割合は、3〜6％程度と必ずしも高くはない。しかしなが
ら、上川中央に位置する比布町においては非主食用稲が水稲作付面積割合の

36

第2章　北海道水田農業の特徴と良食味米産地の実態

高さをもたらし、それが北海道の米産地においては新しい動きであることは、本章の後段で検討するとおりである。

　以上の検討からわかることは、以下の通りである。米産地の地域的分化は2020年の時点において、①良食味米地帯である上川中央は家庭用米に、②それに続く北空知は業務用米に、③良食味米の生産が困難な南空知は水稲の作付を大きく減らして転作麦・大豆の作付を中心に、という姿を現したのであった。

（3）比布町の位置づけ

　比布町は上川中央にあり旭川市の北隣に位置する。これまで多くの先行研究が残されている当麻町とも隣り合っているので、それら先行研究と比較することで比布町の位置づけを示したい。

　先述の通り、北海道では都府県と比較して一般的に農地購入での規模拡大が優越しているが、地域別に子細に見ると違いも存在する。先行研究においては、南空知が農地売買による規模拡大が活発なのに対して、上川中央では1980年代後半以降農地賃貸借を中心に構造変動が進み、最上層経営の厚み（50ha以上層への農地集積）において南空知を凌駕したことが明らかにされてきた（細山（2015）、p.111-120）。ただし、上川中央で形成されている土地持ち非農家（地権者）は都府県のように世代を超えて継承されるものではなく、また米価下落により地価が低下を続け土地持ち非農家が売り急ぎに走る下では、農地賃貸借は結局売買に帰結する構造的性格を帯びていることが指摘されている。そして、大規模水田作経営では自作地が借入地を凌駕しつつある（細山・杉戸（2017）、p.9-10；細山（2020a）、p.113）。上記性格を持つ上川中央の典型事例とされてきたのが当麻町であった。

　比布町においても近年大規模水田作経営の形成が急速に進んでいるが、近年は農地購入を中心に上川中央の平均を上回る動きを見せている。詳細は次節を参照されたいが、比布町は当麻町よりも、むしろ近年における上川中央の構造変動の典型事例となりつつある。

第1部　水田利用の地域的展開

4．比布町における農業構造変動と町行政の取組

（1）比布町の概要

　石狩川上流域の上川中央に位置する比布町は、比較的平坦な土地条件、内陸性の気候により稲作を中心とした農業を展開してきた。近年の農業形態は、水稲および転換畑を中心とした土地利用型農業と施設野菜を取り入れた集約的農業に分化してきている。当町には上川農業試験場があり、今日の道産米主力品種の一つ「ゆめぴりか」が育成された地としても著名である。2019年農業産出額29億2,000万円のうち、米19億3,000万円（66.1％）、野菜7億2,000万円（24.7％）で9割を占めている。また2020年時点で耕地面積2,570haのうち田が2,340haと耕地面積の91.1％を占めており、この比率は上川総合支局管内において最大である。さらに2020年時点で、220ある農業経営体のうち54％が稲単一経営、個人経営体に占める副業的経営体の割合も54％であり、これらの値も同管内トップレベルである。このように、比布町は上川地域においても稲作のウエイトが極めて高く、かつ兼業化も進んだ地域である。

　比布町の地域社会は次の実態にある。町の行政単位としては34区あり（うち8区が市街地内）、区の領域は農村集落たる農事組合（計27区）とほぼ重なっている。町の大部分が平坦地であるが、北部が中山間地域に含まれており、22〜25区が中山間地域等直接支払制度の対象地域である。圃場条件は、50a区画を基本としており、その後の再整備により1ha区画圃場も近年増加している。一方、市街地付近などでは20〜30区画圃場も残っている。地価・地代の動向をみると、2021年時点の田の価格水準は20〜21万円/10a、小作料水準は11,000円/10aとなっている[(2)]。また、町全域が上川盆地をカバーする大雪土地改良区に属しており、2021年度経常賦課金は3,600円/10a

---

（2）役場への聞き取りによる。農業委員会資料による直近4年間の10a当たり実勢賃借料平均額は、11,516円（2018年）、11,041円（2019年）、10,833円（2020年）、11,407円（2021年）である。

である（耕作者負担が基本）。町内に4組織あった改良区の用水管理組合は2015年に1組織に統合されており、そのもとで水路の浚渫・草刈作業が農事組合単位で農業者の出役により実施されている。

（2）比布町における農業構造変動

第6表は、経営耕地面積規模別農業経営体数の推移をみたものである。比布町では農業経営対数が2010年から2015年にかけて（前期）－15.7％、2015年から2020年にかけて（後期）－21.1％と減少している。上川中央平均と比べて減少率はやや小さいが、農業経営体が急速に減少していることが確認できる。

規模別分布をみると、全期間を通じて、比布町は上川中央に比較して、3-5ha、5-10haという中規模層の占める割合が大きく、モード層を形成している。また、上川中央、比布町ともに、前期においては20ha未満の全ての層、後期においては30ha未満の全ての層において、経営体数が減少している。

第6表　経営耕地面積規模別農業経営体数の推移

単位：戸

			計	1ha未満	1-3ha	3-5ha	5-10ha	10-20ha	20-30ha	30-50ha	50ha以上
上川中央	実数	2010年	3,470	542	656	591	667	610	224	124	56
		2015年	2,828	439	461	426	517	520	266	124	75
		2020年	2,192	327	322	293	360	428	223	148	91
	構成比	2010年	100.0%	15.6%	18.9%	17.0%	19.2%	17.6%	6.5%	3.6%	1.6%
		2015年	100.0%	15.5%	16.3%	15.1%	18.3%	18.4%	9.4%	4.4%	2.7%
		2020年	100.0%	14.9%	14.7%	13.4%	16.4%	19.5%	10.2%	6.8%	4.2%
	増減率	10-15年	-18.5%	-19.0%	-29.7%	-27.9%	-22.5%	-14.8%	18.8%	0.0%	33.9%
		15-20年	-22.5%	-25.5%	-30.2%	-31.2%	-30.4%	-17.7%	-16.2%	19.4%	21.3%
比布町	実数	2010年	331	38	61	82	75	49	16	8	2
		2015年	279	35	47	58	63	43	18	12	3
		2020年	220	24	30	48	45	40	10	16	7
	構成比	2010年	100.0%	11.5%	18.4%	24.8%	22.7%	14.8%	4.8%	2.4%	0.6%
		2015年	100.0%	12.5%	16.8%	20.8%	22.6%	15.4%	6.5%	4.3%	1.1%
		2020年	100.0%	10.9%	13.6%	21.8%	20.5%	18.2%	4.5%	7.3%	3.2%
	増減率	10-15年	-15.7%	-7.9%	-23.0%	-29.3%	-16.0%	-12.2%	12.5%	50.0%	50.0%
		15-20年	-21.1%	-31.4%	-36.2%	-17.2%	-28.6%	-7.0%	-44.4%	33.3%	133.3%

資料：農林水産省『農林業センサス』より作成。

第1部　水田利用の地域的展開

後期の動向に着目すると、20-30ha層が上川中央では43、比布町では８減少している一方、30ha以上層では上川中央で40、比布町で８増加している。すなわち、後期では増減分岐点の上昇が確認できる。とりわけ、比布町においては、前期後期ともに、30-50ha層および50ha以上層の増加率が上川中央を大きく上回っており、直近10年間で30haを超える大規模経営体が急速に増えているといえよう。一方で、比布町における後期の１ha未満層、1-3ha層の減少率は上川中央に比べて大きく、小規模層の離農も急速に進行した様子がうかがえる。

　こうした上川中央、比布町における大規模層の増加はそれらに対する農地集積の進行と軌を一にしている。表示はしていないが、前期後期を通して、上川中央、比布町ともに30-50ha、50ha以上層における農地集積面積が増加している。この10年間で、上川中央においては30ha以上層への農地集積率は31.0％（＝前期14.1％＋後期16.9％）から45.4％（＝18.3％＋27.1％）へ14.4ポイント上昇したのに対して、比布町においてのそれは15.7％（＝11.4％＋4.3％）から42.9％（＝22.3％＋20.6％）へ27.2ポイントも上昇している。

　第７表は農地売買、貸借の動きを示している。まず、有償所有権移転＝農地売買についてみると、１年当たり平均面積は上川中央においては、2005～2009年期の365haから2010～2014年期の502ha、2015～2018年期の627haと増加している。これに伴って、１年当たり平均移動率も上昇傾向にある。一方、比布町においては2005～2009年期から2010～2014年期にかけては、１年当たり平均面積、１年当たり平均移動率ともに増加しているが、2015～2018年期にかけては伸び悩んでいる。とはいえ、2.1％という平均移動率は上川中央の値を上回っており、農地売買の動きが依然として活発であることも示している。賃借権設定＝賃貸借では、上川中央においては、１年当たり平均移動率が2005～2009年期に比べて2010～2014年期は低下したものの、2015～2018年期は上昇に転じている。比布町における平均移動率は一貫して上昇しているが、上川中央と比較すると一貫して低い。以上のことから、比布町における農地移動は相対的に農地売買の比重が高いことが分かる。

40

第2章　北海道水田農業の特徴と良食味米産地の実態

第7表　農地売買・貸借の進行状況

単位：ha

		有償所有権移転			賃借権設定		
		累計面積	1年当たり平均面積	1年当たり平均移動率	累計面積	1年当たり平均面積	1年当たり平均移動率
上川中央	2005-2009年	1,823	365	1.1%	12,969	2,594	7.9%
	2010-2014年	2,508	502	1.5%	12,638	2,528	7.7%
	2015-2018年	2,508	627	2.0%	11,372	2,843	8.9%
比布町	2005-2009年	175	35	1.4%	690	138	5.7%
	2010-2014年	282	56	2.3%	769	154	6.2%
	2015-2018年	204	51	2.1%	634	158	6.4%

資料：農林水産省『農地の移動と転用』各年次版、『農林業センサス』各年度版より作成。
注：1）有償所有権移転の「1年当たり平均の移動率」は以下のように算出している。
　　　①2005〜2009年、2010〜2014年：（有償所有権移転面積累計／2005年もしくは2010年『農業センサス』における農業経営体の経営耕地面積）／5。
　　　②2015〜2018年：（有償所有権移転面積累計／2015年農業センサスの農業経営体・経営耕地面積）／4。
　　　③以上の所有権移転面積は「耕作目的の所有権移転の総数（農地法第3条許可・届出＋農業経営基盤強化促進法による所有権移転）」で示している。
　　2）賃借権設定は農地法第3条＋農業経営基盤強化促進法で示し、2014年からは農地中間管理事業法によるものも含んでいる。「1年当たり平均の設定率」の算出は上記の有償所有権移転の「1年当たり平均の移動率」と同様である。

　以上のように近年急速に進む農地流動化は、比布町においても集落を越えた出入作を通じて進行している(3)。**第2図**は、属人ベースの経営田面積から属地ベースの田面積を差し引いた面積の2010年から2020年までの変化を、比布町内のセンサス農業集落毎にみたものである。当該集落にある田の面積を経営田面積が上回るということは（プラス値の場合）、集落内の農業経営体が他集落の田を耕作している「出作」を行っていることを意味し、逆の関係であれば（マイナス値の場合）当該集落において「入作」が行われていることを意味する。同図によれば、2020年時点で大幅な「出作」状態にある集落は20ha以上層の経営体が3〜5存在する市街地、16区、17区であるのに対して、「入作」状態にあるのはそうした経営体が存在しない3区、5区、

――――――――――――――――
（3）この点は細山（2020a）、p.106、が指摘するように、上川中央とも共通した特徴である。

41

第1部　水田利用の地域的展開

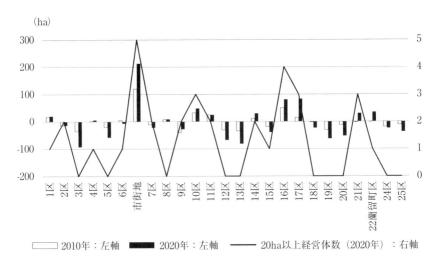

第2図　出入作状況（＝経営田面積―田面積）と20ha以上経営体数

資料：第6表と同じ。

12区、13区、19区、20区等である。この10年間でこうした「出入作」面積が多くの集落において増加しており、大規模層の農地集積が集落の枠を越えて進んでいる様子がうかがえる。

　次に、以上の農業構造変動下における水田利用の変化についてみてみよう。比布町における水稲作付面積の動向を上川中央と比較すると、長期トレンドには大きな差があることが確認できる（**第3図**）。上川中央と比布町は、2000年代は概ね同じ動きを見せていたのが、2010年あたりを境にして、上川中央では減少傾向に入っているのに対して、比布町においては増加傾向を維持しているのである。直近4年間の水田利用の動向をみた**第8表**によれば、比布町における非主食用米の作付面積の拡大とその比率の高さが特筆される。期間をつうじて、比布町における水稲作付面積に占める非主食用米の作付比率は、上川中央の2倍の水準である。加工用米比率も高いが、新市場開拓用米の比率が上川中央の5倍の水準である。期間中、比布町においては主食用米作付面積が減っているにもかかわらず、その減少分を非主食用米作付面積

第 2 章　北海道水田農業の特徴と良食味米産地の実態

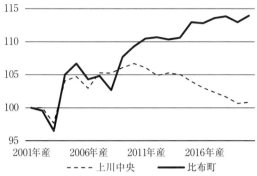

第 3 図　水稲作付面積の動向（2001 年産＝100）
資料：比布町提供の資料、及び農林水産省『作物統計』より作成。

第 8 表　上川中央、比布町における水田利用

単位：ha

			水稲計	主食用米	非主食用米	加工用米	飼料用米	新市場開拓用米	水稲以外計	麦	大豆	飼料作物	そば
上川中央	実数	2018 年	17,263	15,774	1,489	951	155	306	6,326	1,356	978	2,520	1,465
		2019 年	17,127	15,551	1,576	1,030	162	283	6,464	1,381	1,010	2,529	1,528
		2020 年	17,150	15,622	1,528	1,044	141	283	6,368	1,354	957	2,518	1,535
		2021 年	16,951	14,889	2,062	1,129	576	304	6,475	1,434	1,055	2,508	1,475
	構成比	2018 年	67.2%	61.4%	5.8%	3.7%	0.6%	1.2%	24.6%	5.3%	3.8%	9.8%	5.7%
		2019 年	66.7%	60.6%	6.1%	4.0%	0.6%	1.1%	25.2%	5.4%	3.9%	9.9%	6.0%
		2020 年	66.8%	60.9%	6.0%	4.1%	0.5%	1.1%	24.8%	5.3%	3.7%	9.8%	6.0%
		2021 年	66.0%	58.0%	8.0%	4.4%	2.2%	1.2%	25.2%	5.6%	4.1%	9.8%	5.7%
比布町	実数	2018 年	1,506	1,265	241	98	4	124	417	58	110	171	78
		2019 年	1,495	1,194	301	146	7	131	438	58	131	168	77
		2020 年	1,508	1,193	315	168	4	132	424	69	122	164	65
		2021 年	1,505	1,126	379	175	59	133	421	101	101	155	61
	構成比	2018 年	68.5%	57.5%	11.0%	4.5%	0.2%	5.6%	19.0%	2.6%	5.0%	7.8%	3.5%
		2019 年	68.0%	54.3%	13.7%	6.6%	0.3%	6.0%	19.9%	2.6%	6.0%	7.6%	3.5%
		2020 年	68.5%	54.2%	14.3%	7.6%	0.2%	6.0%	19.3%	3.1%	5.5%	7.5%	3.0%
		2021 年	68.4%	51.2%	17.2%	8.0%	2.7%	6.0%	19.1%	4.6%	4.6%	7.0%	2.8%

資料：農林水産省「作物統計」（各年度版）、農林水産省「地域農業再生協議会別の作付状況（平成 30 年 9 月 28 日公表）」、農林水産省「令和元年産の地域農業再生協議会別の作付状況（確定値）」、農林水産省「令和 2 年産の地域農業再生協議会別の作付状況（確定値）」、農林水産省「令和 3 年産の地域農業再生協議会別の作付状況（令和 3 年 9 月 15 日時点）」、より作成。
注：作付構成を算出する際の分母には、当該年の田本地面積を使用している。2021 年についてはデータが取得できないため、2020 年のものを使用している。

第1部　水田利用の地域的展開

がカバーしており、結果的に水稲作付面積は維持されている。麦、大豆、飼料作物等の転作部分については、上川中央と比布町ともに4年の間それほど大きく目立った面積変化はなく、生産調整に対して非主食米作付面積の拡大によって対応している様子がうかがえよう。

（3）比布町行政の取組

　比布町における大規模層への農地集積の背後には、町独自の農地流動化施策が存在している。まず、農地賃貸借支援策について。比布町における賃貸借に対する支援は長い歴史があり、少なくても2000年時点で既に賃貸料の1/2補助を実施しており、それが今日まで継続している。国の交付金を利用できる際には最大限活用しており、2014年度からは産地交付金を原資として、5年以上の賃貸借契約を結ぶ町内の水田に対して同様の措置が講じられてきた。補助を受けられる主体は認定農業者（経営規模要件なし）に限られ、補助率は賃貸料の1/2以内である。

　ところが、2018年度に国による産地交付金制度の見直しが行われ、従来は可能であった主食用米への交付措置を講ずることができなくなった。そこで町は、2018年度から独自の予算を講じ「農地流動化促進対策事業（賃貸支援）」を開始し、賃貸料の1/2以内を補助するとした。補助対象の水田において主食用米を栽培する場合は町の独自予算、主食用米以外を栽培する場合には産地交付金を充てることにした。

　賃貸借支援の対象は、5年以上ただし通算10年以内の賃貸借契約を結ぶ町内の水田とした[4]。支援を受けることによって、例えば12,000円/10aの賃貸借契約をしている農業者の実質負担額は半額6,000円/10aに抑えられることになり、賃貸借を通じて規模拡大を図る農業者にとってはメリットの大き

（4）ただし、2020年までは通算10年以上の賃貸借契約の農地に対しても賃貸料の1割を補助するという経過措置を講じた。また、2021年度から補助の主体に認定新規就農者（経営規模要件なし）が加えられた。

い支援策である。この賃貸借支援については、2020年度までは毎年約1,000万円の町予算が講じられており、小作料補助金額を平均6,000円/10 a として試算すると、毎年167haの水田が本施策の補助対象となっていることになる。

　以上の賃貸借支援に加えて、2018年度から「農地流動化促進対策事業（売買支援）」が開始した。これは全額が町独自予算によるものである。補助を受けられる主体は2017年7月1日以降に町内の水田を購入した認定農業者である。補助対象は、水田購入を通じて経営強化を図るために必要な農業機械のリース料、もしくはリース期間内の物件価格である。補助率は水田購入面積に対して10 a 当たり2万円を上限に、補助対象経費の3割以内の額とした。ただし、①本体価格が50万円以上で新品の農業機械（アタッチメントを含む）、②農業以外に使用可能な汎用性の高いもの及び国等他の補助金を受けた（又は受ける予定の）ものは不可、③リース期間は4年以上7年以内、④水田購入1件につき農業機械リースは1契約、⑤同一水田所有者からの購入による農業機械リースの契約は年度内1契約、という要件を付加している。

　2021年度も売買支援策は若干要件を変えて継続している。主な変更点を箇条書きにすれば、①補助の主体に賃貸支援同様に認定新規就農者が加えられた、②農業委員会へのあっせん申出農地、購入時点において販売用作物作付のない農地、中山間地域等直接支払制度で定める対象農用地については農地の補助率を補助対象経費の4割以内に引き上げる、③それ以外の農地の補助率を補助対象経費の2割以内の額に引き下げる、というものである。この変更の狙いは、流動化が進みにくい条件不利な圃場における売買促進を図ることである。

　「農地流動化促進対策事業（売買支援）」の実績を簡単に紹介すると、2018〜2020年度の3カ年で合計38件、総事業費4,650万円うち補助金額1,128万円となった。1件当たりの補助金額は約30万円であり、対象となった水田購入面積を10 a あたり2万円で試算すると、56.4haの水田が補助対象になったことになる。

45

第1部　水田利用の地域的展開

5．大規模水田作経営の生産力構造

（1）大区画圃場と稲作作業の関係

　北海道の稲作農業の課題として、作業適期が短いことが指摘されている。岩崎ら（2006）によれば、15 ～ 20haの稲作を行うためには短期間での作業が求められ、都府県よりも相対的に重装備な機械で作業を行う必要がある。効率的な作業を実施するためには、大区画化が重要で、1区画が50aであれば10日間で15haの田植が可能となり、1区画が1haであれば同じ期間で25haまでの田植ができるとしている。

　基盤整備と稲作作業の関係について、山田（2020）、山田・濱村（2019）では、基盤整備と農地集約の効果を実証的に検討している。大区画圃場に集約されることによって、作業が省力化され、稲作面積が拡大できることが指摘されている。また、細山（2020b）では、上川中央に位置する当麻町を対象に、大規模水田作経営の生産力構造を検討しており、そこでは30 ～ 45haの稲作付けを田植機1台体系で実施していることが報告されている。そして農地の団地化、基盤整備による圃場の大区画化に加え、水稲の直播栽培の安定性が必要であることも指摘されている。以上の諸点を踏まえながら、本節では上川中央に位置する比布町で展開する大規模水田作農家の規模拡大過程、現在の生産力構造等を明らかにする。なお、比布町の水田作経営の生産力を検討するに当たって、都府県でそれらが多数形成されている新潟県上越市の稲作法人と比較を行う[5]。

（2）調査経営の概要

　調査経営の経営概要を**第9表**に示す。調査対象としたのは4戸である。そのうち2戸が有限会社の一戸一法人であり、それ以外の2戸は法人化してい

（5）比較対象とした上越市における水田作経営については、農政調査委員会（編）（2019）を参照。

第2章　北海道水田農業の特徴と良食味米産地の実態

第9表　調査対象経営の経営概要

単位：万円、ha

調査対象	M	S	O	K
法人化の状況	有限会社	有限会社	非法人	非法人
出身集落	14区	16区	9区	4区
総収入（交付金込）	11,900	7,000	6,582	6,470
経営耕地面積	107.3	61.3	41.9	36.9
うち田の面積	106.3	61.0	41.5	36.7
田所有面積割合	81.5%	90.2%	48.7%	36.2%
作付作物				
主食用米	54.1	35.3	23.8	22.6
非主食用米	13.9	12.5	8.3	7.1
小麦面積	6.1	3.6	なし	なし
大豆面積	6.8	なし	4.9	3.1
その他	牧草 イチゴ 1.0	かぼちゃ 3.9	なし	有機 JAS トマト ハウス 3 棟 400 ㎡
家族労働力				
世帯主	49歳、専従	33歳、専従、冬期は除雪	45歳、専従、冬期は除雪	36歳、専従、冬期は工場勤務
妻	48歳、イチゴ狩りメイン	育児中、農外でパート	なし	36歳、繁忙期手伝
父	76歳、専従	68歳、専従、冬期は臨時で除雪。	72歳、専従（機械乗る）	67歳、専従（転作メイン）
母	71歳、補助	68歳、事務・精米	67歳、繁忙期手伝	62歳、繁忙期手伝あり
子	学生	幼児	なし	弟34歳、専従、冬期は工場勤務
その他	なし	なし	姉46歳、手伝い	
雇用労働力				
常雇い	2人、4～9月	男2人、春～秋	なし	なし
臨時雇い	イチゴの収穫作業等で適宜、派遣会社に依頼。	なし	春作業3～5人、延63人日、派遣会社	春作業2～3人、草刈1人

資料：各経営への聞き取り調査により作成。

ない。経営耕地面積は最も大きいMが107.3haで100haを超え、それ以外の3
戸はSが61.3ha、Oが41.9ha、Kが36.9haである。いずれの経営もそのほとん
どが田である。うち所有面積の割合は、Mが81.5％、Sが90.2％、Oが48.7％、
Kが36.2％である。50haを超えるMとSは自作地がほとんどであり、50ha未
満のOとKは自作地よりも借入地が多い。

　経営内容は稲作が中心である。転作で麦や大豆の作付もあるが、非主食用
米の面積も大きく、そのほとんどは加工用米である。麦や大豆の生産は、町

47

内にある転作受託組織に委託している経営が多い。また、イチゴ等の園芸作物を導入している経営もある。規模が比較的小さいKでは有機JASトマトを栽培しており、麦大豆以外の複合部門が導入されている。

労働力構成は、30歳代から40歳代の世帯主夫婦に60歳代から70歳代の両親が手伝う形が基本であり、それに大規模経営のMやSでは常雇いが導入されている。世帯主は全員が農業専従であるが、冬季には農業就業の場がないため、除雪作業や工場勤務をしている。常雇いについても同様である。

（３）経営耕地面積の拡大過程

調査対象経営の面積拡大過程を第４図に見る。図では現在（2021年）、3年前（2018年）、さらにそこから10年前（2008年）のやや変則的な３時点での経営田面積を聞いている。まずM経営では、2008年の64.6ha（所有39.6ha、借入15.0ha）から2018年には85.8ha（所58.0ha、借27.8ha）となり、2021年では106.4ha（所86.6ha、借19.8ha）となっている。2008年から2018年の10年間で21.2ha増加している。その内訳は所有面積が18.4ha増、借入面積が

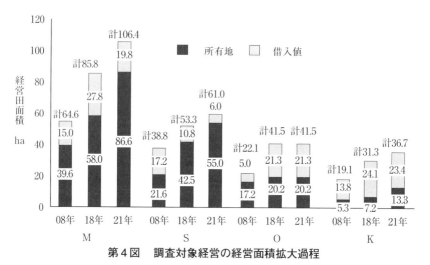

第４図　調査対象経営の経営面積拡大過程

資料：第９表と同じ。

12.8ha増であり、所有面積の増加分が借入面積の増加分を上回りつつ、両者の面積が増加している。しかし2018年から2021年までの3年間では20.6ha増加しているが、所有面積の増加が28.6haに対して、借入面積は8.0ha減少している。借入地が所有地へと切り替わるとともに、新たな農地も農地購入を中心に行われている。なお、2008年から2018年までの10年間の年平均拡大面積は2.2haであるのに対して、2018年から2021年までの3年間のそれは6.9haであり、近年、急速に面積拡大していることがわかる。

　次にS経営では、2008年の48.8ha（所21.6ha、借17.2ha）から、2018年には53.3ha（所42.5ha、借10.8ha）となり、2021年では61.0ha（所55.0ha、借6.0ha）となっている。2008年から2018年までの10年間で経営田面積は4.5ha増加しており、その内訳は所有地が20.9ha増、借入地が6.4ha減と、借入地を減らす一方で、所有地が大幅に増加している。さらに2018年から2021年までの3年間で経営田面積が7.8ha増加しているが、所有地が12.5ha増、借入地が4.8ha減となっており、所有地がさらに増加する一方で、借入地は減少している。

　K経営も同様の傾向を示しており、2008年の19.1ha（所5.3ha、借13.8ha）から2018年には31.3ha（所7.2ha、借24.1ha）となり、2021年では36.7ha（所13.3ha、借23.4ha）となっている。2008年から2018年までの10年間で12.2ha増加しているが、その内訳は所有地が1.9ha増、借入地が10.3h増であり、借入地の増加が大きい。しかし、2018年から2021年までの3年間の増加面積5.4haの内訳は、借入地が0.7ha減少し、所有地が6.1ha増加しており、所有地の増加によって面積拡大が行われている。

　一方、O経営は、他の3経営とやや動きが異なる。O経営は、2008年の22.1ha（所17.1ha、借5.0ha）から2018年には41.5ha（所20.2ha、借21.3ha）となり、その後2021年の調査時まで面積の変化はなかった。2008年から2018年までの10年間で19.4ha増加しているが、所有地は3.1haの増加にとどまり、借入地が16.3haの増加となっている。面積拡大の方法は購入ではなく、借入で行われてきており、これについては、町による借地支援の存在を理由とし

第1部　水田利用の地域的展開

て挙げている。面積拡大にあたって農地を購入するか借入するかは、前節で述べた町行政の支援による影響も少なからずある。

　調査農家が支払っている農地の小作料、購入価格を整理したものを**第10表**に示す。10ａ当たり小作料は、概ね10,000円から15,000円である。１ha以上の区画に整備された田であれば高い傾向が見られる。なお水利費は耕作者負担が一般的であり、10ａ当たり3,600円を支払っている。農地の購入では10ａ当たり20万円から25万円で売買されており、購入資金は経営基盤強化準備金が利用されている。ただし、準備金の利用は書類作成が繁雑であることから、O経営はスーパーL資金を利用している。

　調査農家では所有農地が連担化できれば、自己負担で積極的に畦畔を抜いて、圃場区画を大きくする面工事を行っている。例えばK経営では20 ～ 30

第10表　調査対象経営の支払小作料・農地購入価格等

		M	S	O	K
平均小作料		12,000円/10a	10,000～15,000円/10a	9,873円/10a	12,000～12,400円/10a
最近の農地購入価格		20万円/10a	25万円/10a	23万円/10a	21万円/10a
購入資金		経営強化準備金	経営強化準備金	L資金	?
農地購入に伴う町の機械リース事業活用		あり	あり	あり	あり
圃場の面工事の実施状況等		砂利採取圃場の復旧時に1.5～2ha区画に整備する。なお砂利採取済みの圃場は売買価格が低くなる。また区画が小さなほ場も売買価格は低い。	自ら積極的に行っていない？そのため、1ha以上の区画面積割合は他の3経営よりも低い。	20年前に1ha区画の再整備があった。区画が50a未満の圃場は10a当たり20万円未満である。小作料も1ha区画であれば、10a当たり1.2万円、50a未満の区画であれば1.0万円。	20～30a区画の圃場12枚を1.7haと2.1haの2枚に統合した。800万円以上の工事費を自己負担で実施。大型化した農機具の使用効率の向上と畦畔を少なくし、草刈り作業の負担軽減。
圃場区画	1ha以上	50.0%	40.0%	53.0%	44.0%
	30a-1ha	46.0%	45.0%	45.0%	49.0%
	30a未満	4.0%	15.0%	2.0%	7.0%

資料：第9表と同じ。

50

第2章　北海道水田農業の特徴と良食味米産地の実態

a区画の12枚の圃場を、畦畔を取ることによって、1.7haと2.1haの2枚の圃場にした。この工事によって800万円以上の自己負担となったが、大型農業機械の効率的な利用が図られるとともに、草刈り作業の負担軽減にもなるそうである。

（4）水田の利用

調査対象経営における経営田の利用状況の推移を、**第11表**に示した。表の構成比を見ると、水稲の作付面積割合は各農家でばらつきはあるが、2008年から2018年に大きく上昇し、その後2021年で同水準あるいは低下する傾向が見られる。各経営は、経営面積を拡大する中で水稲の面積を大きく増加させてきたが、直近では水稲の面積増加をやや抑え、小麦や大豆などの作付面積を増加させている。また主食用米については、M、Sでは作付面積を増加させているが、O、Kでは減少させている。

第11表　調査対象経営の水田利用状況

単位：ha

		作付面積			構成比			増減面積	
		2008年	18年	21年	08年	18年	21年	08-18年	18-21年
M	水稲	28.0	59.5	68.0	65.7%	71.6%	66.8%	31.5	8.5
	（うち主食）	28.0	50.5	54.1	65.7%	63.5%	57.0%	22.5	3.6
	小麦	4.2	3.2	6.1	9.9%	4.5%	7.5%	-1.0	2.9
	大豆	7.6	2.8	6.8	17.8%	4.0%	8.4%	-4.8	4.0
	その他	2.8	14.0	14.0	6.6%	19.9%	17.3%	11.2	0.0
S	水稲	25.9	43.7	47.8	73.4%	88.1%	82.5%	17.8	4.1
	（うち主食）	24.8	33.4	35.3	71.1%	69.3%	63.8%	8.6	1.9
	小麦	2.2	2.2	3.6	6.5%	5.8%	8.4%	0.0	1.4
	大豆	1.1	0.0	0.0	3.3%	0.0%	0.0%	-1.1	0.0
	その他	5.7	2.3	3.9	16.9%	6.1%	9.1%	-3.4	1.6
O	水稲	16.6	31.8	32.1	81.5%	83.7%	82.1%	15.2	0.3
	（うち主食）	15.9	28.2	23.8	78.7%	75.6%	63.8%	12.3	-4.4
	小麦	0.0	0.0	0.0	0.0%	0.0%	0.0%	0.0	0.0
	大豆	3.3	3.3	4.9	16.9%	9.8%	16.9%	0.0	1.6
	その他	0.3	2.2	0.3	1.5%	6.5%	1.0%	1.9	-1.9
K	水稲	13.7	26.0	29.7	77.4%	88.8%	84.0%	12.3	3.7
	（うち主食）	13.7	24.6	22.6	77.4%	84.5%	66.5%	10.9	-2.0
	小麦	1.2	1.0	0.0	6.8%	3.6%	0.0%	-0.2	-1.0
	大豆	2.4	1.1	3.1	13.6%	4.0%	11.5%	-1.3	2.0
	その他	0.4	1.0	1.2	2.3%	3.6%	4.5%	0.6	0.2

資料：第9表と同じ。

51

第1部　水田利用の地域的展開

第12表　調査対象経営の水稲品種構成

単位：ha

		2021年産の用途	作付面積			構成比			比布町の構成比と比較	
			2008年	18年	21年	08年	18年	21年	町	差（pt）
M	ゆめぴりか	主食	0.0	2.0	2.0	0.0%	4.0%	3.7%	28.0%	-24.3%
	ななつぼし	主食	10.0	19.5	23.1	35.7%	38.6%	42.7%	41.8%	0.9%
	きらら397	加工	10.0	17.0	17.0	35.7%	33.7%	31.4%	21.5%	9.9%
	その他	加/主	8.0	12.0	12.0	28.6%	23.8%	22.2%	8.7%	13.5%
S	ゆめぴりか	主食		20.0	20.0		80.0%	43.5%	28.0%	15.5%
	ななつぼし	主/加/飼	不明	5.0	18.0	不明	20.0%	39.1%	41.8%	-2.6%
	きらら397	加工		0.0	7.0		0.0%	15.2%	21.5%	-6.3%
	その他	主食		0.0	1.0		0.0%	2.2%	8.7%	-6.5%
O	ゆめぴりか	主食		3.5	4.2		11.0%	13.1%	28.0%	-14.9%
	ななつぼし	主/加	不明	19.2	22.2	不明	60.4%	69.2%	41.8%	27.4%
	きらら397	なし		5.6	0.0		17.6%	0.0%	21.5%	-21.5%
	その他	加工		3.5	5.7		11.0%	17.8%	8.7%	9.0%
K	ゆめぴりか	主食	1.4	3.0	7.0	10.0%	12.0%	24.1%	28.0%	-3.8%
	ななつぼし	主/加/飼	4.1	11.0	13.0	30.0%	44.0%	44.8%	41.8%	3.1%
	きらら397	加/飼	4.1	11.0	9.0	30.0%	44.0%	31.0%	21.5%	9.5%
	その他	不明	4.1	0.0	0.0	30.0%	0.0%	0.0%	8.7%	-8.7%

資料：第9表と同じ。

　また、調査対象経営の水稲品種の構成を**第12表**に示す。まず、比布町の品種構成別面積割合（2020年産）は、「ゆめぴりか」が28.0％（421.5ha）、「ななつぼし」が41.8％（629.8ha）、「きらら397」が21.5％（324.8％）であり、それ以外の「その他」が8.7％（131.5ha）である。「ななつぼし」が最も高く、次いで「ゆみぴりか」が高い。「ゆめぴりか」は良食味米として全国的にも人気が高いが、ホクレンによって作付が制限（種子の配布制限）されているため、農家は作りたいだけ作れるわけではない。そのため、「ゆめぴりか」に次いで人気のある「ななつぼし」の生産面積が大きくなっている。また、「ゆめぴりか」はタンパク含有量で価格が左右されるため、タンパク含有量が低ければ高価格で取引されるが、そうでなければ「きらら397」よりも価格は低くなる。適期作業ができない場合には、品質低下ロスが生じる可能性があるため、必ずしも「ゆめぴりか」の作付面積を増やすことが経営改善につながるわけではない。

　こうした状況を踏まえて、調査対象経営の作付品種を示した同表を見ると、

52

第2章　北海道水田農業の特徴と良食味米産地の実態

「ゆめぴりか」の作付面積は小さく、「ななつぼし」のそれが大きい経営が多いことがわかる。町の品種別面積割合と比較しても、「ゆめぴりか」は小さく、「ななつぼし」は大きい傾向にある。近年も、「ゆめぴりか」の作付面積は維持あるいは微増にとどまり、「ななつぼし」の作付面積が増加している。

　また用途別に見ると、2021年産では「ゆめぴりか」は主食用米、「きらら397」は非主食用（主に加工用）米というように、品種と用途の関係がはっきりしているが、「ななつぼし」は主食用、加工用、飼料用と混在しており、品種と用途の区別ははっきりしない。特に2021年産は需給の問題から作付後の用途変更などを行っており、その調整弁として「ななつぼし」が利用された可能性が高い。

（5）稲作作業の構造

　調査対象経営の稲作生産構造を**第13表**に整理した。比較のために、新潟県上越市における大規模稲作法人の生産構造も示した。稲作面積は、50 〜 80ha層が1（68.0haのM法人）、30 〜 50ha層が3（Kは29.7haであるが、この規模区分に含めた）である。他方で、上越市は100ha以上層の法人が2、50 〜 80ha層の法人が4、30 〜 50ha層の法人が3である。

1）主要作業の期間

　まずは各作業の期間について確認したい。田植時期は、比布町は5月中旬から5月下旬までであり、9日間から14日間の作業期間となる。一方で、上越市は5月初旬から6月初旬までであり、100ha以上層では33.5日、50 〜 80ha層は26.8日、30 〜 50ha層は22.7日となっており、大規模層ほど田植期間が長いことがわかる。上越市と比布町を比較すると、30 〜 50ha層を見ても、圧倒的に比布町の農家の作業期間が短いことがわかる。

　稲の収穫時期を見ると、比布町では概ね9月上旬から10月上旬で、50 〜 80ha層のMでは31日間、30 〜 50ha層では21日（O）、26日（K）である。これに対し、上越市では8月下旬から10月上旬までであり、収穫時期が20日程

53

第13表　調査対象経営の稲作生産構造

		北海道比布町					参考：新潟県上越市		
		稲50-80ha	平均	稲30-50ha	稲30-50ha	稲30-50ha	稲100ha以上	稲50-80ha	稲30-50ha
		M		S	O	K	2法人平均	4法人平均	3法人平均
面積	経営耕地面積	107.3ha	46.7ha	61.3ha	41.9ha	36.9ha	125.7ha	76.6ha	61.1ha
	稲面積	68.0ha	36.5ha	47.8ha	32.1ha	29.7ha	田植 114.0ha	58.3ha	44.0ha
	うち直播	2.0ha	0.3ha	1.0ha	なし	なし	収穫 109.0ha	68.0ha	41.7ha
作業時期	育苗	不明	－	4/14～	4/18～5/26	4/15～4/25	－	－	－
	耕起・代掻	4月～	－	4/25～	4/15～5/17	4/20～5/23	－	－	－
	田植	不明　14日	11.0日	5/16～5/26　不明	5/18～5/26　9日	5/14～5/26　13日	5月初旬～6月初旬　33.5日	5月初旬～6月初旬　26.8日	5月初旬～6月初旬　22.7日
	稲の収穫	9/10～10/10　31日	23.5日	9/10～　不明	9/17～10/7　21日	9/10～10/5　26日	8月下旬～10月上旬　51.5日	8月下旬～10月上旬　40.0日	8月下旬～10月上旬　40.3日
所有機械	トラクタ	10台	6.7台	7台	9台	4台	7.5台	6.3台	3.3台
	うち50ps以上	8台	4.0台	5台	5台	2台	6.0台	4.5台	1.7台
	田植機	8条×2台	8条×1.7台	8条×2台	8条×2台	8条×1台	8.8条×2.5台	8条×2.5台	8条×1.7台
	自脱型コンバイン	7条×1台	6.3条×1.0台	6条×1台	6条×1台	7条×1台	4.5条×4.0台	5.6条×2.8台	5.8条×1.7台
	乾燥調製機	あり	－	あり	あり	あり	－	－	－
作業効率	田植機1台当たり面積	33.0ha	21.3ha	23.4ha	16.1ha	29.7ha	45.6ha	23.3ha	25.9ha
	同1条当たり面積	4.1ha	2.7ha	3.0ha	2.0ha	3.7ha	5.2ha	2.9ha	3.2ha
	コンバイン1台当たり面積	68.0ha	36.5ha	47.8ha	32.1ha	29.7	27.3ha	24.3ha	24.5ha
	同1条当たり面積	9.7ha	5.8ha	8.0ha	5.4ha	4.2ha	6.1ha	4.4ha	4.3ha
	田植1日当たり面積	4.7ha	2.8ha	?	3.6ha	2.3ha	3.4ha	2.2ha	1.9ha
	収穫1日当たり面積	2.2ha	1.3ha	?	1.5ha	1.1ha	2.1ha	1.7ha	1.0ha
ほ場区画	1ha以上割合	50.1%	44.8%	39.6%	53.0%	44.2%	0.0%	5.9%	26.7%
	30～1ha割合	45.8%	46.1%	45.1%	45.0%	48.9%	95.0%	81.0%	72.0%
	30a未満割合	4.1%	9.1%	15.3%	2.0%	6.9%	5.0%	13.1%	1.3%

資料：各経営への聞き取り調査、農政調査委員会（編）（2019）より作成。

注：上越市データは、農政調査委員会（編）（2019）で調査した稲作法人を稲作面積規模別に再集計した平均値である。

度、比布町よりも早い。収穫期間は、100ha以上層では51.5日であるが、50
～80ha層は40.0日、30～50ha層でも40.3日である。比布町と上越市を比較
すると、比布町は50～80ha層で10日程度、30～50haで14～20日程度収穫
期間が短い。以上のように両地域の田植作業と収穫作業の期間を見ると、同
じ稲作面積規模で比較しても、比布町の方が、両作業期間が圧倒的に短い。

２）稲作機械の所有状況

　次に稲作機械の所有状況について検討する。トラクタの所有状況について、
比布町では、50～80ha層のMは10台を所有し、そのうち50ps以上が８台で
ある。30～50ha層では、Sが７台（うち50ps以上が５台）、Oが９台（同５
台）、Kが４台（同２台）であり、平均すると6.7台（同4.0台）である。一方、
上越市は、50～80ha層で6.3台（同4.5台）、30～50ha層で3.3台（同1.7台）
である。トラクタの所有台数は、いずれの規模層も比布町の方が上越市より
も多い。

　次に田植機の所有状況を比較する。比布町では、50～80ha層のMは８条
を２台所有している（計16条[6]）。30～50ha層のSとOも同様に８条を２台
所有し、Kのみは８条を１台であり、平均すると８条を1.7台の所有となる
（計13.6条）。一方、上越市の50～80ha層は８条を2.5台所有し（計20条）、30
～50ha層は８条を1.7台所有している（計13.6条）。田植機の所有状況につい
ては、両地域に大きな差はない。

　最後に自脱型コンバインを比較する。比布町では、50～80ha層のMが７
条を１台所有している（計７条）。30～50ha層では、SとOが６条をそれぞ
れ１台、Kが７条を１台所有しており、平均所有台数は6.3条を１台所有とな
る（計6.3条）。一方、上越市では、50～80ha層が5.6条を2.8台（計15.7条）、
30～50ha層が5.8条を1.7台（計9.9条）である。いずれの規模層でも、比布
町の自脱型コンバインの所有台数が上越市よりも少ない。

（6）ここでの「計」とは、規模別に合計した田植機及びコンバインの条数を経営
　　体数で除した値とする。

第 1 部　水田利用の地域的展開

3）機械作業の効率性

　最後に機械作業の効率性を検討する。まず田植機 1 台当たりの稼働面積を
比較すると、比布町では、50 ～ 80ha層のMは 1 台当たり33.0ha、 1 条当た
り4.1haである。30 ～ 50ha層では、Sが 1 台当たり23.9ha、 1 条当たり3.0ha、
同様にOは 1 台当たり16.1ha、 1 条当たり2.0ha、Kが 1 台当たり29.7ha、 1
条当たり3.7haであり、平均すると 1 台当たり21.3ha、 1 条当たり2.7haとなる。
一方、上越市では、50 ～ 80ha層は 1 台当たり23.3ha、 1 条当たり2.9ha、30
～ 50ha層は 1 台当たり25.9ha、 1 条当たり3.1haとなる。規模別に比較する
と50 ～ 80haは比布町の調査農家の稼働面積の大きさが目立つが、30 ～
50ha層では上越市の稲作法人の方の稼働面積が少し大きい。

　次に自脱型コンバインの 1 台当たりの稼働面積を比較すると、比布町では、
50 ～ 80ha層のMは 1 台当たり68.0ha、 1 条当たり9.7haである。30 ～ 50ha
層では、Sが 1 台当たり47.8ha、 1 条当たり8.0ha、Oが 1 台当たり32.1ha、
1 条当たり5.4ha、Kが 1 台当たり29.7ha、 1 条当たり4.2haであり、平均す
ると 1 台当たり36.5ha、 1 条当たり5.8haとなる。一方、上越市では、50 ～
80ha層は 1 台当たり24.3ha、 1 条当たり4.4ha、30 ～ 50ha層は 1 台当たり
24.5ha、 1 条当たり4.3haである。規模別に比較すると、比布町の方がいずれ
の規模層も稼働面積が大きいことがわかる。

　最後に田植期間及び収穫期間の 1 日当たりの平均面積を比較する。比布町
では、50 ～ 80ha層のMは田植が4.7ha/日、収穫が2.2ha/日である。30 ～
50ha層では、Oが田植3.6ha/日、収穫1.5ha/日、Kが田植2.3ha/日、収穫1.1ha/
日であり、平均すると田植が2.8ha/日、収穫が1.3ha/日となる。一方、上越
市では、50 ～ 80ha層は田植2.2ha/日、収穫1.7ha/日であり、30 ～ 50ha層は
田植1.9ha/日、収穫1.0ha/日である。田植、収穫ともにいずれの規模層でも
比布町の方が期間中の作業面積が大きい水準にある。

　以上のように比布町では、大規模な稲作面積を上越市よりも少ない日数で、
田植や収穫作業に取り組んでいる。比布町の 1 農家当たりのトラクタ台数は
多いものの、田植機や自脱型コンバインでは効率的に機械を利用し、短い期

第2章 北海道水田農業の特徴と良食味米産地の実態

間で作業を行っている。こうした作業を可能にしているのは、大区画圃場の整備である。比布町における経営田の圃場区画規模別の面積割合を見ると、1 ha以上の区画が39.6％（S）〜53.0％（O）と極めて高く、30 a〜1 ha区画の割合も高い。一方で、上越市では1 ha以上区画は0.0％〜26.7％であり、圧倒的に30 a〜1 ha区画の圃場が多い。

6．おわりに

　本章では、北海道上川中央・比布町における統計分析・実態調査を通じて、北海道の水田作経営の行動と良食味米産地の実態を検討した。都府県と比べた北海道水田作経営の行動は、作物収入の大きさや農業経営費の低さによって生まれた余剰（現金・預貯金）を農地購入に投じて、規模拡大を行うというものであった。上記の動向は農林水産省『営農類型別経営統計』を用いた統計分析でも、また比布町における経営実態調査からも確認できた。近年の比布町における急速な農業構造変動は、上記のような水田作経営の行動が原動力となっていることが示唆される。また賃貸借から売買への移行が上川中央の全体的な動向であることから、比布町で確認できた結論は上川中央全体に敷衍することができるだろう。

　北海道水田作経営の良好なパフォーマンスは、第1に水稲作付面積の割合の高さに象徴される作物収入の多さで説明できる。作物収入の多さをもたらしているのは、都府県と比較した単収の高さ、そして近年における米価の上昇である。また、比布町では非主食用稲の作付が増加しているが、転作助成への依存が強い飼料用米ではなく、加工用米と新規需要米を選択していることも影響していると考えられる。北海道及び比布町では転作助成を受給するよりも、単収を確保しながら、作物を作って収入を増やすというインセンティブの方がはたらきやすいと考えることができる。本章では詳しく検討することができなかったが、北海道立総合研究機構における品種改良と、農協系統組織のマーケティング戦略も寄与している。

57

第1部　水田利用の地域的展開

　第2に大区画圃場の整備である。比布町の水田は道営圃場整備事業によって概ね1ha区画に整備されており、また購入した農地においては大規模水田作経営が自己負担で畔抜き等の面工事を行うことも見られる。圃場整備は農業機械と家族労働力を効率的に利用する前提となり、それを実現しているのが農地の購入によって規模拡大を続ける水田作経営ということになる。町行政による農地売買に対する支援の開始、及びその支援が農業機械のリース導入を支援するものであることも、規模拡大を後押ししている。

　かつて北海道は農業基本法下の政策路線が実現した「基本法の優等生」と称されたが、水田フル活用政策についても同様のことがいえる。主食用米からの作付転換は非主食用稲によって進展し、その非主食用稲は単収の上昇によって、水田作経営における生産力の上昇を実現している。需要に応じた良食味米の生産は米価を維持し、作物収入の増加に寄与している。収益性が向上した水田作経営は、基盤整備された農地の購入を通じて規模拡大を遂げ、地域農業再編の原動力となっている。ただし、ここで1点付け加えたいことは、上記の良好なパフォーマンスは飼料用米ではなく、加工用米や新市場開拓用米の選択によって達成されたことである。本書に収録された都府県の事例では、飼料用米の急速な作付拡大は単収の停滞に帰結している場合が多かった。比布町の事例は、同じ非主食用稲であっても何を選択するかということの重要性を示しているといえる。

〔参考文献〕
・農政調査委員会（編）（2019）『新米政策下の水田農業法人の現状と課題―新潟県上越市―』（日本の農業252）農政調査委員会.
・細山隆夫（2015）『農村構造と大規模水田作経営―北海道水田作の動き―』農林統計出版.
・細山隆夫（2020a）「農地所有世帯の急減下における大規模水田作経営の農地集積上の到達点」『農業経済研究』92（2）：105-122.
・細山隆夫（2020b）「農業構造変動、農業構造の将来動向と大規模水田作経営の性格・方向―上川中央・当麻町」谷本一志・小林国之・仁平恒夫（編著）（2020）『北海道農業の到達点と担い手の展望』農林統計出版：79-94.

第2章　北海道水田農業の特徴と良食味米産地の実態

・細山隆夫・杉戸克裕（2017）「北海道水田地帯における農地賃貸借の性格と大規模水田作経営の存立条件―上川中央・当麻―」『農業問題研究』49（1）：1-12.
・岩崎徹・長尾正克・坂下明彦（2006）「北海道農業の到達点と課題」岩崎徹・牛山敬二（編著）『北海道農業の地帯構成と構造変動』北海道大学出版会：471-496.
・西川邦夫（編著）（2022）『北海道における良食味米産地の産地構造―上川中央・比布町における実態調査より―』（日本の農業257）農政調査委員会.
・仁平恒夫（2003）「北海道における水稲立地の方向と南空知地域における水田転作の特徴」『食料自給率の向上に向けた水田農業の存立条件』（農業の基本問題に関する調査研究報告書29）農政調査委員会：97-143.
・仁平恒夫（2004）「二極化傾向下における地域水田農業ビジョンと南空知水田地域の展開方向」『コメ政策の新たな展開と水田営農システム転換の課題』（農業の基本問題に関する調査研究報告書29）農政調査委員会：76-110.
・仁平恒夫（2007）「業務用・加工用需要に対応した米産地づくりの現状と課題―南空知地域の事例―」『北海道農業研究センター農業経営研究』92：14-32.
・佐々木多喜雄（1997）『きらら397誕生物語』北海道出版企画センター.
・山田洋文（2020）「北空知地域における基盤整備による新たな担い手形成―北空知・空知A町」谷本他編著：111-129.
・山田洋文・濱村寿史（2019）「北海道における大区画水田利用と農地集積による米生産費への影響の解明」『農業経済研究』90（4）：351-356.

59

第3章

都府県における稲麦経営に関する統計分析
―主に北関東・北九州の二毛作地帯に着目して―

平林光幸

1. はじめに

　わが国の食料自給率の向上のためには、自給率の低い作物の生産を拡大させることが重要なことは論をまたない。その作物の1つに麦があり、さらに有効な農地利用をはかる営農方法として稲麦二毛作がある[1]。

　稲麦二毛作の課題は、麦の収穫作業と、稲の田植作業が同時期に行われるため、春作業の競合関係があることがこれまで指摘されてきた（倉本1979、秋山1985）。他方で、農家の協業化による組織化、機械利用組合による集団的対応など、効率的な作業の取組によってこれを克服した事例の報告がある（佐藤1985、安藤2005）。

　二毛作経営の取組が拡大することは、水田農業の今後にとって重要な意義をもつ。しかし、全体的な動向については統計データの制約から、これまで明らかにされてこなかった。また、二毛作経営の収益性についても同様である。

　そこで本稿では、第1に2005年から2015年までの農林業センサス（2005年、2010年、2015年）の個票データの組替集計を行い、稲麦の経営構造の変化について把握する。この時期、旧品目横断的経営安定対策の影響で小規模農家による集落営農組織の設立や組織への参加が進み、組織経営体が大幅に増加した。横山（2016）は麦の生産費調査の分析にあたって、経営体の平均作付

（1）李（2010）は、「米＋麦・大豆二毛作」体系の確立により、高い耕地利用率の達成、水田農業における周年就業を実現し、安定的な経営収支や役職員の高い所得水準を可能とできることを事例調査から明らかにしている。

61

第1部　水田利用の地域的展開

面積を調べたところ、2007年を境に急激な作付面積の拡大を確認している。こうした動きについて、農林業センサスデータを使って、二毛作経営の構造変化とその地域性を把握する。

第2に、稲麦経営における麦作部門の位置づけについて検討する。大規模水田作経営における収益構造については、助成金シェアが上昇していることが指摘されており（安藤2016a、八木2019）、助成金を含めた部門別の収益性の検討が必要である。本稿では、関東、北九州の二毛作地帯を対象に、収益性に関する分析を行う。農業経営統計調査（2012年〜2016年、5カ年）を利用して、稲作1位経営体のうち麦部門に関する調査データのあるものについて、5年間プールして分析を行い、関東、北九州の稲麦経営体の経営構造の比較分析及び、同地域における稲及び麦に関する所得分析を行う。

なお、本稿では、稲麦経営体を「稲作の販売金額が1位の経営体のうち、販売目的での麦の作付けがあった経営体」と定義する。

2．稲麦経営体の構造変動

第1表は稲麦経営体数の推移を示している。都府県の稲麦経営体数は2005年の64,814経営体から2015年には25,158経営体へと大きく減少している。

稲麦経営体の経営主体をみると、家族経営体が圧倒的に多く、組織経営体は少なかった。しかし、2005年から2010年にかけて家族経営体は64,049経営体から30,278経営体へと半減する一方で、組織経営体は765経営体から2,822経営体へと大きく増加した。2015年になると、家族経営体は21,717経営体へとさらに減少し、組織経営体は3,441経営体へと引き続き増加している。このような2005年から2010年にかけての大きな変化は、旧品目横断的経営安定対策による影響とみられる[2]。

（2）旧品目横断的経営安定対策によって集落営農組織が設立される中で、東北や北九州などではいわゆる枝番管理と言われる形式的な組織化が進んだという課題がある（小野ら2012、山口2013）。

第1表　稲麦経営体数の変化

(単位：経営体、%)

	2005年			2010年			2015年			2015年/2005年（増加倍率）		
	稲麦経営体数	家族経営	組織経営	稲麦経営体数	家族経営	組織経営	稲麦経営体数	家族経営	組織経営	稲麦経営体数	家族経営	組織経営
都府県	64,814 (100.0)	64,049	765	33,100 (100.0)	30,278	2,822	25,158 (100.0)	21,717	3,441	0.4	0.3	4.5
東北	4,223 (6.5)	4,184	39	2,996 (9.1)	2,768	228	1,841 (7.3)	1,578	263	0.4	0.4	6.7
北陸	6,083 (9.4)	5,884	199	3,444 (10.4)	2,845	599	2,696 (10.7)	1,996	700	0.4	0.3	3.5
北関東	14,003 (21.6)	13,957	46	7,328 (22.1)	7,114	214	5,028 (20.0)	4,762	266	0.4	0.3	5.8
南関東	2,863 (4.4)	2,846	17	1,086 (3.3)	1,059	27	1,069 (4.2)	1,015	54	0.4	0.4	3.2
東山	2,433 (3.8)	2,413	20	1,163 (3.5)	1,091	72	1,307 (5.2)	1,197	110	0.5	0.5	5.5
東海	5,652 (8.7)	5,540	112	4,319 (13.0)	4,097	222	2,983 (11.9)	2,695	288	0.5	0.5	2.6
近畿	7,958 (12.3)	7,772	186	3,176 (9.6)	2,793	383	2,672 (10.6)	2,203	469	0.3	0.3	2.5
山陽	1,770 (2.7)	1,742	28	1,171 (3.5)	1,074	97	997 (4.0)	802	195	0.6	0.5	7.0
四国	2,426 (3.7)	2,414	12	1,230 (3.7)	1,159	71	973 (3.9)	883	90	0.4	0.4	7.5
北九州	16,959 (26.2)	16,891	68	6,802 (20.5)	5,961	841	5,326 (21.2)	4,388	938	0.3	0.3	13.8

資料：農林業センサスの個票組替集計
注：経営体数が少ない山陰、南九州、沖縄は省略した。

第1部　水田利用の地域的展開

第2表　稲麦経営体の経営耕地面積の変化

（単位：千ha）

	2005年 稲麦経営体数			2010年 稲麦経営体数			2015年 稲麦経営体数			うち経営田 稲麦経営 体数		
		家族 経営	組織 経営		家族 経営	組織 経営		家族 経営	組織 経営		家族 経営	組織 経営
都府県	180	159	21	222	122	100	242	114	129	231	106	125
東北	19	17	2	28	15	13	27	10	16	26	10	16
北陸	22	16	6	30	12	19	34	10	24	34	10	24
北関東	42	41	2	41	32	8	41	30	10	35	26	9
南関東	6	6	0	6	5	1	7	5	2	6	4	2
東山	5	5	0	7	3	3	9	4	5	8	4	4
東海	20	15	4	27	17	10	30	16	14	29	16	14
近畿	20	17	3	18	11	7	22	11	11	22	11	11
山陽	5	4	1	6	4	2	9	4	5	9	4	5
四国	4	4	0	5	3	2	5	3	3	5	3	3
北九州	35	34	1	52	20	32	55	18	36	54	18	36

資料：第1表に同じ

　地域別にみると、稲麦経営体数は北関東、北九州に多く、2005年の稲麦経営体数のシェアは、北関東が21.6％、北九州は26.2％である。2015年になると、同シェアはそれぞれ20.0％、21.2％となり、やや低下するが、依然として高い水準にある。経営主体別にみると、両地域とも2005年から2015年にかけて組織経営体数は大きく増加し、10年間で北関東は5.8倍、北九州は13.8倍へと増加している。都府県全体の組織経営体が4.5倍に増加する中で両地域、とくに北九州の増加は群を抜いている。

　次に、稲麦経営体の経営耕地面積の推移を**第2表**からみると、2005年の180千haから2015年には242千haへと10年間で62千haの増加である。経営主体別にみると、家族経営体の面積は2005年の159千haから2015年には114千haへと45千ha減少する。その一方で、組織経営体は21千haから129千haへと108千haの大きな増加である。

　地域ブロック別にみると、東北（2005年19千ha→2015年27千ha）や北陸（22千ha→35千ha）、北九州（35千ha→55千ha）では稲麦経営体の経営耕地面積が大きく増加しているが、家族経営体の面積は減少する一方で、組織経

64

第3章　都府県における稲麦経営に関する統計分析

第3表　稲麦経営体の主な作付内容と作付面積の変化

(単位：千 ha、%)

	稲		麦		大豆		二毛作		二毛作率		土地利用率	
	05年	15年	05年	15年	05年	15年	05年	15年	05年	15年	05年	15年
都府県	115	164	77	101	21	37	30	48	26.0	29.1	118.2	124.6
東北	12	17	4	6	1	3	0	0	0.1	1.4	90.9	95.2
北陸	15	24	5	9	2	3	0	1	1.4	5.3	102.3	103.7
北関東	25	27	17	17	5	4	5	7	19.8	26.0	111.8	117.7
南関東	4	5	3	3	0	0	1	1	35.4	30.1	112.6	118.1
東山	3	6	1	2	0	1	0	0	1.5	3.4	90.4	93.8
東海	11	19	8	11	4	7	0	3	3.2	14.3	114.4	124.1
近畿	13	15	6	7	2	4	0	2	2.2	12.0	107.1	119.6
山陽	4	7	2	3	0	1	1	2	41.2	29.8	118.7	116.5
四国	3	5	2	3	0	0	2	2	62.1	43.3	127.8	131.9
北九州	24	37	27	40	6	14	19	29	80.6	77.1	163.3	167.3
都府県全経営体	1,409	1,400	131	141	60	90	66	83	4.7	5.9	-	-

資料：第1表に同じ
注：麦及び大豆は販売目的の作付面積、二毛作は稲を作った田で裏作を行った面積で二毛作率は稲の作付面積で二毛作面積を除した値であり、土地利用率は稲・麦・大豆の合計を経営耕地面積で除した値である。

営体の面積はそれを上回って増加している。こうした動きは、麦の転作組織が、旧品目横断的経営安定対策を契機に、稲まで取り込んだ組織へと変化したものと考えられる。

　以上のように、組織経営による稲麦経営体が増加し、その経営耕地面積も大きく増加した。その結果、稲麦経営における稲、麦の作付面積も大きく増加している。**第3表**をみると、稲麦経営体の稲の面積は2005年の115千haから2015年には164千haへと10年間で1.5倍増加し、麦の面積も77千haから101千haへと1.3倍の増加である。大豆についても増加しており、21千haから37千haへと1.8倍の増である。また、二毛作の面積も2005年の30千haから2015年には48千haへと1.6倍の増加であり、土地利用率は118%から125%へと上昇している。この10年間で稲麦経営体の土地利用は向上している。

　ここで二毛作面積の大きい北九州と北関東に着目する。北九州では稲麦経営体の稲の作付面積が2005年の24千haから2015年には37千ha、麦の作付面積は27千haから40千haへと増加し、二毛作の面積も2005年の19千haから2015年には29千haに増加している。ただし、二毛作率、土地利用率は2005年時

第1部　水田利用の地域的展開

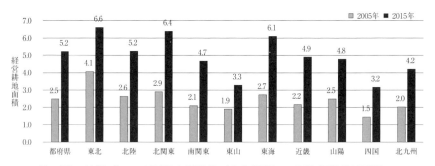

第1図　地域ブロック別稲麦経営体（家族経営）の平均経営耕地面積

資料：第1表に同じ

点でそれぞれ80.6％、163.3％であり、2015年においてもこの高い水準を維持している。

他方、北関東では、稲麦経営体の作付面積に大きな変化はない。稲の作付面積は2005年の25千haから2015年には27千ha、麦の作付面積は両年ともに17千haで変化はない。ただし、二毛作面積は2005年の5千haから2015年には7千haと少し増加し、二毛作面積率は19.8％から26.0％へ、また土地利用率も111.8％から117.7％へとそれぞれ上昇している。

次に経営主体別にみる。まず、都府県における稲麦経営体の家族経営体1戸当たり平均経営耕地面積（**第1図**）は、2005年の2.5haから2015年には5.2haへと倍増しているが、地域差がある。地域ブロック別にみると、2005年では四国や東山では2ha未満にとどまっていたが、東北では4.1haと大きい。それが2015年になると四国や東山でも3haを超え、東北、北関東、東海では6haを超えている。いずれの地域も10年間で面積が増加しているが、地域差は拡大している。

また、より具体的に規模階層の変動をみると（**第4表**）、まず稲作販売金額が1位（稲作経営体）の家族経営体と比べて、稲麦経営体の1ha未満の農家数シェアは低い。そのシェアは2005年で26.7％であり、稲作経営体の55.3％の約半分である。麦も生産している稲作経営体（＝稲麦経営体）では、

第3章　都府県における稲麦経営に関する統計分析

第4表　経営耕地面積規模別稲麦経営体（家族経営）の変化

（単位：経営体、％）

稲麦経営のうち家族経営		都府県		北関東		北九州		都府県稲1位	
		2005年	2015年	2005年	2015年	2005年	2015年	2005年	2015年
経営耕地面積規模	1ha未満	17,115	3,903	2,659	425	4,490	766	575,373	368,891
	1-5ha	41,056	11,583	9,590	2,612	11,432	2,415	436,747	288,590
	5-10ha	3,770	3,177	1,181	919	736	746	22,260	25,578
	10-20ha	1,552	1,994	401	526	212	379	5,608	9,315
	20-30ha	376	609	95	154	20	68	802	1,849
	30-50ha	149	339	25	87	1	13	272	745
	50h以上	31	113	6	39	-	1	56	183
面積規模別シェア	1ha未満	26.7	18.0	19.1	8.9	26.6	17.5	55.3	53.1
	1-5ha	64.1	53.3	68.7	54.9	67.7	55.0	41.9	41.5
	5-10ha	5.9	14.6	8.5	19.3	4.4	17.0	2.1	3.7
	10-20ha	2.4	9.2	2.9	11.0	1.3	8.6	0.5	1.3
	20-30ha	0.6	2.8	0.7	3.2	0.1	1.5	0.1	0.3
	30-50ha	0.2	1.6	0.2	1.8	0.0	0.3	0.0	0.1
	50h以上	0.0	0.5	0.0	0.8	-	0.0	0.0	0.0

資料：第1表に同じ
注：「稲1位都府県」は稲の販売金額が1位の家族経営体である。また、点線は増減分岐点を示す。

1ha未満の零細な家族経営体は非常に少ない。また、2005年から2015年にかけての稲麦経営体（家族経営）の増加規模層は「10-20ha」以上である。稲作経営体のそれは「5-10ha」であるため、稲麦経営体の規模拡大意欲の高さがうかがえる。その結果、2015年になると稲麦経営体の1ha未満の農家数シェアは26.7％から18.0％へとさらに低下している。稲作経営体と比べて稲麦経営体の構造は大きく変動している。

　北関東と北九州についてこの動きを確認すると、北関東では、増加規模層が「10-20ha」であり、1ha未満の家族経営体数のシェアは2005年の19.1％から2015年の8.9％へと大きく低下している。他方で、北九州は「5-10ha」が増加規模層で、1ha未満の家族経営体数シェアは26.6％から17.5％へと低下しており、北関東と比較して、その動きはゆるやかである。

　次に稲麦経営の組織経営体の動きについてみる（**第5表**）。稲麦経営の組織経営体の1経営体当たりの平均経営耕地面積は、2005年の27.6haから2015

第 1 部　水田利用の地域的展開

第 5 表　地域ブロック別稲麦経営体（組織経営体）の作目別平均作付面積

（単位：ha）

		経営耕地	うち田	作付面積 稲	麦	大豆	二毛作
都府県	2005 年	27.6	26.9	16.8	9.0	4.8	1.2
	2015 年	37.4	36.5	25.1	15.6	6.7	7.7
東北	2005 年	40.9	36.9	17.5	11.7	9.7	0.0
	2015 年	62.3	60.7	39.2	13.7	7.4	0.7
北陸	2005 年	31.1	30.9	22.2	7.0	3.1	0.4
	2015 年	34.3	33.9	24.4	8.1	2.9	1.2
北関東	2005 年	36.6	31.9	18.8	17.3	10.3	3.0
	2015 年	38.7	34.2	26.1	17.7	4.4	8.2
南関東	2005 年	23.8	23.0	13.6	10.5	3.5	0.2
	2015 年	36.0	32.1	24.6	12.9	5.0	4.1
東山	2005 年	23.4	22.6	11.6	7.5	5.0	0.9
	2015 年	43.8	40.6	28.6	7.7	3.8	0.9
東海	2005 年	40.1	39.8	22.1	15.4	9.7	0.8
	2015 年	47.8	47.0	29.9	17.2	11.2	4.6
近畿	2005 年	17.4	17.3	10.8	5.6	2.3	0.5
	2015 年	23.6	23.3	15.2	8.6	4.5	2.2
山陽	2005 年	27.7	27.5	18.7	7.3	1.7	3.4
	2015 年	33.1	32.8	23.2	7.3	4.6	2.2
四国	2005 年	11.9	11.6	9.4	6.7	0.2	4.9
	2015 年	27.2	26.8	19.8	7.8	2.6	4.2
北九州	2005 年	16.8	16.6	10.0	9.1	4.6	4.7
	2015 年	30.0	29.7	26.1	10.1	0.7	7.5

資料：表 1 に同じ

年には37.4haへ拡大している。地域ブロック別にみると、東北
（40.9ha→62.3ha）、南関東（23.8ha→36.0ha）、東山（23.4ha→43.8ha）、四国
（11.9ha→27.2ha）、北九州（16.8ha→30.0ha）では平均経営耕地面積が1.5倍
以上増加しているが、北陸（31.1ha→34.3ha）、北関東（36.6ha→38.7ha）は
わずかな増加である。

　ここで組織経営体について、作目別の構成をみると、経営耕地面積が大き
く増加した地域では、稲の作付面積が増加する傾向が見られるが、麦、大豆
の面積は大きく増加していない。例えば北九州では、麦は9.1haから10.1haへ、
大豆は4.6haから0.7haへ減少する一方で、稲は10.0haから26.1haへと大きく

68

第3章　都府県における稲麦経営に関する統計分析

第6表　経営耕地面積別稲麦経営体（組織経営体）の変化

（単位：経営体）

稲麦経営のうち組織経営		都府県		北関東		北九州		稲1位都府県		2015年/2005年（増加倍率）			
		2005年	2015年	2005年	2015年	2005年	2015年	2005年	2015年	都府県	北関東	北九州	稲1位都府県
経営耕地面積規模	1ha 未満	11	19	-	6	2	1	318	486	1.7	-	0.5	1.5
	1-5ha	79	140	4	4	5	24	580	1,235	1.8	1.0	4.8	2.1
	5-10ha	100	271	7	14	9	74	376	1,103	2.7	2.0	8.2	2.9
	10-20ha	193	685	12	44	31	177	607	1,898	3.5	3.7	5.7	3.1
	20-30ha	153	748	5	52	15	231	399	1,651	4.9	10.4	15.4	4.1
	30-50ha	141	872	9	81	5	259	338	1,765	6.2	9.0	51.8	5.2
	50h 以上	88	706	9	65	1	172	194	1,262	8.0	7.2	172.0	6.5

資料：第1表に同じ
注：「稲1位都府県」は稲の販売金額が1位の組織経営体である。

増加している。この傾向は東北、南関東、東山、四国でも同様である。こうした地域では2005年の調査時点では主に地域の転作を担う組織であったが、旧品目横断的経営安定対策を契機に、参加農家の稲も含めて組織として取り組むようになったものと考えられる。

　他方で、北陸では麦は7.0haから8.1ha、大豆は3.1haから2.9haとそれぞれ大きな変化はなく、稲も22.2haから24.4haへと微増にとどまる。北関東については、麦は17.3haから17.7haと大きな変化はないが、大豆は10.3haから4.4haへと半減し、稲は18.8haから26.1haへと増加している。経営耕地面積規模には大きな変化がなく、大豆から稲の作付けへと変化したものもあると見られる。

　経営耕地面積規模別に組織経営体の動向をみると（**第6表**）、2005年から2015年にかけて全規模層で経営体数が増加している。増加率は、面積が大きな規模層ほど高く、「1-5ha」以下層では10年間では1.7倍程度、「5-10ha」では2.7倍、「10-20ha」は3.5倍、「20-30ha」は4.9倍、「30-50ha」は6.2倍増加し、「50ha以上」では8.0倍となる。稲作経営（稲作の販売金額が1位）の組織経営体の増加率と比較すると、「5-10ha」以下の組織経営体の増加率は稲作経営が稲麦経営よりも高いが、「10-20ha」の増加率は稲麦経営の方が高い。

　地域別にみると、北関東では、「10-20ha」以下の増加率は都府県平均と同

69

第1部　水田利用の地域的展開

水準あるいはそれよりも低いが、「20-50ha」の増加率は10倍前後と高く、「50ha以上」では7.2倍である。北関東は30ha前後の稲麦組織を中心に増加したと言える。一方で、北九州は「20-30ha」以上の増加率が極めて高く、特に「20-30ha」は15.4倍、「30-50ha」は51.8倍、「50ha以上」では172.0倍であり、極めて大規模な稲麦経営体の組織経営体が急増した。北関東では1～2集落程度で構成されたのに対し、北九州では多数の集落で構成された稲麦組織が設立されたと考えられる[3]。そのため、稲麦経営体の組織経営体の経営内容は地域によって多様であり、現地調査による詳細な調査が重要である。この点は今後の課題である。

3．稲麦経営体（個別経営）の規模別収益性分析

　2011～2019年の麦類（小麦、六条大麦、二条大麦、はだか麦）の10 a 当たり粗収益の変化や単収との関係等について**第2図**に示した。①は麦の品種別の10 a 当たり粗収益を示し、②は①に各種交付金を含めたものである[4]。交付金を含めない場合（①）、二条大麦の粗収益は群を抜いて高く、次いで小麦、六条大麦、はだか麦の順となる。ただし、各種交付金を含めた粗収益（②）をみると、年によって変動が激しく判然としないものの、小麦が他の

（3）北九州における集落営農組織はカントリーエレベータの受益範囲とした政策対応型組織であったこと（特に佐賀県）について磯田・品川（2011）、中原（2011）、小野ら（2012）、山口（2013）に詳しい。その後、集落営農組織が経営実態を持ちつつあることについては品川（2017）が事例調査から指摘している。
（4）交付金には水田活用の直接支払交付金（35,000円/10 a）、畑作物の直接支払交付金では数量払い（小麦は75～106円/kg、二条大麦は75～106円/kg、六条大麦は85～117円/kg、はだか麦は89～128円/kg）、基準単収に満たない場合（数量払いによる10 a 当たり交付金が面積払いに満たない場合）には、面積払いとして10 a 当たり20,000円を交付している。なお、二毛作の場合には、水田活用の直接支払い交付金は支払われない（現在は地域単位で単価設定されているが、小川（2021）によると、10,000～14,999円が多い）。

第３章　都府県における稲麦経営に関する統計分析

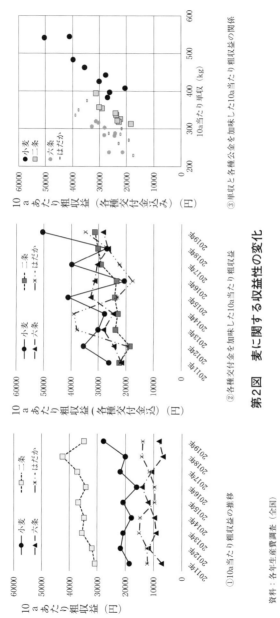

第２図　麦に関する収益性の変化

資料：各年生産費調査（全国）

注：10a当たり粗収益（各種交付金込み）は、2011年産及び12年産は農業者戸別所得補償制度の交付金（畑作物の戸別所得補償交付金及び水田活用の所得補償交付金（戦略作物助成、二毛作助成、産地資金）），2013年産以降は経営所得安定対策等の交付金（畑作物の直接支払交付金及び水田活用の直接支払交付金（戦略作物助成、二毛作助成（2013産から16年産）及び産地交付金（2013年産は産地資金））を加えている

第 1 部　水田利用の地域的展開

品種よりも高くなる傾向がみられ、その一方で二条大麦は低い傾向にある。
③では単収と各種交付金を加味した10 a 当たり粗収益の関係を示した。基本
的には単収水準が高いほど交付金込みの粗収益は高くなる傾向にある。ただ
し、六条大麦は最も単収が高い300kgの時でも、交付金込みの10 a 当たり粗
収益は 3 万円を少し超える程度であり、二条大麦も同様に400kg程度でも同
水準の粗収益である。しかし、裸麦は330kg程度で交付金込みの粗収益は
4 万円弱となり、小麦では550kg程度で 5 万円を超えており、これらの品種
は二条大麦、六条大麦よりも粗収益が高くなる傾向にある。

　稲麦経営体のうち個別経営の経営構造及び収支を**第 7 表**に示した。まず、
関東と北九州では、麦の二毛作への取組水準が異なり、関東では麦の作付面
積の25 〜 36％が二毛作であるのに対し、北九州では71 〜 81％を二毛作とし
て取り組んでいる。結果として、土地利用率は関東が113 〜 120％、北九州
では162％と172％であり、先にみたセンサス分析（前掲**第 3 表**）と同様の傾
向である。

　次に農業粗収益をみると、関東と北九州で経営田面積規模が同じ水準で
あっても、北九州の方が高い傾向にある。経営田面積が5-10ha規模では関東
が9,524千円に対して北九州は12,805千円、10-20haでは関東が30,942千円に対
して北九州は33,524千円である。既述のとおり、北九州は二毛作の取組割合
が高いため、同じ規模階層であれば北九州の経営体の方が農業粗収益が大き
くなる。

　ここでは麦の所得が稲麦経営にとってどのような位置にあるのかをみる。
1 時間当たりの所得に注目すると、二毛作が少ない関東では 5 -10haでは
2,565円であるが、10-20haは6,319円、20-30haになると7,172円となり、面積
規模が大きくなるにつれて、労働生産性が高くなる傾向にある。10 a 当たり
の麦労働時間も、 5 -10haでは7.2時間であるが、10-20haでは6.4時間、20-
30haになると5.3時間と面積が大きいほど労働時間も低下している。

　関東では麦が二毛作ではなく、「転作」として取り組まれている経営体が
多く、10 a 当たりの麦の所得は稲よりも低いが、 1 時間当たりの所得では

第3章　都府県における稲麦経営に関する統計分析

第7表　個別経営（稲麦経営）の経営構造及び収支

経営田面積規模		単位	関東			北九州	
			5-10ha	10-20ha	20-30ha	5-10ha	10-20ha
経営耕地面積		a	768	1,488	2,443	797	1,446
うち田面積		a	723	1,455	2,358	773	1,410
主な作付面積	水稲面積	a	513	854	1,532	471	915
	麦類面積	a	310	663	1,155	685	1,143
	うち二毛作面積*	a	111	164	374	558	810
	（二毛作面積率）	%	(36)	(25)	(32)	(81)	(71)
	大豆面積	a	46	178	250	219	281
	土地利用率（田）	%	113	114	120	172	162
農業粗収益		千円	9,524	18,215	30,942	12,805	21,860
割合	作物収入割合	%	65	59	59	55	53
	稲作	%	46	45	46	38	40
	麦類（田）	%	8	8	8	8	5
	大豆（田）	%	0	2	2	4	3
	農業雑収入割合	%	36	40	38	44	46
	米の直接支払い	%	4	4	5	4	4
	水田活用	%	20	22	20	17	19
	うち二毛作	%	4	3	4	7	7
	畑作物交付金	%	7	10	11	16	16
農業所得計		千円	3,307	7,125	11,923	4,663	7,397
	稲部門	%	55	47	48	45	49
	麦部門	%	15	31	27	18	16
10a 当たり単収							
	稲作	kg	492	506	512	484	467
	麦類（田畑）	kg	330	341	311	286	248
10a 当たり収入							
	稲作	円	94,672	98,864	96,865	105,131	100,549
	麦類（田畑）	円	26,307	23,919	25,318	15,604	10,866
10a 当たり農業所得							
	農業	円	43,038	47,870	48,802	58,506	51,165
	稲	円	38,287	39,627	38,700	43,920	42,636
	麦	円	13,919	34,582	25,989	11,288	11,463
1 時間当たり所得							
	農業	円	1,845	3,214	2,951	2,999	2,664
	稲	円	2,203	2,922	2,289	3,211	2,860
	麦	円	2,565	6,319	7,172	2,349	2,016
10a 当たり麦労働時間		時間	7.2	6.4	5.3	7.0	7.7

資料：農業経営統計調査（2012-2016 年）の個票組替集計

注：麦の二毛作面積は、麦の二毛作交付金総額を交付金単価 1.5 万円で割り返して算出した。

第1部　水田利用の地域的展開

10-20haと20-30haの麦の所得は稲のそれよりも2〜3倍ほど高くなる。関東では麦の作付は効率的に稼げる、収益性の高い作物になっている。

　他方で、北九州では、1時間当たりの麦の所得は、5-10haが2,349円であり、10-20haで2,016円であり、労働生産性は横ばいか、むしろ低下しており、関東のように規模の経済性が見られない。10ａ当たりの麦の労働時間も5-10haが7.0時間、10-20haで7.7時間であり、麦の作付面積が増加しても、10ａ当たり麦労働時間は低下していない。

　ただし、稲麦経営では、利用する機械が共通しているため、麦の部門だけの評価ではなく、稲の部門も評価する必要がある。特に北九州では二毛作による麦の作付けが多いため、農業機械の効率性は高いと考えられる。稲の1時間当たりの所得について、同じ規模層の比較をすると、北九州の稲の所得は関東よりも高い。5-10haでは関東が2,203円に対して北九州は3,211円、10-20haでは2,203円に対して2,860円である。労働生産性でみると九州は関東よりも高いかやや同水準にあると考えられ、特に5-10ha未満では顕著に高い。

　以上のことを踏まえて、10ａ当たりの農業所得をみると、5-10haでは関東が43,038円であるのに対して北九州は58,506円、10-20haでは関東が47,870円に対して北九州が51,165円である。北九州は二毛作への取組が高いため、土地生産性が高い。ただし、北九州の10ａ当たり農業所得は5-10haの方が10-20haよりも高く、規模の大きな層では土地生産性が低下している。その要因は二毛作面積率が81％から71％へ低下していることが影響していると考えられる。詳細については現地調査による検討が必要であり、今後の課題である。

4．おわりに

　本稿では、まず農業センサス分析によって、2005年から2010年にかけて、稲麦経営体の中心主体が家族経営から組織経営へと大きくシフトしたことが確認された。稲麦経営では作付面積が増加するとともに、二毛作面積も増加

第3章　都府県における稲麦経営に関する統計分析

していることから、土地利用率が118％から125％へ上昇、二毛作率も26％から29％へ上昇している。

　ここで個別経営体について、稲麦経営体の経営分析を実施した。稲と麦の10ａ当たりの所得を比べると、関東、北九州いずれも麦よりも稲の方が高いが、１時間当たり所得は、転作麦が多い関東では稲よりも麦の所得がが高く、二毛作が多い九州では麦よりも稲の所得が高い。

　10ａ当たり農業所得を見ると、関東よりも北九州の方が高く、二毛作による土地生産性の高さが伺える。ただし、北九州では5-10haの方が10-20haよりも、10ａ当たり農業所得が高く、規模の小さな層で土地生産性が高く、規模の経済性が見られなかった。こうした点は、北九州における稲麦家族経営体が規模拡大する上での課題ではないかと考えられる。

　以上の分析結果は統計データに基づいたものであり、今後は現地の事例調査に基づいて検討を進めていきたい。

〔参考文献〕
・秋山邦裕（1985）『稲麦二毛作経営の構造』日本の農業155、農政調査委員会.
・安藤光義（2005）『北関東農業の構造』筑波書房.
・安藤光義（2012）『農業構造変動の地域分析』農文協.
・安藤光義（2016a）「水田農業政策の展開過程」農業経済研究88（1）、26-39.
・安藤光義（2016b）「北関東における集落営農の展開」高崎経済大学地域科学研究所『自由貿易下における農業・農村の再生―小さき人々による挑戦―』日本経済評論社.
・李侖美（2010）「大規模水田農業経営における［米＋麦・大豆二毛作］体系の実現」谷口信和・梅本雅・千田雅之・李侖美『水田活用新時代』農文協.
・永田恵十郎（1994）『水田農業の総合的再編』農林統計協会.
・——平野信之「関東中流域水田農業の再編形態」、岩元泉「北部九州水田農業の展開」
・井上完二（1979）『現代稲作と地域農業』農林統計協会.
・——倉本器征「都市近郊における借地型稲作の展開」、中島征夫「稲麦作営農集団の展開と土地利用」.
・磯田宏・品川優（2011）『政権交代と水田農業』筑波書房.
・宮田剛志（2020）「北関東における農地中間管理事業の成果と課題：群馬県を事

75

第1部　水田利用の地域的展開

例として」農業問題研究51（2）、21-32.
・ 中島征夫・秋山邦裕（1984）「水田二毛作経営の展開」金澤夏樹『農業経営の複合化』地球社.
・ 中原秀人・堀内久太郎（1996）「家族経営における水稲直播栽培導入の可能性—福岡県の大規模稲麦経営を対象として—」農業経営研究34（3）、78-81.
・ 中原秀人（2011）「北部九州米麦二毛作地帯における集落営農組織の動向と地域的特徴」『食農資源経済論集』62（1）、27-37.
・ 西川邦夫（2021「南九州における水田二毛作経営の存立条件：宮崎県都城市A経営の事例より」農業経営研究59（2）、37-42.
・ 農林水産政策研究所（2013）『集落営農展開下の農業構造』.
・ 小川真如（2021）『水田フル活用の統計データブック』三恵社.
・ 小野智昭・吉田行郷・香月敏孝・橋詰登・杉戸克裕（2012）「水田農業における組織経営体の実態と構造変化」日本農業経済学会論文、9-16.
・ 佐藤了（1985）「複合生産地帯」永田恵十郎『空っ風農業の構造』日本経済評論社.
・ 品川優（2017）「九州水田地帯における農業構造の変動と集落営農」農業問題研究48（1）.
・ 梅本雅（2008）『転換期における水田農業の展開と経営対応』農林統計協会.
・ 八木宏典（2019）「水田作経営の経営収支をめぐる諸問題」八木宏典・李哉泫『変貌する水田農業の課題』日本経済評論社.
・ 山口和宏（2013）「北九州地域の構造変化と集落営農組織の実態」農業問題研究44（2）、27-34.
・ 横山英信（2016）「WTO・新基本法下の麦需給・生産をめぐる動向とTPP協定・国内対策」アルテスリベラレス（98）、57-79.
・ 吉田行郷（2016）『民間流制度導入後の国内産麦のフードシステムの変容に関する研究』農林水産政策研究叢書第11号.

第4章

茨城県における飼料用米の作付拡大と
水田作経営の行動

西川邦夫

1. はじめに

茨城県は生産調整政策の下で、主食用米の実際の作付面積が作付目標を恒常的に上回る、いわゆる「過剰作付県」とされてきた。消費地である首都圏に隣接しているために農協以外の販路を容易に確保できることに加えて、特に利根川下流域の県南地方を中心に、麦・大豆等の畑作物への転換が困難な低湿地水田が広がっていることが要因として指摘されてきた[1]。その様な茨城県の状況を変えたのが、非主食用稲の中でも特に飼料用米の作付拡大であった。県南地方を含めて過剰作付面積は急速に縮小し、ついに2021年産において解消するに至った。営農計画書の提出締切である6月末時点における、茨城県農業再生協議会が提示した生産の「目安」に対する主食用米の過剰作付面積は、農林水産省関東農政局茨城県拠点の推計で263ha、市町村農業再生協議会の積み上げ値では−2,942ha（いわゆる「深掘り」）となった。

飼料用米の作付拡大の要因は様々である。農業者の作物選択は、主食用米収入と交付金込みの飼料用米収入を比較することで、基本的には行われる。しかしそれ以外にも、県協議会を中心とした現場へのきめ細かい情報提供や、出来秋の米価が下落するという予想に基づいた農業者のリスク回避志向の強まり等も関係してくる。一方で、茨城県では一般品種による作付が多く残る

（1）県南地方における生産調整の困難性については、例えば安藤（2004）を参照。

77

第1部　水田利用の地域的展開

とともに、多収品種を作付けても必ずしも単収の上昇が見られていない。これまでは主食用米からの作付転換が優先されてきたために、水田作経営の生産力構造には注意が払われてこなかったのである。主食用米からの作付転換という観点からは水田フル活用政策の趣旨に叶うが、水田生産力の上昇という観点からは不十分な成果にとどまっているのが、茨城県における近年の実態である。

　そこで本章では、茨城県における飼料用米の作付拡大の経緯と、近年における水田作経営の行動の特徴を明らかにすることを課題とする。急激に飼料用米の作付が拡大してきた茨城県の事例を検討することで、水田フル活用政策が抱える問題の一側面（主食用米の需給調整への傾斜（小川（2022）、pp.328-332、367-371）が端的に示されることになるであろう。本章の構成は以下の通りである。まず「2」では、水田フル活用政策が開始されて以降の生産調整と飼料用米作付の推移を明らかにするとともに、コロナ禍の影響で主食用米生産の目安が大幅に削減された、2021年産における生産調整の手法の変化を検討する。2021年産以降、農業者の出来秋の価格や所得の期待に働きかける、フォワード・ガイダンス的な手法が用いられるようになったのが特徴である。「3」では、この間の作付転換の焦点となった県南地方において、飼料用米を中心に規模を拡大している水田作経営を取り上げ、その経営行動を検討する。そして「4」では、それまでの分析を整理するとともに、今後の課題を提示したい。

2．生産調整と飼料用米作付拡大の推移

（1）近年の推移

　第1図は、茨城県における過剰作付面積、飼料用米作付面積、及び10a当たり主食用・飼料用米収入等、生産調整関連指標の推移を示したものである。資料が入手できた2008年以降の推移を示しており、水田フル活用政策の実施期間をほぼカバーしている。

第4章　茨城県における飼料用米の作付拡大と水田作経営の行動

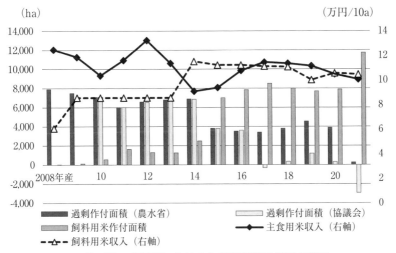

第1図　茨城県における生産調整関連指標の推移

資料：茨城県農業再生協議会提供の資料、農林水産省『農産物生産費（個別経営）』より作成。
注：1）過剰作付面積のうち、「農水省」は農林水産省関東農政局茨城県拠点の推計値、「協議会」は市町村農業再生協議会からの積み上げ値による。
　　2）主食用米収入は、2019年産以前は『農産物生産費』より茨城県の10a当たり粗収益をとった。2020年産以降は、県協議会による推計を一部修正のうえ示した。飼料用米収入は、2019年産以前は多収品種の単収（2017年産以前は570kg/10aで統一）で、2020年産以降は標準単収で推計した。産地交付金の市町村設定分は含めていない。

　過剰作付と飼料用米の面積の動向は、10ａ当たり主食用米と飼料用米収入との関係によって説明できる。より正確に述べると、農業者は当年産の米価と飼料用米収入の関係を比較して、翌年産の作付選択に反映させる[2]。例えば、2014年産では米価の下落により主食用米収入が急減、一方で交付金の

（2）同様の関係は、全農仮渡金と全農集荷率の関係にも当てはまる。農業者は当年産の全農仮渡金の水準から、翌年産の出荷先を決める傾向にある。吉田（2020）、pp.14-15、を参照。なお、茨城県に限らず全国の主食用米、非主食米の作付動向と変化の要因については、鵜川（2022）、ⅰ-ⅲ、による整理も参照されたい。

第 1 部　水田利用の地域的展開

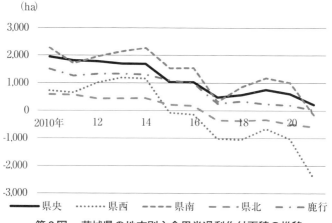

第 2 図　茨城県の地方別主食用米過剰作付面積の推移
資料：茨城県農業再生協議会提供の資料より作成。

増額により飼料用米収入が急増し、両者の関係が逆転したことが、2015年産の過剰作付の減少と飼料用米の増加をもたらした。その後の米価の上昇により、2017年産から再び主食用米収入が上回る様になり、2018年産以降の過剰作付の増加と飼料用米の減少につながった。そのため、飼料用米に代わる転作作物として、販売収入が相対的に高く、水田活用の直接支払交付金で2016年産から20,000円/10 a の支払いが始まった、新市場開拓用米（輸出用米）の作付が増加することになった[3]。

第 2 図は、県内の 5 地方別に過剰作付面積の推移を示したものである。2010年の時点では全ての地方で過剰作付が存在したが、2010年代の半ばに県北地方と県西地方で解消され、現在は生産の目安以上に生産調整を行う「深掘り」の状況になっている。それ以外の地方でも、過剰作付面積は減少している。特に2010年に最も面積が大きかった県南地方は、2021年には過剰作付が解消されるに至った[4]。

---

(3) 茨城県における生産調整と輸出用米の関係については、西川 (2019)、pp.137-138、を参照。

第4章　茨城県における飼料用米の作付拡大と水田作経営の行動

（2）2021年産の動向

　先述した様に、2021年産は茨城県全体で主食用米の過剰作付がほぼ解消し、飼料用米が大幅に増加した。**第1表**を用いて、2020年産からの変化を詳細に検討したい。

　まず主食用米は、65,500haから61,496haへ−4,004ha、−6.1％となった。それに対して飼料用米が7,886haから11,717haへ＋3,831ha、＋48.6％と大幅に増加して、水稲作付面積に占める割合が15.4％にまで達した。近年増加を続けてきた新市場用開拓用米は622haから443haへ−179ha、−28.8％と減少した。茨城県で米輸出に携わっているのは、米を輸出する農業者の組織である茨城県産米輸出推進協議会と、全農茨城県本部である[5]。前者による作付面積

（4）茨城県全体で過剰作付が解消した要因は後で検討するが、県南地方特有の要因としては以下の2点が考えられる。第1に、市町村の補助金や、市町村協議会によって設定される飼料用米への産地交付金の存在である。例えば、県南地方のJA茨城みなみが協議会の事務局を担う市では、2021年度につくばみらい市で20,000円/10ａ、取手市で22,000円/10ａ、守谷市で10,500円/10ａが、市の補助金として交付されている。また、単価が市によって異なるが、飼料用米の土地利用集積助成や、団地形成助成が産地交付金として設定されている。第1図の飼料用米収入にはそれらは含まれていないが、加算するとそれらの市では飼料用米が主食用米を上回る。第2に、農地中間管理事業による影響である。県南地方は農地中間管理事業による転貸面積が他地方に比べて多く、2022年度末で13,668haに達する。この値は関東地方で最も大きく、全国でも第7位である（農林水産省「農地中間管理機構の実績等に関する資料（2022年度版）」を参照。）。ただし、実績の多くはこれまで農業委員会に届け出をしていなかった相対借地に対して、利用権を設定したいわゆる「付け替え」である。そして、これまで多くの水田が相対借地にとどまってきた理由の1つは、生産調整の対象として行政に捕捉されることを逃れるためであったと考えられている。両者の間の因果関係を正確に説明することは困難であるが、農地中間管理事業による利用権の設定が、結果的に生産調整の実施を促進したと類推される。西川（2021）、pp.53-54、を参照。
（5）茨城県における米輸出の取り組みについて詳しくは、西川・大仲（2021）、pp.96-107、を参照。

第 1 部　水田利用の地域的展開

第 1 表　茨城県における水田利用の 2020・21 年産の比較

単位：ha

	水稲合計	主食用	非主食用稲					その他戦略作物（基幹作のみ）
			小計	うち加工用	うち飼料用	うち新市場開拓用（輸出用等）	うち備蓄	
2020 年産	76,200	65,500	10,698	1,351	7,886	622	258	5,578
21	75,900	61,496	14,404	1,159	11,717	443	456	5,573
21 年産構成比	100.0%	81.0%	19.0%	1.5%	15.4%	0.6%	0.6%	-
対前年比	-300	-4,004	3,706	-192	3,831	-179	198	-5
増減率	-0.4%	-6.1%	34.6%	-14.2%	48.6%	-28.8%	76.7%	-0.1%

資料：茨城県農業再生協議会提供の資料より作成。
注：非主食用稲の内訳は小計に一致しない。

は増加したが、後者において全農本部から茨城県への配分枠が減少したことが全体の面積を減少させることになった。

　次に、2021年産において、主食用米から飼料用米への転換が進んだ要因について検討していく。第 1 に、主食用米と飼料用米収入の関係は、農業者の作付選択に大きな影響を与えなかったと考えられる。再び**第 1 図**を見ると、米価の下落によって2020年産から再度飼料用米が主食用米収入を上回る様になった。しかしその差は大きくはなく、2014年産から2015年産にかけて飼料用米の作付が大幅に増加した時と同様の説明をすることは難しい。むしろ2020年産及び2021年産と、主食用米と飼料用米収入は均衡していると考えるのが妥当であろう。

　茨城県において飼料用米の収入が増加しない原因の 1 つは、多収品種が普及していないことである。多収品種の作付状況を示した**第 2 表**からは、作付面積に占める割合は最高でも2019年産の59.0％にとどまり、主食用品種での作付が残存していることが分かる[6]。2020年産からは、水田活用の直接支払交付金のうち国が設定するメニューから、多収品種への支払12,000円/10

──────────

（6）多収品種の作付割合の全国平均は、2019年産60％、2020年産56％である。その後、2021年産39％、2022年産37％と大きく低下した。農林水産省「米をめぐる参考資料」（2023年 6 月）、p.58、を参照。

82

第４章　茨城県における飼料用米の作付拡大と水田作経営の行動

第２表　茨城県における飼料用米の多収品種の作付状況

単位：ha、kg/10a

	作付面積					単収					
	合計	主食用品種		多収品種		平均	主食用品種	多収品種			
		面積	構成比	面積	構成比			平均	夢あおば	月の光	あきだわら
2017年産	8,504	4,215	49.6%	4,288	50.4%	570	571	570	597	547	592
18	7,994	3,446	43.1%	4,548	56.9%	539	557	525	546	494	551
19	7,707	3,163	41.0%	4,544	59.0%	512	545	488	484	478	518
20	7,886	3,398	43.1%	4,488	56.9%						

資料：第１表と同じ。

ａが廃止されたことも、その作付を停滞させる要因となっている⁽⁷⁾。また、多収品種の単収は2017年産こそ主食用品種と同水準であったが、2018年産及び2019年産ともに主食用品種を下回った。特に2019年産の単収低下が顕著であり、県内で作付が多い「夢あおば」「月の光」は500kg/10ａを下回った。単収の低下は生産物の販売収入、及び交付金の数量払の金額を減少させる。

　第２に、県協議会により、現場へきめ細かい情報提供が行われたことの効果が大きかった。2020年11月に農林水産省が公表した「米穀の需給及び価格の安定に関する基本指針」（以下、「基本指針」）では、2021年産主食用米等生産量が693万トンと推計された。また、12月の農林水産大臣談話「令和３年産米の需要に応じた生産・販売に向けて」では、2020年度第３次補正予算と2021年度当初予算で、作付転換のために3,400億円の財源が確保されたことが示された。以上を受けて、県協議会では12月に茨城県における「目安」として32.1万トン、6.1万haを設定した。それ以前の10月には、需要に応じた米生産を促すチラシを作成し、2020年産において営農計画書を作成した県内農業者約12,000件に郵送した。チラシの作成は2021年２月、４月、５月にも行われ、特に４月のチラシは黄色信号をイメージさせるデザイン、主食用米と飼料用米の収入の比較、米価が9,500円/60kg前後まで低下した2014年産における主食用米の収入を示し、視覚に訴えることで営農計画書提出直前の農

（７）2020年産では経過措置として、県が設定する産地交付金に多収品種への支払6,000円/10ａが設けられたが、2021年産に廃止された。

第1部　水田利用の地域的展開

業者の行動に大きな影響を与えた。

　また2021年産の推進では、県協議会と県が共同で農業系統外の集荷業者に対して、出荷者に対する情報提供を要請した。茨城県は農協の主食用米集荷率が低いため[8]、農業者へ情報を行き渡らせるためには系統外の業者の協力が不可欠であった。飼料用米を扱っていないために作付転換への協力が難しい業者に対しては、農協・全農へ相談するように依頼し、それによって作付転換が行われた事例もあった。集荷業者の中には2020年産の在庫を多く抱えている者も存在したことも、協力につながったと考えられている。

　第3に、以上の情報提供活動の効果もあり、農業者の間で2021年産出来秋における価格下落の懸念が強まった。主食用米から飼料用米への転換は、6月末の営農計画書締切に近づくと急速に進んだ。4月末の農林水産省による公表では、茨城県は対前年比1～3％程度の減少であったが[9]、6月末には−6.1％にまで削減が進んだ。田植では主食用の「コシヒカリ」を作付け、駆け込み的に「コシヒカリ」のまま飼料用に転換したケースが多かった様である。

　以上の検討から分かることは、2021年産における作付転換は、作付時点で（前年産の米価に基づいて）分かっている主食用米と飼料用米の収入の比較によったのではなく、出来秋時の需給・価格の予想と、県協議会からの情報発信によって行われたということである。つまり、行政による情報提供と推進活動、及び作付転換に必要な十分な財源の確保にもとづき、農業者の出来秋における所得確保の「期待」に働きかけるフォワード・ガイダンス的な枠組みによって、2021年産は生産調整が行われたことになる[10]。

（8）吉田（2020）、p.11、を参照。またJA茨城県中央会によると、2020年産の全農集荷率は主食用米25～30％、飼料用米75％、加工用米86％、新市場開拓用米63％であった。

（9）農林水産省「令和3年産米等の作付意向について（第2回中間的取組状況（令和3年4月末時点））」による。

第4章　茨城県における飼料用米の作付拡大と水田作経営の行動

（3）出来秋以降に予想される課題

　生産段階における取組によって、2021年産の生産調整は過剰作付の解消という成果をもたらしたが、出来秋以降の流通段階において新たな懸念を生じさせることになった。第1に、主食用米からの作付転換の進展にもかかわらず、全体的な過剰感は払拭されなかったことである。2021年7月に公表された「基本指針」では、6月末時点での民間在庫量は219万トンと推計され、米価が下落する目安とされる200万トンを上回った。また、茨城県における6月末時点の民間在庫は5.8万トンと、対前年同月比＋15.9％となっている[11]。大幅な作付転換にも関わらず、出来秋時の農協仮渡金は引き下げられるのではないかと、関係者の間で懸念されている。ただし、2021年産では出来秋時の価格が下がるという予想の下で作付転換が進められたのであり、仮渡金が引き下げられてもむしろ当初の期待通りということになる。上記の認識のズレは、主食用米生産の「目安」がさらに引き下げられることが考えられる、翌2022年産の生産調整における動きを鈍くする可能性がある。生産調整をしても米価が上昇しないのであれば、協力する意欲が低下するからである[12]。

　第2に、田植え後に急速に進展した作付転換が、農協・全農の販売計画や

(10)フォーワード・ガイダンスは金融政策で用いられている政策であり、例えばある時期ないしはある状態まで金融緩和を継続するので安心せよと、当局が市場参加者に約束することを指す。湯本（2013）、pp.107-108、を参照。また、期待に働きかけるという意味では、米の先物市場にも通ずる考え方である。佐伯（2005）p.100、では、先物市場における定期取引とは、「将来の「一定の時期」に引き渡す商品の価格を現時点で決定すること」と定義されている。

(11)農林水産省「米に関するマンスリーレポート（令和3年8月号）」による。

(12)結局、2021年産の茨城県産コシヒカリの相対取引価格（通年平均）は11,423円/60kgとなり、前年産比－1,901円/60kg、－14.3％となった。2022年産においても5.2万haの大規模な作付転換が実施された。以上の結果、2022年産は13,302円/60kgとなり、対前年比＋1,879円/60kg、＋16.4％と上昇に転じている。農林水産省「米の相対取引価格」（各年版）、を参照のこと。農業者は2022年産も生産調整に協力することを選択し、その効果が一定程度目に見える形で現れたことになる。

85

第 1 部　水田利用の地域的展開

流通体制に齟齬を生むことである。農協に出荷をする農業者は播種前に主食用米の出荷数量契約を結ぶが、2021年産は 5 〜 6 月に作付転換が進んだため、当初予定していたよりも出来秋時の集荷量が少なくなることが予想される。独自販売をしている農協は販売先との調整が必要になり、全農に委託している農協は委託数量を削減することになる。一方で、農協への出荷契約数量自体は全県で対前年比＋20％となっている。出来秋時の米価下落が予想される下で、農業者が農協への出荷を強めたためである [13]。以上のように、様々な不確定要素が存在するため、農協系統組織にとっては販売計画を立てることが難しくなることが考えられる。特に、県内から最終的に米が集積される全農に負担がかかる可能性がある。

　また、飼料用米の集荷が増加することにより、農協段階において主食用米と乾燥調製施設や常温・低温倉庫をどのように仕分けるかという課題もある。例えば、県内でも飼料用米への作付転換が進んだJA茨城みなみでは、21年産は対前年比＋50％の飼料用米集荷量となる予定である。ただし、飼料用米については集荷量の増加自体は問題ではない。全農が飼料会社からの需要をもとに、十分引き受けが可能なためである。販路が確保されていることも、農業者・農協の双方にとって飼料用米への転換を思い切って進める一因ともなった。

3 ．飼料用米作付経営の実態分析

（1）調査対象経営の概要

　筆者は2021年 8 月に、茨城県の県南地方に所在するつくばみらい市（JA茨城みなみ管内）で飼料用米の作付に取り組む、2 つの大規模水田作経営に対する実態調査を行った。**第 3 表**は、調査結果の概要を示したものである。

---

(13)米価下落が予想される際は、集荷業者は農業者に対して農協が提示する価格よりも低い価格を提示して、農協への出荷を促すことも指摘されている。吉田（2020）、p.48、を参照。

第4章　茨城県における飼料用米の作付拡大と水田作経営の行動

第3表　飼料用米に取り組む大規模水田作経営の概況（つくばみらい市：2021年）

単位：人、ha

組織形態		A経営 家族経営		B経営 有限会社	
労働力構成	計	4		10	
	家族（役員）	3		1	
	常雇			6	
	臨時雇	1		3	
経営耕地面積	計	23.9	+2.0	135.9	+7.0
	水田	20.4	+2.0	122.7	+7.0
	陸田・畑	3.5	0.0	13.2	0.0
作業受託面積		0.6	0.0	10.0	0.0
作付面積	計	23.9	+2.0	135.9	+7.0
	主食用米	13.5	+0.5	95.1	-3.0
	飼料用米	5.2	+1.5	28.0	+10.0
	小麦	4.6	0.0	5.7	0.0
	大豆			3.3	0.0
	その他	0.6	0.0	3.8	0.0

資料：両経営への聞き取り調査、及びJA茨城みなみ提供の資料より作成。
注：経営耕地面積、作業受託面積、作付面積の右欄は、2020年産からの増減面積を示す。

　本稿では、大規模水田作経営がどの時点で飼料用米の作付面積を決めたかという点に注目して、2021年産の生産調整の特徴を掘り下げて検討していきたい。

　家族経営であるA経営は、40歳代の経営主、経理と草刈等の軽作業を担当する母、年間50日程度手伝いをする弟による家族労働力と、春秋の農繁期に農業機械を持ち込んで手伝いをする臨時雇（親戚の農業者）で営農している。経営主は県立農業大学校卒業後の1999年に就農し、兼業農家だった実家の農業経営をいきなり継承した。当初の経営耕地面積1.5haから規模拡大を続け、2021年に23.9haに達している。2021年は前年と比べて経営耕地面積を2.0ha増加させたが、うち1.5haが飼料用米によるものである。B経営は70歳代の現代表を含む集落内4名の農業者で、1989年に立ち上げた営農組合に端を発する。代表以外の3名は既に引退している。2006年に有限会社として法人化した。2021年現在、135.9haの経営耕地面積を代表1名、常雇6名、春秋農繁期の

第1部　水田利用の地域的展開

臨時雇3名で営農している。2021年は前年と比べて飼料用米を10.0ha増加させた。主食用米の作付面積は3.0ha減少させているので、規模拡大分は飼料用米でまかなったことになる。

（2）飼料用米部門の状況

第4表は、調査対象経営の水稲作付品種の状況を示したものである。両経営とも早生、中生、晩生を3品種ずつ作付けている。飼料用米はいずれも晩生品種で、作期分散に貢献している。単収は品種によって異なるが、A経営の「ふくまる」を除いて必ずしも高くない。飼料用米についてはA経営の「月の光」で420kg/10ａ、表示はしていないがB経営で2020年産に作付けた月の光で同じく420kg/10ａと、主食用米よりも低い。

栽培体系を見ると、施肥は春先に農協から購入した鶏糞を50～100kg、基肥として一発肥料を30～45kg投入している。追肥は行っていない。両経営とも単収を上げるためには追肥が必要であることを認識しているが、労働力が不足しているので手が回らないとのことである。県農業再生協議会が県の試験研究機関である茨城県農業総合センターと共同で作成した栽培暦（2020年1月作成）によると、「月の光」は穂肥（追肥）重点の施肥体系とし、2016～2017年の試験成績で単収は646kg/10ａとなった。しかし両経営とも、追肥無しで単収は420kg/10ａにとどまっていることは先に述べた。B経営で2021年産から作付けている「とよめき」は、3回追肥が必要であるとJA茨城みなみでは考えているが、実際には行われていない[14]。また、畦畔の除草も1～2回にとどまっている。両経営とも、限られた労働力の下で、大きな面積を粗放的に耕作している状況である。

両経営とも飼料用米の作付を開始したのは、農協が転作作物の中心を加工

---

(14) A経営においては、地域の土地改良区の配水期間が8月25日で終わるので、収穫が10月以降となる「月の光」に十分な水の供給ができなくなることも、単収が低い要因として挙げられていた。なお、コシヒカリはお盆明けには落水している。

第4章　茨城県における飼料用米の作付拡大と水田作経営の行動

第4表　調査対象経営の水稲作付品種の状況

単位：ha、kg/10a、回

品種	A 経営			B 経営		
品種	ふくまる	コシヒカリ	月の光	ふくまる	コシヒカリ	とよめき
作型	早生	中生	晩生	早生	中生	晩生
用途	主食	主食	飼料	主食	主食	飼料
作付面積	6.1	7.4	5.2	32.6	62.5	28.0
単収（2020 年産）	600	510	420	540	420	-
施肥量 （方法）　春先	100 （鶏糞）	100 （鶏糞）	100 （鶏糞）	50 （鶏糞）	50 （鶏糞）	50 （鶏糞）
田植時	45 （一発）	30〜40 （一発）	40 （一発）	40弱 （一発）	40弱 （一発）	40 （一発）
畦畔除草	2	2	2	1	1	1
除草剤散布	1	1	1	1〜2	1〜2	1〜2

注：単収は 2020 年産、その他は 2021 年産のデータ。B 経営は「とよめき」を 2021 年産で初
　めて作付けたので、単収のデータが無い。

用米から転換した2015年頃である。農協の勧めを受け入れる形で飼料用米の
作付面積を増やしている。飼料用米は全て複数年契約によるものであり、農
協に全量出荷している。

　A経営が2021年産の飼料用米の作付面積を決めたのは、年明けの1月頃で
あった。営農計画書の配布が2月の中下旬にあるため、それまでに決めて種
子を注文する。前年内に作付面積を決めることが理想だが、急に農地の借り
入れを依頼される場合があるので、年明けにずれ込んでしまう。注文をする
種子の品種は、作付面積を決める時期に規定される。単収が高い「とよめ
き」や「ほしじるし」を注文したいが、それらは人気が高いので2021年産の
場合は間に合わず、「月の光」を注文することになった。B経営の場合は、
2020年の収穫前8月頃に翌2021年産の作付面積を概ね決めた。飼料用米を増
やすこととし、翌年産の種子を注文した。「とよめき」はもともと冷凍米飯
用の高単収品種であったが、新型コロナウイルス感染症によって業務用米需
要が落ち込み、飼料用として流通していたので使用することにした。

　両経営とも、実際に作付をする相当前の段階で、飼料用米の作付面積を決
めていることが分かる。その理由は、飼料用米の種子を安定的に確保するた

第1部　水田利用の地域的展開

めである。大規模水田作経営において、飼料用米の作付は作期分散の手法として定着しており、より単収の高い種子を早期に十分な量を確保し、農繁期の営農計画を作成していく必要がある。また、2021年産の出来秋時における主食用米価格の下落が予想される中で、飼料用米の作付面積を早期に確定させて収入の目途をつけることが可能になる。

　それに対して、県協議会に対する聞き取り調査によると、2021年産において田植後に主食用の「コシヒカリ」を飼料用米に転換したのは、飯米生産を中心とした小規模農家や、系統外に出荷している経営であったと考えられている。作付面積が小さい彼らは大規模経営の様に早目に手を打つ必要はなく、6月末の営農計画書提出締切のギリギリに、作付けたコシヒカリを主食用米と飼料用米のどちらに振り分けるか決めたのであった。

4．おわりに

　「過剰作付県」とされてきた茨城県において、飼料用米による生産調整の推進は大きな効果を上げた。特に県南地方では、市町村による産地交付金の設定や農地中間管理事業の活動も影響しつつ、過剰作付の解消が進んだ。そして、2021年に県全体でほぼ過剰作付を解消することになった。

　2021年産においては、作付転換の中心となった飼料用米収入は主食用米収入と比べて上昇しなかった。そこで、情報提供と推進活動、及び作付転換に十分な財源確保を通じて、農業者の間に出来秋における価格下落と所得確保に対する「期待」を形成させて作付選択の変容を促すという、フォーワード・ガイダンス的な枠組みを用いて生産調整が行われた。大規模経営は前年の時点で飼料用米の作付拡大を決めて経営の安定を図り、生産調整の実施を前倒しした。小規模農家や系統外に出荷している経営は、6月末の営農計画書提出締切ギリギリまで、予想される主食用米と飼料用米収入を比較して、既に作付けたコシヒカリをどちらに仕向けるか決めた。農業者の判断を支援したのは県協議会によるきめ細かい情報提供であったが、前年11月の時点で

米価下落予想の大枠を定めたのは農林水産省であった。

　ただし、作付転換の大幅な進展は、出来秋における流通段階での懸念を新たに生んだ。全体的な過剰感が払拭されたわけではないので、作付転換が達成されても出来秋の農協仮渡金は下落する可能性があるが、特に営農計画書提出締切ギリギリの時点で作付転換に協力した農業者からは、その効果が目に見えて現れないことに反発が出ることも予想される。また出荷契約後の飼料用米への転換は、農協・全農の主食用米の販売計画と、飼料用米の集出荷体制の見直しを必要とするだろう。

　また、飼料用米への転換は水田生産力の上昇には結びついていない。本章で検討した水田作経営においては、「コシヒカリ」以外の品種は施肥において追肥が必要であるにもかかわらず、労働力不足のために実施されず単収が停滞している。大規模水田作経営の営農体系は粗放的なものとなっているのが現状である。茨城県では主食用米から飼料用米への作付転換をいかにして進めるかということに焦点が当てられ、水田作経営の生産力構造には注意が払われてこなかったといえる。

　単収の停滞は生産物当たりの生産コストの低減をもたらさないので、今後も主食用米からの作付転換を進めていくと、交付金予算が増加して財政問題を惹起させていくだろう。2021年産は主食用米需要の急減で緊急避難的な飼料用米の作付拡大を余儀なくされたが、今後は単収の上昇にも比重を置いていく必要があると考えられる。必ずしも農林水産省が進めるように多収品種の作付拡大にこだわる必要はないが、経営レベルでの集約的な管理作業の実施によって単収の上昇を図っていく必要があるだろう。

〔参考文献〕
・安藤光義（2004）「需給調整困難地域の生産対応―茨城―」梶井功・谷口信和（編著）『米政策の大転換』（日本農業年報50）農林統計協会：260-271.
・鵜川洋樹（2022）『飼料用米の生産と利用の経営行動―水田における飼料生産の展開条件―』農林統計出版.
・西川邦夫（2019）「茨城県における生産調整への取り組みと新規需要米―コシヒ

第1部　水田利用の地域的展開

　　カリへの作付集中からの脱却の道筋―」谷口信和・安藤光義（編著）『米生産調
　　整の大転換―変化の予兆と今後の展望―』（日本農業年報64）農林統計協会：
　　131-145.
・西川邦夫（2021）「茨城県における農地中間管理事業の到達点と展望―農地の担
　　い手への集積と公的把握―」『土地と農業』51：40-55.
・西川邦夫・大仲克俊（2021）「近年における日本産米・清酒の商業輸出の動向と
　　課題」、西川・大仲（編著）『環太平洋稲作の競争構造―農業構造・生産力水準・
　　農業政策―』農林統計出版：89-124.
・小川真如（2022）『現代日本農業論考―存在と当為、日本の農業経済学の科学性、
　　農業経済学への人間科学の導入、食料自給力指標の罠、飼料用米問題、条件不
　　利地域論の欠陥、そして湿田問題―』春風社.
・佐伯尚美（2005）「米市場改革問題の歴史的位相―米政策改革のなかで現・先両
　　市場をどう位置づけるか―」、『農業研究』18：37-123.
・湯本雅士（2013）『金融政策入門』（岩波新書新赤版1448）岩波書店.
・吉田健人（2020）「米の単協直販の展開とその論理―農協集荷率の低い地域を事
　　例として―」『農―英知と進歩―』300：pp.1-60.

第5章

栃木県における水田二毛作の再編と担い手
―非主食用稲の導入による表作への影響に注目して―

西川邦夫

1. はじめに

　国内の主食用米需要が減少を続ける中で、生産基盤の水田を維持していくためには、水田に何を、どのように作付けるかという点が重要になっている。本章では、そのための手法として水田二毛作に注目する。水田二毛作は、第1に水稲・麦類・大豆等の大面積での栽培が可能な作物を作付けるので、水田を維持するのに適している。第2に、耕地利用率を高めることで、一毛作と比べて多くの所得を農業者にもたらすことが期待できる。

　本書の様々な箇所で指摘しているが、近年水田二毛作への取組は増加傾向にある。農林水産省『作物統計』から裏作田面積及び裏作田面積割合を推計すると[1]、2010年21.8万ha、9.2%から、2020年23.4万ha、10.4%に増加した。上記の動向に影響を与えたと考えられる政策は、2000年代後半に整備された。第1に、自民党政権時に策定された2009年度予算の水田等有効活用促進対策を経て、民主党政権時に策定された2010年度予算の水田利活用自給力向上事業に引き継がれた、二毛作に対する支援である。二毛作を行った場合には15,000円/10aが支払われるものであった。その後、二毛作に対する支援は2017年から産地交付金に統合され、全国一律的な取組ではなくなった。本章

───────────────

（1）裏作田面積＝田の作付延べ面積－夏期作付面積（夏期水稲作付面積＋夏期水稲以外の作物のみの作付田面積）、裏作田面積割合＝裏作田面積／田本地面積、によって求めた。

93

第1部　水田利用の地域的展開

で検討する栃木県小山市のように、水田二毛作に取り組んでいる地域では、地方自治体が産地交付金のメニューとして設定している。

第2に、同じく民主党政権から本格化し、自民党への政権交代後も継続された非主食用稲への支援である。秋山（2011）は、交付金単価が引き上げられて非主食用稲の作付が進むことで表作の主食用米が置き換えられ、「新二毛作体系」が成立することを仮説的に提起した。第3に、2007年に導入された品目横断的経営安定対策に対応するため、集落営農組織の設立が全国的に進展した。それら組織は転作麦大豆を維持するために設立されたので（安藤（2008）、p.68）、水田二毛作に担い手形成の側面から影響を与えたと考えられる。

本章の課題は、非主食用稲と水田二毛作が政策的に振興される下での、水田二毛作の再編と担い手の実態を明らかにすることである。非主食用稲を利用した水田二毛作の先行研究はまだ少なく、またWCS用稲による耕畜連携の取組に限られている（千田（2010）、恒川（2015））。そこで本章では、非主食用稲の導入が表作の主食用米・大豆の置き換えを通じて、どのように水田二毛作を再編したかという論理に注目する。本章での検討により、水田二毛作が可能な地帯において、耕地利用率を高める道筋を明らかにすることができるだろう。

本章では、栃木県小山市における動向と、水田二毛作に取り組むA集落営農組織を検討の対象とする。第1表は、2020年において田本地利用率が100％を超えている県を抽出し、地域別に水田二毛作の特徴を示したものである。田本地面積に占める麦類と大豆の割合が高い東海、北九州では、【稲＋麦＋大豆】2年3作の作付方式が、飼料作物の割合が高い南九州では、【稲＋飼料作物】の作付単元が普及していることが示唆される[2]。一方で、

（2）1年間に収穫される作物の作付順序を作付単元、その結合・交替の方式を作付方式と呼ぶ。沢村（1953）、p.3、15、を参照。また、南九州・宮崎県における水田二毛作の動向については、西川（2021）（本書第9章にも加筆のうえ所収）を参照。

第5章　栃木県における水田二毛作の再編と担い手

第1表　水田二毛作の地域性

	田本地利用率	田本地面積に占める割合			組織経営体の割合	
		麦類	大豆	飼料作物	田	二毛作した田
都府県	98.3%	7.0%	4.7%	3.8%	13.0%	37.0%
北関東	108.1%	15.3%	1.7%	3.4%	8.4%	23.7%
栃木	108.7%	13.0%	2.3%	5.3%	7.1%	15.3%
東海	105.3%	15.3%	10.3%	0.4%	22.0%	41.7%
北九州	128.4%	35.2%	12.5%	3.2%	28.0%	58.3%
南九州	115.8%	5.5%	2.0%	21.1%	11.4%	13.2%

資料：農林水産省『農林業センサス』（2015 年）『作物統計』、及び「経営所得安定対策等
　　　の支払い実績」（2020 年）より作成。
注：1）田面積が少ない神奈川県、沖縄県は除いた。
　　2）地域区分は下記の通りである。統計で用いられる区分とは異なる。北関東：栃木、
　　　　群馬、埼玉、東海：福井、愛知、三重、滋賀、北九州：福岡、佐賀、大分、南九州：
　　　　長崎、熊本、宮崎、鹿児島。
　　3）飼料作物に飼料用米、WCS 用稲は含まれない。
　　4）組織経営体は「販売目的で農業生産を行う組織経営体」のこと。販売農家の値と足
　　　　して、割合を求めた。なお、2020 年センサスからは二毛作を行った田のデータが公
　　　　開されなくなった。

栃木県を含む北関東は麦類に集中しており、【稲＋麦】が普及していると考
えられる。後述するように、栃木県では近年大豆の作付面積が減少している。
非主食米による大豆の置き換えを検討する本章の課題に、適切な事例を提供
している。

　また第1表からは、2015年において、二毛作を行った田面積に占める組織
経営体の割合が、田合計に占める割合よりも、いずれの地域においても高い
ことが分かる。集落営農組織を中心とする組織経営体が二毛作田を多く集積
していることを示している。よって、水田二毛作の担い手として、本章が集
落営農組織に注目することは適切であることが分かる。

　本章の構成は以下の通りである。「2」では、栃木県における水田二毛作
の変化を、表作における非主食用稲の導入、集落営農組織の分布、そして県
内の地域性に注目して検討する。「3」では、水田二毛作が普及している小
山市のA集落営農組織の事例より、作付単元別の作業と収益に注目して、水

第1部　水田利用の地域的展開

田二毛作の構造を明らかにする。「4」では、それまでの分析を整理することで総括に代えたい。

2．栃木県における水田二毛作

（1）栃木県における水田二毛作の再編

　栃木県は北関東稲麦二毛作地帯に位置し、県南・県東地方を中心に水田二毛作が展開している。栃木県における水田二毛作としては、1970年代以降に生産調整が本格化する中で2つの作付方式が展開してきた。1つは、園芸作等の集約部門の導入による多作目型複合の展開であり、主に県東地方の上三川町の事例が検討されてきた（平野（1994）、安藤（2005））。もう1つは、表作に大豆を導入することで【大豆＋麦】が普及し、担い手の規模拡大が実現した芳賀町の事例である。後者では1980～1990年代にかけて、汎用（大豆用）コンバインを共同利用するための営農組織の設立が進んだことも指摘されている（安藤（2005））。本章で検討対象とするのは、後者の作付単元の変化となる。

　2000年代後半以降、表作への非主食用稲の導入が進展した。安藤・竹島（2012）は、連作障害のために大豆作付面積が縮小する一方で、非主食用稲の作付が拡大していることを明らかにした。また先述のように、秋山（2011）は【非主食用稲＋麦】による「新二毛作体系」が栃木県で成立する可能性を指摘した。**第2表**は、2010年から2020年にかけての栃木県における田利用の変化を示したものである。この間に表作の主食用米は7,000ha、大豆は2,130ha減少したが、非主食用稲が前2者の合計を上回る10,329ha増加した。非主食用稲の中心は飼料用米であり、増加面積は7,038haに達する。また、夏期不作付田面積も4,400ha減少した。以上のことから、非主食用稲が主食用米と大豆を置き換えるとともに、夏期不作付田にも一定程度作付けられたことになる。非主食用稲増加面積と主食用米・大豆減少面積の差1,199haは、夏期不作付田減少面積4,400haの27.3％を占める。

96

第5章　栃木県における水田二毛作の再編と担い手

第2表　栃木県における田利用の推移

単位：ha

| | 2010 年 | 2015 | 2020 | 増減面積・ポイント | | |
				2010-15 年	2015-20 年	2010-20 年
主食用米	61,900	54,100	54,900	-7,800	800	-7,000
非主食用稲	3,806	15,598	14,135	11,792	-1,463	10,329
（うち飼料用米）	1,279	9,228	8,317	7,949	-911	7,038
麦類	13,490	12,334	11,971	-1,156	-363	-1,519
大豆	4,210	2,470	2,080	-1,740	-390	-2,130
夏期不作付田面積	14,600	11,200	10,200	-3,400	-1,000	-4,400
裏作田面積	14,800	15,100	18,300	300	3,200	3,500
裏作田面積割合	15.5%	16.1%	19.8%	0.6%	3.7%	4.3%
田本地利用率	100.2%	104.2%	108.7%	4.0%	4.5%	8.5%

資料：農林水産省『作物統計』「経営所得安定対策等の支払い実績」「戸別所得補償モデル
　　　対策の支払実績（速報値）について」、栃木県提供の資料より作成。
注：非主食用稲とは、飼料用米、WCS用稲、米粉用米、加工用米、備蓄米、新市場開拓用米
　　の合計である。

　また裏作田面積と裏作田面積割合も、それぞれ3,500ha、4.3ポイント（以
下、「pt」と表記）上昇していることが確認できる。夏期不作付田（夏期休
閑）が解消される中で、これまで生産調整対応として行われてきた麦一毛作
（秋山（1985）、p.39）が【非主食用稲＋麦】に変化したことが寄与している。
以上の結果、田本地利用率は8.5pt上昇した。非主食用稲の導入を契機に、
栃木県では裏作田面積が増加し、水田二毛作が拡大している地域があると考
えられる[3]。

　非主食用稲の導入は、水稲作付品種の多様化と並行して進展した。2010年

（3）上記の動向を2010年から2015年にかけて（前期）と、2015年から2020年にか
　　けて（後期）に分けて検討すると、時期によって対照的であることが分かる。
　　期間を通じた動向は前期により強く現れ、後期はむしろ主食用米の作付面積
　　が増加、非主食用稲が減少し、夏期不作付田面積も減少のスピードが遅くなっ
　　た。それにもかかわらず、裏作田面積及び同割合は後期のほうの上昇が大きい。
　　このことは、後期は表作の大豆と、裏作の麦類の作付面積の減少が抑えられ
　　ていることで一部説明できる。しかしながら、裏作田面積及び同割合の上昇
　　は急速であり、上記の理由だけでは説明することは難しい。その検討は他日
　　を期したい。

第1部　水田利用の地域的展開

に栃木県では「コシヒカリ」が水稲作付面積の80％を占めていたが、2019年
には61.5％に低下した。一方で、「あさひの夢」が15％から21.8％へ、「とち
ぎの星」が作付無しから10.3％に上昇した[4]。「あさひの夢」「とちぎの星」
は業務用を中心とした主食用米としてだけでなく、飼料用米や加工用米とし
ても作付けられている。また2010年代の中頃に、栃木県では県南地方を中心
にイネ縞葉枯病が流行した[5]。「コシヒカリ」は同病への抵抗性を持ってい
なかったため、抵抗性を持つ両品種への転換が進んだという背景がある。ま
た両品種は中生で、稲・麦の二毛作地帯での普通期栽培に適した品種である
ために、春の田植が麦収穫と重複しなくなったことも、水田二毛作の再編を
促進することになった[6]。

（2）二条大麦の生産状況

　栃木県における麦作の状況についても触れておきたい。栃木県では県南地
方を中心に二条大麦（ビール麦）、小麦、六条大麦が作付けられている。農
林水産省『作物統計』によると、2020年における田の麦類作付面積12,000ha
のうち、二条大麦が8,480ha、70.7％を占め、作付の中心となっている。二条
大麦はビール会社との契約栽培が中心である。**第3表**によると、2013年から
2020年にかけての収穫量に占める契約栽培の受渡数量の割合（②／③）は、
概ね7割前後で推移していることが確認できる。

　ただし、栃木県庁はこれ以上県産大麦の生産と需要が増加する余地はない
と認識している。近年、契約数量にほとんど変化はない。一方で、受渡数量

（4）2010年の値は米穀安定供給確保支援機構「水稲うるち米の品種別作付動向に
　　ついて」（2010年）、2019年は栃木県『栃木県稲麦大豆生産振興方針（2021-
　　2025）』（2021年）による。
（5）イネ縞葉枯病ウイルスを媒介するヒメトビウンカは、麦を含むイネ科植物を
　　寄主として越冬可能であるため、流行の早期での終息が困難になる。柴（2016）、
　　p.77、を参照。よって同病は、稲麦二毛作地帯では対策が不可欠な病害である。
（6）「とちぎの星」は「あさひの夢」より熟期が早く、秋作業における麦作との作
　　業競合回避が期待できることも指摘されている。山﨑他（2012）、p.2、を参照。

98

第5章　栃木県における水田二毛作の再編と担い手

第3表　二条大麦の契約数量・受渡数量・収穫量の推移

単位：トン

	契約数量①	受渡数量②	収穫量③	②／①	②／③
2013年	25,223	25,187	37,500	99.9%	67.2%
14	23,960	15,291	20,900	63.8%	73.2%
15	25,212	25,192	35,900	99.9%	70.2%
16	24,993	23,943	34,000	95.8%	70.4%
17	25,217	25,200	36,200	99.9%	69.6%
18	25,874	24,156	31,000	93.4%	77.9%
19	24,914	24,132	32,400	96.9%	74.5%
20	24,822	22,788	30,900	91.8%	73.7%
2013-20年増減率・ポイント	-1.6%	-9.5%	-17.6%	-8.1%	6.6%

資料：農林水産省『作物統計』、栃木県（2021）等の提供資料より作成。
注：契約数量と受渡数量について、2013〜14年産はJA系統、2015年産〜2020年産は県全体の値である。

は不安定に推移し、契約達成率（②／①）が低下する年が目立っている。受渡数量の変動は、全体の収穫量と連動している。そこで、県では新しい需要を開拓するために、もち麦（「もち絹香」という品種）の作付拡大を企図しているが、まだ本格的な普及には至っていない。以上のことからも、近年における二毛作の拡大は裏作の麦類の作付拡大ではなく、表作の再編によるものであることが分かる。

（3）栃木県内の地域性と小山市の水田利用

第4表は、2019年における、栃木県の田の主要作物及び集落営農組織の地方別分布等を示したものである。本章で検討する小山市が所在する県南地方は、非主食用稲、及び麦類の作付面積がそれぞれ4,426ha、7,038haと他地方と比べて多く、田本地面積に占める割合も18.6％、29.5％と県計と比べて高いことが分かる。また、集落営農組織数も95組織と最も多く分布している。
第5表は、2018年における小山市の水田利用の状況を示したものである。水田利用率は115.7％と高い。水田面積に占める主食用米の作付割合は45.7％と

99

第 1 部　水田利用の地域的展開

第 4 表　栃木県の水田利用の地域性（2020 年）

単位：ha

	主食用米	非主食用稲	麦類	大豆	飼料作物	集落営農組織数
県計	54,900	14,135	11,971	2,080	4,879	237
	59.4%	15.3%	13.0%	2.3%	5.3%	
県東	13,867	4,086	2,951	577	208	61
県南	12,306	4,426	7,038	646	182	95
	51.6%	18.6%	29.5%	2.7%	0.8%	
県西	4,196	1,070	232	116	228	20
県北	21,969	4,603	2,411	909	2,289	51

資料：農林水産省『作物統計』『集落営農実態調査』「栃木県の令和 2 年産の水田における
　　　作付状況（確定値）」より作成。
注：1 ）地方区分は環境森林事務所の所管区域とした。各地方の値は、市町村の値を足し合
　　　　わせたものである。県計とは一致しない。
　　2 ）県計、県南の下段括弧内に示した値は、田本地面積に対する構成比を示している。
　　3 ）麦類・大豆の作付面積は『作物統計』による。栃木県の麦類・大豆は 9 割以上が田
　　　　での作付である。市町村別のデータには田畑の別が無いが、全て田に作付けられた
　　　　とみなした。
　　4 ）飼料作物は水田活用の直接支払交付金の支払実績で「基幹作」とされているもので
　　　　ある。「二毛作」は含まれず、実際の作付面積より小さい。

第 5 表　小山市における水田利用（2018 年）

単位：ha、kg/10a

	面積	利用率・構成比	品種・単収（2021 年調査）
水田面積	4,801	-	
作付面積	5,557	115.7%	
主食用米	2,192	45.7%	コシヒカリ 480
非主食用稲	1,403	29.2%	あさひの夢 540-600
			とちぎの星 540-600
			イワイノダイチ 490
麦	1,512	31.5%	タマイズミ 337
			二条大麦 389
大豆	232	4.8%	240
その他	218	4.5%	

資料：小山市農業再生協議会に対する聞き取り調査（2018 年及び 2021 年実
　　　施）、及び栃木県農業再生協議会提供の資料より作成。
注：品種・単収の欄は、麦は 2021 年産、その他は 2020 年産のデータである。

低く、いわゆる生産調整の「深掘り」の状態となっている。非主食用稲の作付割合は29.2％、麦類も31.5％と高い。両者の値は近似しており、【非主食用稲＋麦】による水田二毛作が成立していることが示唆される。小山市では産地交付金の市設定分として、二毛作助成12,000円/10ａを交付しており、二毛作を行う水田作経営の収益性を支えている。

　小山市では2015年頃にイネ縞葉枯病が流行したため、水稲品種の「コシヒカリ」から「あさひの夢」「とちぎの星」への転換が進んだ。小山市農業再生協議会に対する聞き取り調査によると、麦刈と田植が重複する「コシヒカリ」による二毛作では、水稲単作と比べて水稲単収が90kg/10ａ程度低下する。それに対して、両作業が重複しない「あさひの夢」「とちぎの星」による二毛作の水稲単収では、2020年産で540〜600kg/10ａを維持している。一方で、もう１つの表作物である大豆では、小山市ではこれまで収穫作業を担ってきた大豆コンバイン利用組合が、機械の更新を機に解散されるケースが増加している。その要因は、農業者の高齢化によって夏期の中耕培土作業の負担が重くなり、大豆の作付を継続することが困難になっているためである。また、連作障害が発生していることも作付面積の縮小を促進している。かつては地域でブロックローテーションが実施されていたが、現在は行われていない。

3．A集落営農組織の事例分析

　小山市に所在するA集落営農組織（以下、「A組織」）は、1989年に設立された転作営農組織を前身とする。2004年に品目横断的経営安定対策を見据えて集落営農組織になり、2017年に農地中間管理事業の利用を契機に農事組合法人となった。2021年現在、経営耕地面積73.4ha（田54.1ha、畑19.3ha）、作付面積94.2ha（主食用米8.5ha、加工用米28.2ha、麦類35.5ha、大豆15.7ha、ソバ6.5ha）である。2021年は水田リノベーション事業に採択されたために、非主食用稲は加工用米のみの作付けとなったが、例年は飼料用米も作付けて

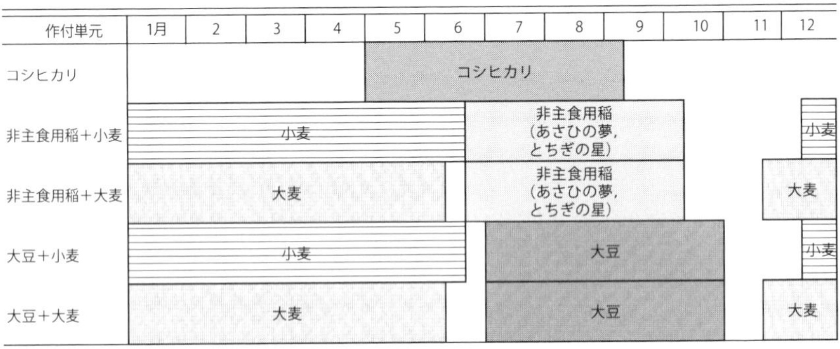

第1部　水田利用の地域的展開

作付単元	1月	2	3	4	5	6	7	8	9	10	11	12
コシヒカリ					コシヒカリ							
非主食用稲+小麦		小麦				非主食用稲 (あさひの夢, とちぎの星)						小麦
非主食用稲+大麦		大麦				非主食用稲 (あさひの夢, とちぎの星)						大麦
大豆+小麦		小麦					大豆					小麦
大豆+大麦		大麦					大豆					大麦

第1図　Ａ集落営農組織の作付単元

資料：Ａ集落営農組織に対する聞き取り調査（2019 年及び 2021 年実施）より作成。

いる。2017年における非主食用稲は、飼料用米7.2ha、加工用米12.0haであっ
た。構成員は12名、うち常時従事者５名はいずれも60歳代後半であり、高齢
化が進んでいる。
　Ａ組織で飼料用米をはじめとする非主食用稲の作付を始めたのは2010年か
らである。それ以前は主食用米の「コシヒカリ」を表作に作付け、裏作の麦
と二毛作を行っていた。**第1図**は、Ａ組織の現在の作付単元を、各作物の在
圃期間によって示したものである。「コシヒカリ」は５月上旬から田植が始
まるため、小麦（６月中旬まで）、大麦（６月上旬まで）ともに収穫と重複
する。そのため、現在Ａ組織では「コシヒカリ」は単作で作付けられている。
一方で、非主食用稲は６月下旬から田植が始まるため、麦の収穫との重複を
避けることができる。ただし、麦収穫から田植までに実施する作業は、①麦
わらの圃場への鋤き込み、②元肥散布、③耕起、④水入れ、⑤荒代、⑥植代
と多い。そのため、作物切り替えの間隔が短い小麦の場合は、麦収穫と田植
の重複が一部残存している。大豆の場合も、麦収穫と大豆播種は重複しない。
ただし連作障害回避のために【大豆＋麦】を２年継続した後、【非主食用稲
＋麦】に切り替える。Ａ組織は、二毛作田の中でローテーションを組み、
【大豆＋麦＋大豆＋麦＋非主食用稲＋麦】の、３年６作の作付方式をとって

第5章　栃木県における水田二毛作の再編と担い手

第6表　A集落営農組織の作付単元別損益（2017年）

	計算式	単位	主食用米	飼料用米＋小麦		大豆＋小麦	
				飼料用米	小麦	大豆	小麦
単収	①	kg/10a	480	510	480	270	480
作物単価	②	円/60kg	13,385	3,372	5,600	11,733	5,600
収入	③＝①×②		107,080	217,000		170,000	
作物			107,080	73,466		97,600	
交付金		円/10a	0	143,534		72,400	
経営費	④		105,036	120,960		66,926	
農業所得	⑤＝③－④		2,044	96,040		103,074	
労働時間	⑥	時間	16	14		7	
農業所得	⑤／⑥	円/時間	127	7,035		15,362	

資料：A集落営農組織提供の資料、及び農林水産省『農産物生産費（組織法人経営）』より作成。

注：2017年はイネ縞葉枯病流行の影響で主食用米単収が390kg/10aと極端に低かったので、第5表におけるコシヒカリの単収を採用した。

いることになる。

　第6表は、A組織の2017年における作付単元別損益を示したものである。まず主食用米単作は、農業所得が2,044円/10ａ、127円/時間と低いことが分かる。単収が480kg/10ａと必ずしも高くないためである。ただし、主食用米を作付けていることで構成員の営農意欲を維持するために、また飯米確保のために継続している。【大豆＋小麦】の農業所得は103,074円/10ａ、15,362円/時間と高い。他の作付単元と比べて、経営費が66,926円/10ａ、労働時間が7時間/10ａと少ないためである。それに対して、【飼料用米＋小麦】の農業所得は96,040円/10ａ、7,035円/時間である。時間当たりでは【大豆＋小麦】に及ばないが、10ａ当たりでは匹敵する。交付金が143,543円/10ａと高いため、農業所得も高い。交付金による下支えにより、【大豆＋小麦】に匹敵する農業所得を確保できたために、【飼料用米＋小麦】がA組織で定着できたのである。

第1部　水田利用の地域的展開

4．おわりに

　本章では、栃木県小山市に所在するA集落営農組織の事例分析を中心に、非主食用稲の導入によって表作の主食用米・大豆が置き換えられ、水田二毛作が再編される論理を検討してきた。栃木県では非主食用稲として「あさひの夢」と「とちぎの星」の作付面積が増加し、これまで作付が集中してきた「コシヒカリ」からの水稲品種の多様化が進んだ。「あさひの夢」「とちぎの星」は、2010年代に流行したイネ縞葉枯病に抵抗性を持つ品種であるとともに、普通期栽培に適しているので、麦収穫と田植の重複を避けることができた。以上の結果、「コシヒカリ」と比べて二毛作で水稲単収を高く維持することが可能になり、既存の稲麦二毛作の維持と、麦一毛作の二毛作化を促進した。

　非主食用稲は、同じく表作である大豆も置き換えて水田二毛作の維持に貢献した。大豆の作付は農業者の高齢化による中耕培土の困難化、連作障害の発生により作付面積が縮小し、収穫作業を担ってきた大豆コンバイン利用組織の解散が相次いでいた。非主食用稲は交付金による収益性の下支えにより、農業者に【大豆＋麦】に匹敵する農業所得を、【非主食用稲＋麦】でも確保させた。

　本章の検討から明らかになったことは、非主食用稲の導入は北関東において、①主食用米の置き換え、②大豆の置き換え、③夏期不作付田（夏期休閑）の解消による麦一毛作の二毛作化、という3つのルートを通じて、水田二毛作の拡大と耕地利用率の上昇をもたらしたということである。国内の主食用米需要が減少していく中で、水田を維持していく1つの手法として、非主食用稲による水田二毛作を位置づけることができよう。

〔参考文献〕
・秋山邦裕（1985）『稲麦二毛作経営の構造』（日本の農業155）農政調査委員会.

104

第5章　栃木県における水田二毛作の再編と担い手

・秋山満（2011）「東日本における米戸別補償モデル対策取り組みの現状と課題─栃木県の取り組みを中心に─」梶井功・谷口信和（編著）『民主党農政1年の総合的検証─新基本計画から戸別所得補償本対策へ─』（日本農業年報57）農林統計協会：90-111.
・安藤光義（2005）『北関東農業の構造』筑波書房.
・安藤光義（2008）「水田農業再編と集落営農─地域的多様性に注目して─」『農業経済研究』80（2）：67-77.
・安藤光義・竹島久美子（2012）「関東農業の構造変化─栃木県─」安藤光義（編著）『農業構造変動の地域分析─2010年センサス分析と地域の実態調査─（JA総研研究叢書7）』農山漁村文化協会：153-177.
・平野信之（1994）「関東中流域水田農業の再編形態」永田恵十郎編著『水田農業の総合的再編─新しい地域農業像の構築に向けて─』農林統計協会：59-76.
・西川邦夫（2021）「南九州における水田二毛作経営の存立条件─宮崎県都城市A経営の事例より─」『農業経営研究』59（2）：37-42.
・沢村東平（1953）「水田における多毛作構造の解析」『農業技術研究所報告H』7：1-36.
・千田雅之（2010）「水田周年放牧の高い生産力と豊かな展望」谷口信和・梅本雅・千田雅之・李侖美『水田活用新時代─減反・転作対応から地域産業興しの拠点へ─（シリーズ地域の再生16）』農山漁村文化協会：291-346.
・柴卓也（2016）「イネ縞葉枯病の現状─序にかえて─」『植物防疫』70（2）：77-78.
・栃木県（2021）『栃木県稲麦大豆生産振興方針（2021-2025）』.
・恒川磯雄（2015）「稲麦WCS二毛作の経済性と事例における成立の背景」『関東東海農業経営研究』105：41-47.
・山崎周一郎・湯澤正明・永島宏紀・青沼伸一・三好真弓・篠崎敦・伊澤由行・山口正篤（2012）「水稲新品種「とちぎの星」の育成」『栃木県農業試験場研究報告』68：1-13.

105

第6章

新潟県における水田園芸導入の実態と課題
―稲作と枝豆の相克―

西川邦夫

1．はじめに

（1）新潟県における稲作の「独往的」性格

　かつて金澤夏樹は、日本における農業経営の複合化は稲作増収の最大化を求めたうえで、麦等の他作物がそれに適応・追随するという、稲作の「独往的」性格を指摘した（金澤（1958）、p.141）。金澤の指摘は既に半世紀以上前のものではあるが、農業生産における米の位置づけが高く、また米に代わる作物が見当たらない新潟県は、現在においても稲作の「独往的」性格が強く残存している地域である。以下では、いくつかの指標を挙げて、新潟県における稲作の位置づけを明確にしたい。

　新潟県は日本最大の米産地である。農林水産省『作物統計』によると、2020年において水稲作付面積12.0万ha、収穫量66.7万トンと全国第１位である。農業生産は米に依存しており、同『生産農業所得統計』によると同年の米産出額は1,503億円、農業算出額全体の59.5％を占めている。米産出額も全国第１位である。また、新潟県は良食味米産地であるという市場評価が定着しており、市場で取引される価格も相対的に高い。**第１図**は同『農産物生産費（個別経営）』より、2010年から2020年にかけての米価（60kg当たり粗収益）と10ａ当たり粗収益の推移を、新潟県と全国平均について比較したものである。上下の変動はありつつも、米価、10ａ当たり粗収益ともに一貫して新潟県のほうが高くなっている。

第1部　水田利用の地域的展開

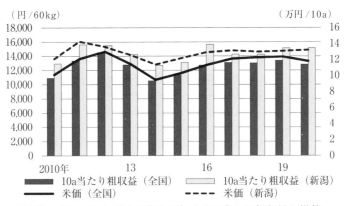

第1図　米価（60kg当たり粗収益）と10a当たり粗収益の推移
資料：農林水産省『農産物生産費』より作成。
注：左軸は米価を、右軸は10a当たり粗収益を示している。

　主食用米の生産調整も、非主食用稲への作付転換が中心となっている。**第1表**は2010年から2020年にかけての、新潟県における水田の作付の変化を示したものである。主食用米の作付面積は10年間で1,900haの減少にとどまっていることがまず目を引くが、その減少分も非主食用稲の4,270ha増加によって十分に補われている。非主食用稲の中心になっているのは、飼料用米、新市場開拓用米、備蓄米であった。特に備蓄米の増加面積が4,731haと大きい。そして、主食用米と非主食用稲の合計（米合計）で見ると、作付面積はむしろ2,370ha増加している[1]。新潟県の水田は強粘質土壌で排水不良のものが多いため[2]、麦や大豆等の畑地利用ではなく、水稲を作付ける湛水利用のほうが容易なためと考えられる。以上の結果、田本地面積が減少したうえではあるが、作付け延べ面積の構成比は1.7ポイント上昇した。つまり、水

（1）2018年産の生産調整政策の見直し以降、新潟県下では主食用米の作付増加と加工用米での転作実施が進んだことが先行研究では指摘されている。例えば、伊藤（2019）、西川（2020）、pp.78-79、吉田（2020）、pp.56-57、を参照。
（2）北陸地方は粘土含量が25％以上である強粘質土壌が水田面積の35〜42％を占めるため、排水性が悪い。高橋他（2005）、p.51、を参照。

第6章　新潟県における水田園芸導入の実態と課題

第1表　新潟県における水田利用の変化

単位：ha

	作付面積			構成比		
	2010年	2020	増減面積	2010	2020	増減ポイント
田本地面積	145,000	141,400	-3,600	100.0%	100.0%	-
作付延べ面積	134,500	133,500	-1,000	92.8%	94.4%	1.7%
主食用米	108,600	106,700	-1,900	74.9%	75.5%	0.6%
非主食用稲	10,553	14,823	4,270	7.3%	10.5%	3.2%
うち加工用米	7,261	5,056	-2,205	5.0%	3.6%	-1.4%
うち飼料用米	859	1,876	1,017	0.6%	1.3%	0.7%
うち新市場開拓用米	76	1,134	1,058	0.1%	0.8%	0.7%
うち備蓄米	0	4,731	4,731	0.0%	3.3%	3.3%
（米合計）	119,153	121,523	2,370	82.2%	85.9%	3.8%
大豆	6,245	3,760	-2,485	4.3%	2.7%	-1.6%

資料：農林水産省『作物統計』「令和2年産の水田における都道府県別の作付状況（確定値）」
　　　「平成22年産新規需要米の取組計画認定状況」「加工用米生産量（平成16年産～令
　　　和4年産）」「戸別所得補償モデル対策の支払実績（速報値）について」「米に関す
　　　るマンスリーレポート資料編」（2016年3月号）より作成。
注：1）2010年の加工用米は、農林水産省「加工用米生産量（平成16年産～令和4年産）」
　　　　の生産量を、「平成23年産加工用米の取組認定状況」から求めた単収で換算した。
　　2）2010年の備蓄米は未見のため、「米に関するマンスリーレポート資料編（2016年3
　　　　月号）」から2011年の実績を当てはめた。

田利用率が上昇したことになる。

　水田作経営の規模拡大も、稲作の作付拡大によって進展してきた。**第2図**
は、農政調査委員会が実施した新潟市と魚沼市における実態調査の結果をも
とに、過去5年間程度の水田の拡大面積と水稲の拡大面積の間の相関関係を、
経営毎にプロットしたものである。両市ともに相関関係が認められ、大規模
水田作経営が稲作を中心として形成されてきたことがうかがえるであろう。
特に魚沼市はR2の値も0.6687と高く、規模拡大と稲作の関係が強いことが分
かる[3]。

───────────────────────────

（3）新潟県の中でも特に良食味米とされる「魚沼産コシヒカリ」の産地である魚
　　沼市は、近年主食用米の作付面積を維持している。農林水産省「地域農業再
　　生協議会別の作付状況」（各年版）によると、2018年産2,436haから2022年
　　2,340haへ、3.9％の減少に過ぎない。同期間中に全国では9.7％減少した。その
　　ため、魚沼市で規模拡大を図る経営は、相対的に水稲を拡大しやすい環境に
　　ある。

109

第 1 部　水田利用の地域的展開

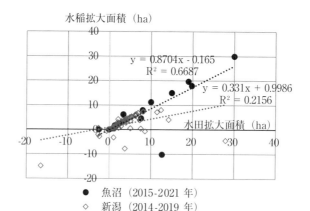

第2図　水田面積と水稲作付面積の拡大の関係

資料：魚沼市（2021年）、及び新潟市（2019年）で実施した実態調査より作成。調査結果について詳しくは、農政調査委員会（編）（2020），農政調査委員会（編）（2022）を参照．

（2）本章の課題

　ところで、新潟県庁は2019年に『新潟県園芸振興基本戦略』（以下、『基本戦略』とする）を策定し、稲作経営の複合部門として園芸作の導入を推進することとした。『基本戦略』の問題意識は、「主食用米の需要減少が見込まれる中、農業経営が持続的に発展するためには、米だけに依存せず経営基盤を強化することが重要であり」（p.1）、主食用米に代わる作物として園芸作を推進するということであった。目標として掲げられているのは、2024年までに販売額1億円以上の産地を51産地から101産地へ倍増させるとともに、作付面積を1,000ha増加させることである。ただし、その意味するところは、これまで縮小してきた新潟県の園芸作を過去の水準に戻すということである。新潟県庁が把握している2018年の園芸作面積は4,000ha、2004年は5,000haである。よって、1,000ha増加させるといっても、それは新しく園芸作を拡大するということではない。『基本戦略』は、2018年から始まった国の畑地化推進（小川（2022）、p.372）に合わせた施策の展開ということになるであろう。

第6章　新潟県における水田園芸導入の実態と課題

『基本戦略』に沿って産地は産地育成計画を策定する。産地の中には、国費・県費による補助事業を利用して生産を拡大するところもある。産地に交付された事業費は2018年度8,367万円、2019年度7億4,288万円、2020年度9億823万円である。新潟県庁によると、集出荷施設の建設、収穫機や調製レーンに設置する機械が導入されている。新潟県庁による振興政策が園芸作に与える影響が明らかになるのは、しばらく先のことになる。それでも、2019年度中に早くも作付面積117ha増加し、うち本章で検討の対象とする枝豆が59haを占めていることは注目される。

　本章の課題は、水田での枝豆生産の実態を検討することを通じて、新潟県における水田園芸導入の課題を明らかにすることである。検討の焦点となるのは、主食用米からの作付転換における、園芸作と非主食用稲の作付選択である。「2」では、新潟県における枝豆生産の特徴を、農業構造変動の地域性に注目しながら整理する。「3」では、中越地方のJA越後ながおか[4]管内における枝豆産地の実態を検討する。「4」では、JA越後ながおか枝豆生産部会員へのアンケート分析と、水稲＋枝豆の大規模複合経営の事例分析から、枝豆経営の行動を明らかにする。そして「5」では、それまでの分析を総括する形で、新潟県における水田の作付選択を展望したい。

2．新潟県における枝豆生産の特徴

（1）自家消費中心・粗放的な新潟県の枝豆生産

　2020年現在、新潟県は作付面積で見て全国最大の枝豆産地である。**第2表**は『作物統計』より、2020年時点での枝豆作付面積上位5道県と、新潟県の過去20年の生産の推移を示したものである。全国の作付面積12,800haのうち、新潟は1,560ha、12.2％を占める。一方で、単収（10a当たり収量）は279kgにとどまっており、全国平均518kg、及び他の主要産地と比べても有意に低

（4）JA越後ながおかは2023年2月に3農協と合併してJAえちご中越となった。本章では調査時点（2020年12月）の名称のまま表記する。

第1部　水田利用の地域的展開

第2表　新潟県における枝豆生産の現状と推移

単位：ha、kg/10a、トン

		作付面積	10a 当たり収量	収穫量①	出荷量②	出荷割合（②／①）
2020年	全国計	12,800	518	66,300	51,200	77.2%
	新潟	1,560	279	4,350	2,610	60.0%
	山形	1,470	367	5,390	4,430	82.2%
	秋田	1,340	367	4,920	3,910	79.5%
	北海道	1,300	536	6,970	6,690	96.0%
	群馬	1,100	654	7,190	6,260	87.1%
新潟	2000	1,420	458	6,510	3,500	53.8%
	2010	1,600	381	6,100	3,710	60.8%

資料：農林水産省『作物統計』より作成。
注：『作物統計』の「利用者のために」では、枝豆の収穫量は出荷形態に準ずることとされており、枝付きで出荷される場合は収穫量に枝も含まれるとされている。よって、本稿でも検討するように、出荷形態が地域によって異なると単純な比較はできないことに留意する必要がある。

くなっている。また、収穫量に占める出荷量の割合（出荷割合（②／①））は60.0％と低く、他産地と比べて自家消費が多いことが分かる。つまり、新潟県は全国最大の枝豆産地ではあるが、自家消費に依存した粗放的な生産が行われてきたのである。

　以上のような状況は、過去20年間ほとんど変化が無かった。2000年以降、作付面積は1,400～1,600ha前後で推移している。出荷割合は2000年の53.8％から上昇はしているが、単収が大幅に低下し収穫量が減少したことの影響が大きい。収穫量は6,510トンから4,350トンへ、出荷量は3,500トンから2,610トンへ減少した。また表示はしていないが、新潟県の単収は2018年289kg、2019年310kgと近年低位に推移している。

（2）地域別の生産状況

　続いて、新潟県内の地域別に枝豆の生産状況を検討していく。**第3表**は、新潟県内で「地域園芸振興プラン」（以下、「プラン」とする）を作成している産地の生産状況を、地域毎に示したものである。「プラン」とは農協等の生産出荷団体が作成し、品目毎に生産者数、作付面積、販売額、販売量の目

第6章　新潟県における水田園芸導入の実態と課題

第3表　新潟県内における地域別の生産状況

単位：ha、トン、kg/10a

	農家数			作付面積			販売量		
	2016年	2020年	増減率	2016	2020	増減率	2016	2020	増減率
県計	721	725	0.6%	360	477	32.7%	1,153	1,120	-2.9%
上越	72	90	25.0%	30	58	92.3%	88	128	46.2%
中越	98	118	20.4%	85	141	66.4%	236	273	15.7%
下越	551	517	-6.2%	245	279	13.8%	829	719	-13.3%

	平均作付面積			単収		
	2016	2020	増減率	2016	2020	増減率
県計	0.5	0.7	32.0%	320.4	234.6	-26.8%
上越	0.4	0.6	53.9%	292.0	222.0	-24.0%
中越	0.9	1.2	38.2%	279.2	194.2	-30.4%
下越	0.4	0.5	21.3%	338.1	257.5	-23.8%

資料：新潟県庁提供の資料より作成。
注：佐渡地域では地域園芸振興プランを作成している枝豆産地は存在しない。

標を設定するとともに、販売力強化、品質確保、生産拡大に向けた取組計画を策定するものである。2021年現在で400を越えるプランが作成されており、『基本戦略』に掲げられた目標の達成状況を把握するために新潟県庁でもデータを集計している。よって、「プラン」の対象となっている産地は、自家消費用ではなく商品出荷を中心とした産地（以下、「商品産地」とする）であると考えられる。

　2016年から2020年にかけて、県計で商品産地の農家数は721戸から725戸へ微増した。地域別に見ると、これまで生産の中心となっていた下越で6.2%減少する一方で、上越と中越でそれぞれ25.0%、20.4%増加していることが分かる。作付面積も同様の傾向であり、下越（13.8%増）よりも上越（92.3%増）、中越（66.4%増）での増加率が高くなっている。農家数よりも作付面積の増加の方が上回っているため、平均作付面積は県計で0.5haから0.7haへ32.0%増加し、上越では53.9%、中越では38.2%増加するなど、規模の拡大が一定程度進んでいる。

　作付面積増加の地域格差は、水田農業における構造変動の進展度と対応している。新潟県の農業構造は、上越＞中越＞下越、の序列で農業構造変動と

113

第1部　水田利用の地域的展開

大規模水田作経営の形成が進んでいるとされる。細山（2004）は、1990年代の時点で既に下越・蒲原平野における農業構造変動の停滞（中間層肥大型）と、上越・頚城平野における大規模借地型経営の展開（階層分化型）を指摘していた。2015年以降においても、平林（2018）は、大規模農家と組織経営体への経営耕地面積集積割合について、同様の地域序列を確認している。また、平林（2019）は上越市で100haを超えるような大規模稲作経営への農地集積が進んでいること[5]、一方で磯貝・堀部（2020）は、下越地方の新潟市・秋葉区では中規模な3〜10ha層が占める農地シェアが大きいことを指摘している。本章で検討対象とする中越地方は、上越と下越の中間的な状況である。そのため、新潟県における平均的な姿を検討することになる。

　農業構造変動が進んでいる地域では、大規模水田作経営がまとまった農地を枝豆に充てることが可能である。また、新潟県の商品産地では、収穫を抜き取りではなくトラクターアタッチメント型収穫機、または枝豆専用コンバインで行う方法が普及しつつある。**第4表**は、農政調査委員会（編）（2021）で分析された事例をもとに、手抜きと機械収穫の1時間当たり収穫面積を比較したものである。作付面積が異なるために機械の稼働水準に差があること、またB生産組合は畑での枝豆作付であることから厳密な比較とはならない。それでも、手抜きと比べてトラクターアタッチメント型収穫機のほうが、さらに枝豆専用コンバインのほうが、1時間当たり収穫面積が大きく、機械を使用してより効率に収穫が行われていることが分かる。また、機械収穫は抜き取りと比べて収穫損失が発生するため、単収が低下する。慣行体系の収益性を上回るためには、十分な作業可能面積を確保することが必要であることが、鵜沼（2020）では指摘されている。以上の理由から、農業構造変動が進んでいる地域ほど、枝豆の作付面積と経営規模の拡大が進んでいると考えら

（5）ただし、平林（2019）は農地供給層である3ha未満層農家の減少により、上越市でも今後は構造変動の停滞が予想されることもあわせて指摘している。またそれと関連して、堀部（2019）は法人経営の間でも規模拡大意欲が減退していることを指摘している。

114

第6章　新潟県における水田園芸導入の実態と課題

第4表　収穫方法の違いによる1時間当たり収穫面積の比較

単位：a/時間

収穫方法	聞き取り対象	作付面積	1時間当たり収穫面積
手抜き	A農産	3.0〜4.0	0.8〜1.0
トラクターアタッチメント型収穫機	A農産	9.8	2.5
	JAえちご上越		5.0
専用コンバイン	JA越後ながおか	0.6	3.8
	B生産組合	64.0	6.3
	JA越後上越	1.1	10.0

資料：農政調査委員会（編）（2021）中の分析より作成。
注：1）JA越後ながおか及びJAえちご上越の作付面積は、生産者の平均である。
　　2）B生産組合の1時間当たり収穫面積は、収穫から選別・調製までを通じた処理面積である。

れる。

　一方で、再び**第3表**を見ると、販売量は県計で1,153トンから1,120トンへと2.9％減少していることが確認できる。それは単収の低下に起因している。単収は県計で320.4kg/10aから234.6kg/10aへ26.8％低下し、上越、中越でもそれぞれ24.0％、30.4％低下した。新潟県の枝豆の商品産地は緩やかに作付が拡大する中で、単収の低下が課題となっている。

（3）単収低下の要因

　単収低下の要因として、以下の点が挙げられる。第1に、先に指摘したように収穫機械化による収穫損失の発生である。第2に、近年、開花・収穫期に当たる夏季に、天候不順が続いていることである。

　そして第3に、排水対策の不徹底である。新潟県は強粘質土壌の水田が多いため、園芸振興のためには排水対策を行うことが重要になる。新潟県庁では排水対策マニュアルを作成して排水対策の徹底を図っている。対策として挙げられているものは、①春先の荒起こしをしないこと、②春先に周囲明渠を施工すること、③前年秋や春先に弾丸暗渠・耕盤破砕を施工することである。また、排水の良い圃場を作付圃場として選定すること、明渠・暗渠を施工する際にモミサブローによりもみ殻を充填することも挙げられている。こ

115

第1部　水田利用の地域的展開

のうち②はほぼ生産者間で実施されているようであるが、明渠の深さが不十分、畝間と明渠が繋がっておらずうまく排水されない等の問題がある[6]。周囲明渠の作業は稲作の春作業と時期的に競合するため、十分に労働が投下されていない可能性がある。③は根本的な排水対策となるが、特に耕盤破砕は田畑輪換における復田時に漏水をもたらす恐れがある。

　新潟県においては、稲作生産者は予想される出来秋の米価や非主食用稲等他作物の交付金を勘案して、交付金の申請期限である6月末まで主食用米の出荷数量を確定しないことが指摘されている（小澤（2018）、p.304）。枝豆の作付選択はもう少し早い段階で行われるが、その判断はギリギリまで待つことが予想される。良食味・高米価地帯の新潟県においては、農業者は春作業の前に追加的な労働投下が必要で、かつ稲作復帰を難しくする根本的な排水対策に枝豆生産者が取り組みづらいのである[7]。

（4）枝豆と水稲の所得比較

　良食味米・高米価地帯の新潟県においては、水稲から得られる所得は相対的に高く、かつ安定的である。**第5表**は、2019年において水稲と枝豆の所得を比較したものである。農林水産省『農産物生産費』には流通段階に係る費用は集計されていないので、同表の水稲の費用には流通経費が含まれていない。また米の出荷に際してどれくらいの経費がかかるかは、出荷先（JA出荷か、直接販売か）によって異なる。よって、同表の水稲と枝豆を厳密に比

（6）上越地域農業振興協議会・上越地域振興局農林振興部『園芸振興に向けた技術対策マニュアル』（2019年3月）、p.19、を参照。また、新潟県からの聞き取り調査による。

（7）統計作成に関する技術的な問題として、第3表のデータに農協外出荷が含まれないことも挙げられる。先述の通り、原資料である「プラン」の作成主体はほとんどが単位農協である。農協の部会に加入している農業者や農協の集荷量が記載されるため、農協外への販売はデータとして報告されないことになる。後で検討するように、農協が商品産地を組織している地域にも農協外へ販売している農業者が存在する。彼らの存在が、県に報告されるデータ上の単収を引き下げていることになる。

第6章　新潟県における水田園芸導入の実態と課題

第5表　水稲と枝豆の所得比較（2019年）

単位：円/10a、円/kg、kg/10a、円/時間

	水稲			枝豆	
	主食用	加工用	米粉用	直播	移植
作付面積	2.9ha	-	-	5ha以上	5ha以上
収入計①	134,662	135,000	121,000	265,521	334,621
粗収益	134,662	135,000	9,000	188,021	257,121
価格	246	250	17	691	691
単収	548	540	540	272	372
交付金			112,000	77,500	77,500
費用計②	90,647	90,647	90,647	237,602	286,857
種苗費	3,813	3,813	3,813	13,020	9,765
肥料費	8,305	8,305	8,305	21,719	18,491
農薬費	6,793	6,793	6,793	20,689	17,938
諸材料費	1,828	1,828	1,828	0	22,859
光熱動力費	4,632	4,632	4,632	13,340	11,888
機械利用料	11,285	11,285	11,285	0	0
土地改良水利費	8,970	8,970	8,970	9,500	9,500
減価償却費	21,585	21,585	21,585	22,337	23,213
修理費	9,236	9,236	9,236	2,234	2,121
租税公課	2,188	2,188	2,188	2,100	2,100
支払地代	10,551	10,551	10,551	0	0
共済費				0	0
JA選別調製費				34,013	46,513
流通経費				74,900	87,319
労働費	1,461	1,461	1,461	23,750	35,150
所得（①－②）	44,015	44,353	30,353	27,920	47,765
家族労働力1時間当たり所得	2,181	2,198	1,504	1,117	1,291

資料：新潟県庁提供の資料、上越市役所提供の資料、JA越後さんとう提供の資料、及び農林
　　　水産省『農産物生産費（個別経営）』より作成。
注：1）水稲の費目（農林水産省）を枝豆（新潟県庁）に合わせた。
　　2）主食用米の収入は、『農産物生産費』の水稲のデータを使用した。加工用米と米粉用
　　　　米の収入は、JA越後さんとう提供の資料に準拠した。
　　3）水稲の費用は、全て『農産物生産費』のデータを適用した。
　　4）枝豆粗収益は新潟県庁提供の資料に準拠した。直播の単収は272.1kg、移植は県資料
　　　　に準拠し100kg引き上げた。
　　5）枝豆の交付金収入は、上越市の2020年産の産地交付金のデータを採用した。作付拡
　　　　大支援40,000円、二毛作加算20,000円、コスト低減支援7,500円、直売施設等利用加
　　　　算10,000円である。
　　6）枝豆のJA選別調製費は単価100円/kg、枝付きの収穫量（製品率80%）で計算した。
　　　　製品率とは、選場場で受け入れた重量（枝葉や泥・ゴミがついたもの。粗選別前）に
　　　　対する、最終製品（本選別後。2・3粒入り莢を選り分け）の重量の割合を指す。
　　7）枝豆の諸材料費にはセルトレイ、育苗資材、マルチ等、流通経費には資材費、運賃、
　　　　予冷、出荷手数料、労働費には雇用労賃が含まれる。また、常勤雇用を1名導入する
　　　　ことが試算の前提となっている。

第1部　水田利用の地域的展開

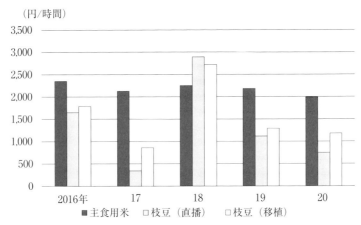

第2図　主食用米と枝豆の家族労働力1時間当たり所得の推移

資料：第5表と同じ。
注：枝豆の費用は、単収によって変動するJA選別調製費以外は変化が無い
　と想定した。

較することはできないが、大まかな傾向は示しているだろう。

　すると、主食用米10a当たり所得44,015円、加工用米44,353円、米粉用米30,353円に対して、枝豆直播は27,920円と低くなっていることが分かる。移植の場合は単収を100kg/10a高く見積もっている影響もあって、47,765円と主食用米と同等となる。次に、家族労働力時間1時間当たり所得を計算すると、主食用米2,181円/時間、加工用米2,198円、米粉用米1,504円に対して、労働時間が長い枝豆は直播1,117円、移植1,291円と低くなる。枝豆から得られる所得は主食用米だけでなく、加工用米や米粉用米と比べても低いため、農業者は主食用米の作付を維持するか、加工用米と米粉用米での転作を選好することになる。

　第2図は**第5表**の計算をもとに、主食用米、枝豆の直播、移植について過去5年間の家族労働力1時間当たり所得の推移を示したものである。枝豆については、単収によって変動するJA選別調製費以外の費用は変化が無いという前提を置いている。そのような前提付きではあるが、同図からは、2018年を除いて、主食用米と比べて枝豆は直播・移植ともに、家族労働力1時間

当たり所得が低いことが分かる。また枝豆の所得は年によって変動が大きく、主食用米と比べて安定しないことも確認できる。近年の推移を見ても、農業者にとって主食用米のほうが枝豆よりも所得面で有利と言える。

3．中越地方における枝豆産地の実態

（1）JA越後ながおかにおける枝豆生産の概況

　JA越後ながおかは、平成の市町村合併前の旧長岡市、旧栃尾市、旧山古志村を範囲としている。2019年度現在[8]、組合員数24,161名（正組合員9,833名、准組合員14,328名）である。単体での事業収益（売上高）112.5億円、うち農業関連事業[9]64.1億円で57.0％を占めている。販売事業取扱実績は48.3億円、うち米が34.1億円と70.6％を占めている。農協経営が農業関連事業、特に米販売に依存する構造となっている。主食用米の生産調整に対しては、第1に加工用米で、可能であるなら園芸作を推進する方針で対応することとしている[10]。

　JA越後ながおかで枝豆生産の中心となっているのが、枝豆生産部会（以下、「部会」）である。**第6表**は部会の概要を示したものである。データがところどころ欠落しているが、大まかな傾向を論じることはできよう。部会は2014年に設立され、2020年現在で部会員54名、作付面積35ha、集荷量61.5トンである。2017年と比べると、2020年は部会員数、作付面積ともに増加している。ただし同表を子細に見ると、2018年から作付面積は変化していない。また単収（③／②）の変動が大きいため、出荷量が安定しない。2018年と2020年を比べると、単収の減少を単価（④／③）の上昇でカバーし、売上高は同水準を維持できた。2020年の集荷量は120トンを予定していたが、単収が低かったために達成できなかった。JA越後ながおかで単収低下の要因として、①

（8）以下の事業概要は、JA越後ながおか『ディスクロージャー誌2020』による。
（9）農業関連事業には購買、販売、保管、加工、利用等が含まれる。
（10）なお、長岡市では毎年7月に世界えだまめ早食い選手権が開催されている。

第1部　水田利用の地域的展開

第6表　JA越後ながおか枝豆生産部会の概要

単位：人、ha、トン、万円、kg/10a、円/kg

	2017 年	18	19	20	21 (計画)
部会員数①	30			54	
作付面積②	20.0	36.7	36.0	35.0	35.0
出荷量③		90.0		61.5	100.0
売上高④	4,520	4,392	5,953	4,600	
製品率			53%	65%	
1経営当たり作付面積 （②／①）	0.7			0.6	
単収 （③／②）			245	176	286
単価 （④／③）			488	748	

資料：JA越後ながおか「ディスクロージャー誌2020」、及び聞き取り調査より作成。
注：製品率の説明は第5表の注6と同じ。生産者が枝葉や泥をつけてくる程度に応じ
　　て、荷受手数料が異なる。

天候不順（7月の長雨が茶豆に影響）、②農協以外への販売の増加による
データの非捕捉を挙げていた。

第6表からは、2017年から2020年にかけて1経営当り平均作付面積（②／
①）が0.7haから0.6haへ減少したことも確認できる。部会員数が増加する中
で、小規模な生産者が増加したためである。ただし、同表は部会員が農協に
出荷している分のみの値を示しているため、実際の作付面積よりは小さく
なっていることも考えられる。部会員は農業専業で、水稲＋枝豆複合経営が
ほとんどである。ただし、作付面積が水稲30ha＋枝豆10haに達する後述A農
産以外は、枝豆の作付面積は大きいわけではない。またシーズンを通して出
荷する中核的な部会員は15名であり、彼らが部会の作付面積のうち20ha余
りを占めている。他の部会員はスポット的に出荷している。部会員は農協と
出荷契約を交わしていないので、農協以外へ販売している者がいるのである。

（2）枝豆の栽培方法

部会員は全部で11品種を作付けし、7～10月にかけて100日間でリレー出
荷をしている。**第7表**は新潟県における水稲と枝豆の作期を示したものであ
る。新潟県庁の資料をもとに作成したので、JA越後ながおかでの聞き取り

第6章　新潟県における水田園芸導入の実態と課題

第7表　新潟県における水稲と枝豆の作期

月		4			5			6			7			8			9			10		
旬		上	中	下	上	中	下	上	中	下	上	中	下	上	中	下	上	中	下	上	中	下
水稲	早生	播種			定植											収穫						
	中生		播種			定植											収穫					
	晩生		播種				定植												収穫			
枝豆	おつな姫	播種 4/10-25		定植 4/24-5/9							収穫 7/15-20											
	湯あがり娘	播種 4/10-28			定植 4/24-5/9							収穫 7/15-25										
	新潟系14号		播種 4/15-5/5		定植 4/29-5/19						収穫 7/10-21											
	新潟茶豆			播種 4/22-5/15	定植 5/7-30								収穫 7/27-8/5									
	越後ハニー			播種 5/1-10										収穫 8/1-3								
	晩酌茶豆（直播）				播種 5/15-6/20											収穫 8/16-9/4						
	さかな豆						播種 6/10-30												収穫 9/15-10/1			

資料：上越地域農業振興協議会・上越地域振興局農林振興部『園芸振興に向けた技術対策マニュアル』（2019年3月）、p.3, 20. より作成。

121

第1部　水田利用の地域的展開

調査の結果とややずれている。同表と聞き取り調査の結果をあわせて、枝豆の栽培について述べていきたい。

　部会の主力品種は中生の「新潟茶豆」である。合計で9haを作付け、7月末から8月後半にかけて収穫する。早生（移植の場合）の「晩酌茶豆」も4ha作付けている。部会員は早生・中生品種を作付ける場合は播種を3月後半、育苗・移植を4月に行う。晩生の場合は移植をせず、直播で5月後半以降に播種する。そのため、早生・中生の場合は、4月の第2週以降に始まる水稲の育苗作業と競合する。部会員は、水稲と枝豆で別々のハウスを使用することで対応している。

　晩生は収穫作業が稲刈りと競合する。部会員は早朝に枝豆の収穫を行い、その後稲刈りをすることで対応している。家族が稲刈りをし、従業員を雇用して枝豆収穫に充てる場合もある。収穫にはトラクターアタッチメント型の収穫機を使用する場合が多い。同機は2名で運転する。1名はトラクターを運転し、もう1名は枝豆が収穫機に満杯になったら（10kg）持ち運び計量する。部会ではトラクターアタッチメント型収穫機を3台保有（2017年1台、2019年2台導入）し、2,000円/aで部会員に貸し出している。また部会員同士で収穫作業受委託も展開しており、2019年の委託料金（晩生）は25,000円/10a、受託者が機械を用意し収穫物を選果場まで持ち込む。

　枝豆専用コンバインと比べてトラクターアタッチメント型収穫機のほうが選別の負担が軽く、かつ製品率が高い。枝豆専用コンバインは1日当たり30a（1日の労働時間を8時間として計算すると、3.8a/時間）の収穫が可能だが、収穫物に枝葉が多く付着し、またもぎ切れていない枝豆が残るので手作業が必要になる。移動が遅いことも難点である。

　部会員の中には他作物との輪作を行っている者もいる。早生品種の場合は、その後作でブロッコリー・キャベツ等の野菜を生産できる。晩生品種を麦の収穫後に作付ける場合もある。高単収の部会員は圃場の準備がよく、水田の排水対策もされている。労働力不足は顕在化しておらず、対応できる範囲で作付けている。

122

第 6 章　新潟県における水田園芸導入の実態と課題

（3）農協での集荷と販売

　JA越後ながおかでは、2017年にライスセンターの建屋を利用した選果場を建設し、本格的に集荷を開始した。2018年には選果機を設置、2019年に選別・調製のラインが全て整った。選果場では30名程度の臨時労働力を雇用して作業を行っている。部会員は収穫物を枝葉のついたまま農協に出荷しているが、枝豆専用コンバインによる収穫物の持ち込みは断っている[11]。手数料は荷受量当たりで、脱莢（粗選別）後120円/kg、脱莢前180円/kg、トラクターアタッチメント型収穫機による脱莢140円/kgである。部会員自身で脱さやする場合は、自宅で脱さや機と選別のラインを保有し、3〜4名の労働力を雇って実施しているケースが多い。

　部会員が農協へ出荷するのは、生産量の5〜6割程度である。農協の販売先は地元の長岡中央青果と東京青果が主であり、地元の需要を満たした後にスーパーマーケット用として東京に出荷している。2020年は地元60％、東京方面40％の出荷を当初計画していた。他産地との競争は激しい。茶豆は価格が安いが品質が良いため、秋田等の他産地と差別化できるとJA越後ながおかでは考えている。

　販売先からは味のばらつきが大きいことを指摘されているため、部会で「越一寸」という品種の栽培方法の統一（防除回数、農薬の指定）、出荷前の目揃え等を実施している。食味・単収アップのために、施肥や定植の間隔に気を付けること、収穫時のさやの厚みを8〜10mmに揃えることを呼び掛けている。また、部会員毎に製品に番号を振ってあるので、クレームがあれば誰の生産物か分かるようになっている。

　2021年の集荷量は100トンを計画しており、ほぼ現有施設の上限（作付面

---

(11)JA越後ながおか担当者によると、管内に枝豆専用コンバインを保有している生産者は2名（1名は作付面積8〜9ha）いる。彼らはそれぞれ独自に販売先を確保している。コンバインの購入には1台1,500万円が必要であるが、補助事業を利用して半額で購入した。

第1部　水田利用の地域的展開

積35haに対応）である。これ以上作付面積を拡大する場合は施設の拡充が
必要になるが、農協の財政状況を考えると難しい。部会員や品種によって単
収のばらつきが大きいので、まずはそれらの平準化を優先していくこととし
ている。

４．枝豆経営の行動

（１）枝豆生産部会員のアンケート分析

　JA越後ながおかの枝豆生産部会員に対するアンケートは、2020年12月か
ら2021年３月にかけて実施した。**第８表**は、アンケート回答者の経営の概要
を示したものである。回答者は11名、経営耕地面積（枝豆作付面積ではな
い）の規模別分布は20ha以上層４名、10-20ha層３名、3-5ha層１名、1-3ha
層１名、１ha未満層２名であり、大規模層に偏っている。生産している平
均作物数は20ha以上層で3.5作物と多くなるが、それ以外は２作物、つまり
米と枝豆のみを生産している。主力作物は米と回答した者が多いが、規模が
小さくなるにつれて無回答の割合が高くなり、米を主力であると認識しなく
なる。平均労働力数（年間150日以上農業に従事）は規模が大きくなるにつ
れて多く充実することが分かる。

　第９表はアンケート回答者の枝豆生産の概要を示したものであるが、規模
による階層性がより現れる結果となった。平均品種数、平均単収ともに規模
が大きくなるほど増加する傾向にあることが分かる。また収穫作業の方法は、
20ha以上層は自らが所有する機械で収穫する者の割合が50％と高い。一方
で１ha未満層は、農協等から機械を借りて収穫をする者の割合が50％と高く、
それ以外の層は機械を使用せずに収穫する割合が高い。表示はしていないが、
利用されている機械は全てトラクターアタッチメント型収穫機である。枝豆
作付の前後に他の作物を作付ける二毛作についても、取り組んでいる部会員
の割合は３ha以上の各層で高く、３ha未満の各層では取り組んでいない割
合が100％となっている。概して大規模層ほど、自ら所有する機械を使用し、

124

第6章　新潟県における水田園芸導入の実態と課題

第8表　アンケート回答者の経営概要

単位：人

| | 部会員数 | 平均作物数 | 主力作物 | | | 平均労働力数 |
			米	その他	無回答	
合計	11	2.5	54.5%	9.1%	36.4%	2.3
1ha 未満	2	2.0	50.0%		50.0%	1.5
1-3ha	1	2.0			100.0%	1.0
3-5ha	1	2.0			100.0%	2.0
5-10ha	0					
10-20ha	3	1.7	33.3%	33.3%	33.3%	2.0
20ha 以上	4	3.5	100.0%			3.3

資料：JA 越後ながおか枝豆生産部会員に対して実施したアンケート結果より作成。
注：労働力数で「4人以上」と回答した者は、4人として計算した。

第9表　アンケート回答者の枝豆生産

| | 平均品種数 | 平均単収 | 収穫作業の方法 | | | | 二毛作 | | |
			所有機械で収穫	農協等から機械を借りて収穫	機械を使用せずに収穫	無回答	あり	なし	無回答
合計	5.0	227.3	18.2%	27.3%	27.3%	27.3%	54.5%	36.4%	9.1%
1ha 未満	2.0	125.0		50.0%		50.0%		100.0%	
1-3ha	2.0	225.0			100.0%			100.0%	
3-5ha	7.0	125.0				100.0%	100.0%		
5-10ha									
10-20ha	5.3	283.3		33.3%	66.7%		66.7%	33.3%	
20ha 以上	6.4	262.5	50.0%	25.0%		25.0%	75.0%		25.0%

資料：第8表と同じ。
注：平均単収はアンケートにおける各選択肢の中位値（「250-299kg」の場合は275kg）、
最高の「300kg/10a 以上」の場合は300kgとして、算術平均値を算出した。

土地生産性の高い取組を行っていることが確認できる。

　第10表は出荷・販売の状況を示したものである。部会員が農協以外へ販売するためには、自ら調製・包装作業をして、さらに予冷庫を所有する必要がある。予冷庫の所有状況をみると、3-5ha層の1名を除くと規模が大きくなるほど所有している割合が高くなっている。また平均販売先数は、20ha以上層が2.5ヶ所と最も多い。農協以外の販売先を見ると、20ha以上層では消費者に直接販売（75%）、スーパー等小売店（50%）が高い。直売所への

第1部　水田利用の地域的展開

第10表　アンケート回答者の出荷・販売

	予冷庫			平均販売先数	販売先			平均農協出荷割合
					販売している部会員の割合			
	所有している	所有していない	無回答		スーパー等小売店	直売所	消費者に直接販売	
合計	36.4%	54.5%	9.1%	1.8	27.3%	27.3%	27.3%	80.0%
1ha 未満		50.0%	50.0%	1.0				90.0%
1-3ha		100.0%		1.0				100.0%
3-5ha	100.0%			2.0		100.0%		
5-10ha								
10-20ha	33.3%	66.7%		1.7	33.3%	33.3%		68.3%
20ha 以上	50.0%	50.0%		2.5	50.0%	25.0%	75.0%	78.8%

資料：第8表と同じ。
注：1）販売先は複数回答である。
　2）平均農協出荷割合は、選択肢の中位値（「5-6割」の場合は55%）、最低の「5割未満」
の場合は50%として算術平均値を算出した。また、無回答を除いた。

出荷割合が高いのは、3-5ha層、10-20ha層である。最後に、枝豆生産量のうち農協へ出荷する割合（平均農協出荷割合）は、10ha以上層がやや低くなる傾向にある。総じて言うと、規模が大きい層ほど農協以外への販売に積極的に取り組んでいることが分かる。

（2）枝豆経営の事例分析

1）経営の概要

　A農産株式会社は長岡市高野町に所在している。経営主（51歳・男）は、JA越後ながおか枝豆生産部会長を務めている。経営主は1995年頃に父親から経営を継承し、家族経営として規模を拡大してきた。2011年に、従業員を雇用するために株式会社化した。現在の労働力構成は、家族労働力は経営主のみ、常勤労働者を4名（42歳・男、27歳・男、24歳・男、54歳・女）雇用している。常勤労働者はいずれも月給制であり、社会保険を完備している。冬期は雪下野菜を作付けて、作業量を確保している。また、臨時労働力として7名、40〜70歳代の女性を主に雇用している。そのうち5名は枝豆の収穫・調製・荷造り作業に7月上旬から10月上旬にかけて従事し、2名は9月

第6章　新潟県における水田園芸導入の実態と課題

第11表　A農産の経営耕地・作付面積の推移

単位：ha

| | 経営耕地面積① | 作付面積 | | | | | | 水稲作付割合②／① |
		水稲②	もち麦	大豆	枝豆	長ネギ	サトイモ	
1990年	36.1	24.7	1.4	0.0	9.7	0.1	0.2	68.4%
2020	54.6	32.0	6.8	5.6	9.8	0.2	0.2	58.6%
増減	18.5	7.3	5.4	5.6	0.1	0.1	0.0	-9.8%

資料：A農産への聞き取り調査より作成。

末から12月上旬にその他野菜の収穫・調製・荷造り作業に従事する。

　第11表は、A農産の経営耕地・作付面積の推移を示したものである。1990年から2020年の間に、経営耕地面積は36.1haから54.6haへ18.5ha増加した。ただし、A農産の経営耕地面積の増加は直近の2019年から2020年にかけて、近隣の大規模経営が離農した後を引き継いだ17haの増加に集中している。増加した経営耕地の大部分は、転作として転作生産組合で耕作するため、規模拡大による負担感は小さい[12]。A農産はもち麦と大豆の作付面積を増やして、転作生産組合に委託している。ただし、転作生産組合の活動は地域における転作ブロックローテーションの実施を前提としている。そのため、個々の経営における転作作物選択の余地は小さく、自由に枝豆の作付面積を増やせないことになる。

2）枝豆部門の状況

　A農産は規模拡大に伴い、水稲単作でなく園芸作も含めた複合経営を構想した。そして、行政や農協へ経営相談をした際に枝豆の作付を勧められた。それら機関の協力により機械整備などを進め、複合経営として規模拡大に取り組むことができた。A農産が現在作付けている品種は、収穫が早い順に、

---

(12)転作生産組合はA農産が位置する高野町を含む5町内で活動しており、麦25ha、大豆35haを耕作している。5町内では30a区画水田で転作ブロックローテーションを実施し、転作を実施した者は交付金＋とも補償で60,000～70,000円/10aを受け取る。

第1部　水田利用の地域的展開

「陽恵」（早生、20 a ）「おつな姫」「湯あがり娘」「新潟系14号」（茶豆系）「新潟茶豆」「晩酌茶豆」「つきみ娘」「雪音」「越一寸」（ 2 ha）「肴豆」である。「新潟系14号」「新潟茶豆」「晩酌茶豆」が主力で、それらで 4 haを作付けている。枝豆の単収は製品ベース（本選別を終えたもの）で350kg/10 a 、目標は400kg/10 a としている。 7 月から10月までのシーズンを通して出荷するため、作付けている品種が多い。

　枝豆を作付ける圃場は品種によって分けている。転作生産組合のブロックローテーションとは別に、水稲等とローテーションを組んでいる。水はけがよい圃場が好ましいので、麦・大豆圃場の近くに作付ける。枝豆を作付けている圃場の作付ローテーションは、【水稲→枝豆→水稲】と【水稲→麦→麦後枝豆→水稲】の 2 パターンがある。麦後作で枝豆を作付けるのは、麦を 6 月に収穫した直後にはその年は水稲を作付けることができないため、翌年まで別の作物の作付で管理をする必要があるためである。何も作付けなくても、トラクター耕や除草で経費が発生する。その場合、早生の定植時期にはまだ圃場が乾いていないので、晩生の品種が栽培される。

　枝豆の播種は 3 月下旬から 6 月下旬までに行われ、 7 月上旬から10月上旬までに収穫される。 3 月下旬に播種をすると、 5 月に定植ができる。播種から定植にかけての作業は水稲の育苗と重なるので、労働ピークが鋭くなる。先の品種の順番では、「雪音」までは定植が行われる。それ以降の品種は直播で行われる。収穫時期を特定しやすいため、なるべく定植している。定植用の育苗は水稲のハウスとは別に、専用ハウスを 1 棟保有して行っている。また、水稲と枝豆の 2 グループに分けて育苗を行う。

　収穫・調製について、A農産は独自の方法をとっている。まず、A農産では朝に収穫（朝採り）しない。夕方に収穫をして粗選別し、氷水で 5 ℃まで冷やす。その後予冷庫で予冷をする。翌朝に本選別をし、また予冷をし、その後に袋詰め（250 ～ 300g/袋）をする [13]。A農産によると、夕採りは新潟

---

(13)粗選別と本選別の違いは、**第 5 表**の注 6 を参照。

128

県加茂市にある県農業総合研究所食品研究センターで開発された技術であり、品質が良く消費者評価も良好とのことであった。

　収穫はトラクターアタッチメント型収穫専用機を使用する。作業面積は2時間で5 a（2.5 a /時間）、常勤労働者2名で作業を行う。機械を導入する前は手作業だったため、3～4 haしか作付けできなかった。現在の作付面積との比率から単純に換算すると、手抜きの収穫面積は1時間当たり0.8～1.0 a（＝2.5 a ×（3～4 ha/9.8ha））に過ぎないことになる。機械の利用は収穫損失が発生するが、大きな面積を処理するためには仕方がないことだと考えている。一方で、枝豆専用コンバインは枝葉や泥の付着が多く、選別が大変になるので導入する予定は無い。秋作業は稲刈りと枝豆収穫の2班に分けて行っている。収穫期に雇用する臨時労働力5名は、収穫翌朝の本選別に従事する。出勤時間は8時15分～正午、女性が主、年齢は40～70歳代で、毎年同じ人に頼んでいる。期間は7月上旬から収穫が終了する10月上旬まで、賃金は860円/時間である。

　枝豆の出荷・販売先は、JAが7割、直接販売が3割の比率である。直接販売は①関西方面のスーパー3件（販売単価は750～800円/kg）、②仙台・大阪等の居酒屋向け、③ネット販売となっている。ちなみに、農協への出荷価格は平均で700円/kg、茶豆は800円/kgと、スーパーへの販売単価と同水準である。①②は事前に価格が決まっている。③のネット販売は2020年から開始したが、8月の1ヶ月で約300件の注文があった。

3）今後の展望

　A農産は今後も規模拡大を志向しているが、現在事務所を構えている高野町の全農地（約80ha）を引き受けることを1つの目安としている。周囲に他の担い手はいない。水稲・枝豆・転作大豆等を中心に、経営を充実させていきたいと考えている。また、従業員の育成やスマート農業を活用した作業の省力化を行いながら、誰でも農業をやってみたいと思えるような農業経営を目指していきたいとしている。

第1部　水田利用の地域的展開

　枝豆の作付面積は現在の9.8haでほぼ上限に達したと考えている。現在の作付面積で適期作業ができている。今後の課題は排水対策である。水田での作付けが中心であるため圃場の乾田化が重要である。しかし、暗渠配管等が年数経過等により効果を発揮しなくなってきていることから、湿害等の障害が出てきている。また、今後も生産を継続するための土づくりを考えていきたいとしている。

　A農産では、地域で振興している里芋、長ネギの作付けも行っている。JA越後ながおかが共同選果場を保有していることから、今後も面積を少しずつ増やしていきたいと考えている。また、園芸作の拡大のためには従業員を増やす必要があると認識している。

5．おわりに

　本章では、新潟県において振興が図られている枝豆生産の現状と課題を、統計分析と実態調査を通じて検討してきた。新潟県における枝豆生産の振興は、稲作の「独往的」性格との闘いである。それは、新潟県で2019年に園芸振興のための『基本戦略』が策定された現在も変わっていない。

　新潟県は作付面積で見ると全国第1位の枝豆産地である。しかしながら、収穫量に占める出荷量の割合や単収は他産地と比べて低く、自家消費に依存した粗放的な生産が行われている。近年は商品産地での作付面積が増加しており、地域別に見ると従来から作付が多かった下越ではなく、上越と中越での作付増加が目立っている。トラクターアタッチメント型収穫機、枝豆専用コンバインによる機械収穫の普及に対応して、作業可能面積を確保できる大規模水田作経営が多く存在する、農業構造変動の進展地域で作付が増加しているのである。

　新潟県において枝豆生産の拡大を難しくしているのは、主食用米をはじめとした米から得られる所得が枝豆と比べて多いことと、強粘質土壌の水田での排水対策が不徹底なことである。後者の点について、新潟県庁が推奨する

第6章　新潟県における水田園芸導入の実態と課題

春先での周囲明渠の施工や、前年秋や春先の弾丸暗渠・耕盤破砕の施工は、稲作作業と競合、もしくは稲作への復帰を困難とする。新潟県において主食用米作付の可能性を絶って根本的な排水対策を行うことは、農業者にとって容易な選択ではない。しかしながら、排水対策の不徹底は単収の停滞につながるという悪循環がある。

　経営レベルで見ても、各経営が小規模に作付けするにとどまっているのが現状である。確かに、一部では収穫後の調製・包装作業を自ら行い、予冷庫を所有して農協以外に販売する大規模な経営も出現している。しかしほとんどの経営は、水稲作業との競合が避けられる規模の作付面積にとどめ、調製以降の作業は農協に委託をしていた。事例分析で取り上げたA農産も、これ以上の枝豆の作付拡大は展望していなかった。産地形成のためには農協による施設への投資が必要になるが、現在の産地規模を考慮するとそれに踏み込めない。そのことが一部の大規模経営による直接販売を促し、農協の集荷率の低下が施設への投資をさらに難しくするというジレンマが存在するのである。

　新潟県においては、これまで水田作経営の規模拡大は稲作の作付を拡大することで行われてきた。それは、稲作が生産面でも市場面でも、水田作経営にとって最も有利な作物だったからである。今後も水田利用という観点からは、第1に検討されるべき作物は主食用米か非主食用稲とならざるを得ないだろう。政策的に生産調整を非主食用稲から園芸作物に切り替えようとしても、稲作の「独往的」性格がいまだに強いという現実を無視することはできないのである。そのうえで、第2の候補として稲作作業と競合しない園芸作物が検討されるべきということになる。

〔参考文献〕
・ 平林光幸（2018）「新潟県中越地域における大規模水田作経営の展開構造―長岡市旧越路町・旧三島町を事例に―」安藤光義（編著）『縮小再編過程の日本農業―2015年農業センサスと実態分析―』（日本の農業250・251）農政調査委員会：132-165.

第1部　水田利用の地域的展開

・平林光幸（2019）「農林業センサス分析から見る上越市における大規模稲作経営体の形成と経営展開」農政調査委員会（編）『新米政策下の水田農業法人の現状と課題―新潟県上越市―』農政調査委員会：7-26.
・堀部篤（2019）「調査対象法人の基本的性格と規模拡大の状況」前掲農政調査委員会編：27-42.
・細山隆夫（2004）『農地賃貸借進展の地域差と大規模借地経営の展開』（総合農業研究叢書52）中央農業総合研究センター・北海道農業研究センター.
・磯貝悠紀・堀部篤（2020）「農林業センサス分析から見る新潟市秋葉区における農業経営の展開」農政調査委員会（編）『水田地帯の農業構造の変化と家族経営―新潟県新潟市秋葉区―』農政調査委員会：pp.7-21.
・伊藤亮司（2019）「新潟県におけるコメ生産調整の緩みとその論理」『農業と経済』85（1）：46-54.
・金澤夏樹（1958）『稲作経営の展開構造』東京大学出版会.
・西川邦夫（2020）「大規模稲作経営の生産調整対応―米転作・規模拡大・販路選択―」前掲農政調査委員会編著：73-87.
・農政調査委員会（編）（2020）『水田地帯の農業構造の変化と家族経営―新潟県新潟市秋葉地区』（日本の農業253）農政調査委員会.
・農政調査委員会（編）（2021）『水田地帯における枝豆振興の現状と課題―新潟県上越・中越地区―』（日本の農業256）農政調査委員会.
・農政調査委員会（編）（2022）『農業・農村の持続性と多様な規模・形態の経営体の存立条件―中山間地域魚沼市統計・実態調査分析―』（日本の農業258）農政調査委員会.
・小川真如（2022）『現代日本農業論考―存在と当為、日本の農業経済学の科学性、農業経済学への人間科学の導入、食料自給力指標の罠、飼料用米問題、条件不利地域論の欠陥、そして湿田問題―』春風社
・小澤健二（2018）「「米政策の見直し」に関するいくつかの論点、課題」日本農業研究所（編）『米政策の見直しに関する研究（米政策の見直しに関する研究会報告）』（日本農業研究シリーズNo.23）日本農業研究所：293-320.
・高橋智紀・松崎守夫・塩谷幸治・細川寿（2005）「転換畑におけるダイズの収量に及ぼす土壌特性の影響―新潟県上越地域の事例―」『中央農業総合研究センター研究報告』6：51-58.
・鵜沼秀樹（2020）「エダマメ栽培拡大のためのトラクターアタッチメント型収穫脱莢機の導入条件―秋田県におけるエダマメ作付拡大を行う大規模水田作経営を対象に―」『農村経済研究』38（1）：72-78.
・吉田俊幸（2020）『産地での米流通構造の多様な展開』（日本の農業254）農政調査委員会.

第7章

瀬戸内地方における水田二毛作の存立構造
―岡山県と香川県の比較分析―

西川邦夫

1．はじめに

（1）問題の所在と課題の設定

　国内の主食用米需要が減少を続ける中で、生産基盤としての水田を維持するためには何を、どの様に作付けるかという点が重要になっている。本書を通じて水田の作付方式[1]として水田二毛作に注目しているが、本章でも同様である。水田二毛作は、第1に水稲・麦類・大豆等の土地を多く利用する作物を作付けるので、水田の維持に適している。第2に、耕地利用率を高めることで、一毛作と比べて多くの所得を農業者にもたらすことが期待できる。

　近年、全国的に水田二毛作は増加傾向にある。**第1表**によると、2010年から2020年にかけて全国で裏作田面積は7.6％増加、裏作田割合は1.2ポイント（以下、「pt」と表記）上昇した。他章での分析からも示されているように、水田フル活用政策における二毛作推進の効果ということになる。本章で検討対象とする中国・四国地方では、中国地方では裏作田面積が全国を上回る増加割合を見せているのに対して、四国地方では減少していることが確認できる。また、2010年から2015年まで（前期）と、2015年から2020年まで（後期）に区切って検討すると、中国地方では後期に裏作田面積、裏作田割合ともに減少・低下に転じたことが分かる。つまり、中国地方では水田フル活用

（1）1年のうちに収穫される作物の作付順序を作付単元、作付単元の結合・交替によって現れるものを作付方式と呼ぶ。沢村（1953）p.3、15、を参照。

第1部　水田利用の地域的展開

第1表　裏作田面積・割合の推移

単位：ha

| | | 2010年 | 2015 | 2020 | 増減割合・ポイント | | |
					2010-15年	2015-20年	2010-20年
全国	裏作田面積	217,500	222,700	234,000	2.4%	5.1%	7.6%
	裏作田割合	9.2%	9.6%	10.4%	0.4%	0.8%	1.2%
中国	裏作田面積	9,600	11,200	10,700	16.7%	-4.5%	11.5%
	裏作田割合	5.5%	6.6%	6.5%	1.1%	-0.1%	1.0%
四国	裏作田面積	11,000	10,500	10,000	-4.5%	-4.8%	-9.1%
	裏作田割合	12.5%	12.3%	12.2%	-0.3%	0.0%	-0.3%

資料：農林水産省『作物統計』より作成。
注：裏作田面積＝田の作付延べ面積－夏期作付面積（夏期水稲作付田面積＋夏期水稲以外の作物のみの作付田面積）。裏作田割合＝裏作田面積／田本地面積。

政策の後期にかけて、四国地方では全期間を通じて水田二毛作の拡大が停滞している。

　ところで、同じ瀬戸内地方でも各県の状況を子細に見ると状況は異なることが分かる。本章で詳しく検討するが、岡山県と香川県の動向は対照的である。岡山県では期間中に裏作田面積が4.2%増加、田に占める割合は0.5pt上昇し、水田二毛作は維持もしくは微増傾向にある。それに対して、香川県ではそれぞれ4.5%減少、0.2pt上昇と減少傾向にある。両県の違いは、長期的に観察するとより明瞭になる。**第1図**は、2001年以降の裏作田面積、裏作田割合の推移を示したものである。岡山県では裏作田面積の減少が2000年代中頃から抑制されているのに対して、香川県では減少を続けていることが確認できる。裏作田割合も岡山県は横ばいなのに対して、香川県では低下している。

　両県の平坦水田地域は瀬戸内海を挟んで向かい合い、気象条件等も似通っているにもかかわらず、なぜ違いが生じたのだろうか。その要因の解明を通じて、瀬戸内地方において水田二毛作を維持・拡大するために必要な方策を明らかにすることができると考えられる。瀬戸内海を囲む瀬戸内地方は、農地改革前の高位生産力地帯に位置づけられるとともに（山田（1984）、p.142）、

第7章　瀬戸内地方における水田二毛作の存立構造

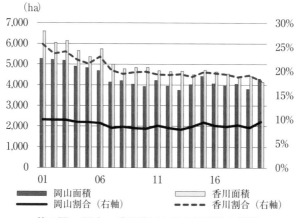

第1図　岡山・香川県における田裏作の推移

資料：第1表と同じ。

　日本の食料自給率の引き上げのためには水田二毛作が可能な同地方における耕地利用率の上昇が必要であると指摘されている重要な地域でもある（梶井（2014）、pp.37-38）。

　本章の課題は、岡山県と香川県の平坦水田地域における、近年の水田二毛作の動向に影響を与えた要因を明らかにすること、それを通じて瀬戸内地方において水田二毛作を維持・拡大するために必要な方策を明らかにすることである。水田フル活用政策の影響は、気象条件等が似通っている地域間においても、様々な条件によって発現の仕方が異なってくることが示唆されるであろう。本章では統計分析と農業者・行政機関に対する聞き取り調査の結果をもとに、2020年までの約10年間の状況を検討対象とする。

　本章では以下の3点に注目して分析を進めていく。第1に、表作における水稲作付品種の変化が、鋭い労働ピークを形成する春の作物切り替えに与えた影響である。水田二毛作において、春の作物切り替え時の労働ピークに注目する重要性については、中島（1979）、倉本（1988）が指摘してきた。また、西川（2022）では2010年代以降の栃木県を事例として、普通期栽培に適した非主食用稲の導入が春作業の労働ピークを緩和することを明らかにし

135

第1部　水田利用の地域的展開

た[2]。これら研究が対象とした北関東は西南暖地と比べて麦類の成熟期が遅く、また田植晩限も強く規制されるため、春作業がタイトになりやすいという特徴がある。

　水田フル活用政策によって拡大した非主食用稲の作付は、それまで一部良食味品種へ集中していた作付品種の多様化を、全国的に促している。代表的な良食味品種である「コシヒカリ」「ヒノヒカリ」の合計作付面積割合は、全国で2010年47.4％から2020年42.0％まで低下した[3]。田植時期を後ろ倒しできる品種への転換は、瀬戸内地方でも春作業の労働ピークを緩和する可能性がある。瀬戸内地方では、主力品種の「ヒノヒカリ」が近年の高温障害の発生によって品質が低下し、他品種への転換を迫られているという事情もある。

　第2に、上記の生産力構造上の変化が、水田作経営の規模拡大に対してどのような影響を与えたかという点である。農業構造変動の停滞性が指摘されてきた中国・四国地方であったが、近年は大規模経営への農地集積のスピードが速まりつつある（藤栄（2018）、pp.152-153）。そのような状況の下で、水田二毛作が構造変動に適合的な水田の作付方式であるかという点が論点となる。

　第3に、生産力構造の変化の成果として、水稲と麦の単収水準がどの様に変化したのかという点である。水田二毛作の維持と規模拡大の間に乖離が生じていた場合、単収水準の低下として現れると考えられる。水田二毛作は土地生産性を高める取組であるので、単収水準が直接的な評価の指標となる。

（2）比較の方法

　本章で比較をするのは、岡山県岡山地域（岡山市、玉野市、瀬戸内市、吉備中央町）と香川県東讃地域（高松市、さぬき市、東かがわ市、三木町、高

（2）本書第5章も参照。
（3）米穀安定供給確保支援機構「水稲の品種別作付動向について」（各年版）による。

第7章 瀬戸内地方における水田二毛作の存立構造

第2表 岡山・東讃地域における条件の比較

	岡山地域	東讃地域
対象市町村	岡山市	高松市
地域区分	下位平坦水田地帯 （児島湾干拓地）	下位平坦水田地帯 （讃岐平野）
気候条件	温暖乾燥気候区 平年気温：15.8℃ 平年降水量：1143.1mm	温暖乾燥気候区 平年気温：16.7℃ 平年降水量：1150.1mm
圃場条件	30a 区画以上 パイプライン完備	10a 区画 開水路
水利条件	児島湖	ため池
裏作物	大麦	小麦

資料：聞き取り調査、佐藤（1985）、及び国土交通省気象庁ホームページ
　　　（https://www.jma.go.jp/jma/index.html）（2022年8月19日参照）より作成.
注：1）「下位平坦水田地帯」「温暖乾燥気候区」の規定は、佐藤（1985）、pp.167-168、
　　　　による。
　　　2）平年気温・降水量の期間は1991～2020年。

島町）であり、いずれも普及センターの管内である。両地域を比較するにあたって、本章で注目する水稲品種と農業構造以外の前提条件が揃っているか検討する必要がある。第2表は、分析事例の周辺（岡山市、高松市）を中心として、両地域の違いを示したものである。

　両地域の自然的条件は同等だが、社会的条件には違いがみられる。地域区分はいずれも下位平坦水田地帯に位置する。気候条件は温暖乾燥気候区に属し、平年気温、平年降水量ともに同水準である。一方で圃場条件は、岡山地域が児島湾干拓によって30a区画以上・パイプラインが整備されているのに対して、東讃地域では10a区画・開水路の未整備水田にとどまっている。水利条件は前者が児島湖、後者がため池による水利である。裏作物は前者が大麦、後者が小麦である。大麦の作付はビール会社との契約栽培によるのに対して、小麦は日本麺用の生産が中心である。また瀬戸内地方では大麦の方が小麦よりも熟期が早いので（渡辺（1985）、p.79）、岡山県のほうが作物切り替え時の作業に余裕が生じることになる。

　上記の様に、両地域の条件は共通・相違点ともに存在する。よって単純な比較はできないので、本章の分析にあたっては両地域を同等に扱うのではな

137

第1部　水田利用の地域的展開

く、水田二毛作が維持・拡大している岡山地域の分析を中心とする。そのうえで、東讃地域の分析で補足し、課題に接近していきたい。

　本章の構成は以下の通りである。「2」では、岡山・香川両県における水田利用と農業構造の違いについて、統計分析をもとに検討する。「3」は個別事例分析に充てられる。岡山県では個別の大規模水田作経営を、香川県では集落営農組織を事例として取り上げる。そして「4」では、岡山県と香川県で水田二毛作に違いが現れた要因を明らかにするとともに、水田二毛作を維持するための課題を提示することで総括に代えたい。

2．岡山・香川県における水田利用と農業構造

（1）非主食用稲への対応をめぐる両県の違い

　第3表は、両県における2010年から2020年にかけての水田利用の変化を示したものである。ここでも2015年で時期を区切って検討していきたい。岡山

第3表　両県における水田利用の変化

単位：ha

	岡山県						香川県					
				増減面積・ポイント						増減面積・ポイント		
	2010年	2015	2020	2010 -15年	2015 -20年	2010 -20年	2010年	2015	2020	2010 -15年	2015 -20年	2010 -20年
主食用米	33,400	29,600	28,900	-3,800	-700	-4,500	15,300	13,500	11,600	-1,800	-1,900	-3,700
非主食用稲	834	2,776	2,065	1,942	-711	1,231	162	518	308	356	-210	146
うち飼料用米	234	1,162	1,058	928	-104	824	22	367	120	345	-247	98
うち加工用米	220	517	376	297	-141	156	0	84	19	84	-65	19
麦類	2,190	2,637	3,033	447	396	843	2,248	2,454	2,750	206	296	502
大豆	1,197	1,327	1,057	130	-270	-140	97	57	59	-40	2	-38
夏期不作付田	8,950	9,260	9,520	310	260	570	5,330	6,200	6,860	870	660	1,530
裏作田	3,930	4,420	4,300	490	-120	370	4,850	4,710	4,140	-140	-570	-710
裏作田割合	8.1%	9.4%	9.5%	1.3%	0.1%	1.4%	19.9%	19.8%	18.0%	-0.1%	-1.8%	-1.9%
田本地利用率	89.8%	89.6%	88.5%	-0.2%	-1.1%	-1.3%	98.0%	93.7%	87.8%	-4.3%	-5.9%	-10.2%

資料：農林水産省『作物統計』「経営所得安定対策等の支払実績」（各年版）「令和2年産の水田における都道府県別の作付状況（確定値）」「米に関するマンスリーレポート（資料編）」（2023年8月）等より作成。
注：1）非主食用稲とは、飼料用米、WCS用稲、米粉用米、加工用米、新市場開拓用米、備蓄米の合計を指す。
　　2）2015年の備蓄米は、「米に関するマンスリーレポート（資料編）」の落札数量を、当年産水稲単収で割って求めた。2010年についてはデータを未見のため、2015年と同様の手法で2011年の値を適用した。

県においては10年間で主食用米が4,500ha減少する一方で、非主食用稲は1,231ha増加した。非主食用稲の中では、飼料用米824ha、加工用米156haの増加が大きい。非主食用稲の増加は表作を維持して夏期休閑を抑制する。そのため、夏期不作付田の増加は570haに抑え、裏作田は370ha増加した。裏作田割合は1.4ptの上昇、田本地利用率は1.3ptの低下と、水田利用は概ね維持されたと言える。岡山県の場合、主食用米に代えて非主食用稲を表作に導入することで、水田二毛作を維持することが可能となったのである。ただし、上記の動きが強く見られたのは前期であり、後期は非主食用稲と裏作田は減少に転じた。

　一方で、香川県では主食用米が3,700ha減少する一方で、表作となり得る非主食用稲の増加は146haにとどまった。以上の結果、夏期不作付田が1,530ha増加、裏作田が710ha減少した。麦類は502ha増加しているため、二毛作の解消と麦一毛作が増加していると考えられる。以上の結果、裏作田割合は1.9pt、田本地利用率は10.2pt低下した。香川県では主食用米の作付減少が顕著であるため、非主食用稲への作付転換を抑制してきた経緯があるが、結果として水田利用の後退が進んだ。また、水田利用の後退は前期よりも後期のほうが著しいことも確認できる。

（2）水稲作付品種の分散化

　岡山県においては、非主食用稲等の作付拡大は「ヒノヒカリ」から他の品種への分散化を伴って進んだ。**第4表**によると、2020年時点で「ヒノヒカリ」が占める割合は13.4％であり、2010年と比べて11.2pt低下している。作付面積は4,310ha減少した。一方で、主要品種の中で作付面積を増やしたのは「きぬむすめ」「雄町」であり、それぞれ4,400ha、280ha増加した。構成割合でみると、「ヒノヒカリ」「きぬむすめ」以外の品種は概ね維持されている。以上の結果、現在最も作付面積割合が高い品種は、18.1％で「アケボノ」となった。「アケボノ」は近年業務用米としての需要が高まるとともに、飼料用米としても作付けられている。「朝日」は岡山県農業試験場で開発され

第1部　水田利用の地域的展開

第4表　岡山県における水稲作付品種の変化

単位：ha

	作期	2010年		2015		2020		増減面積・ポイント					
								2010-15年		2015-20年		2010-25年	
		面積	構成比	面積	構成比	面積	構成比	面積	構成比	面積	構成比	面積	構成比
合計		33,800	100.0%	31,000	100.0%	29,800	100.0%	-2,800	-	-1,200	-	-4,000	-
ヒノヒカリ	中	8,310	24.6%	5,100	16.5%	4,000	13.4%	-3,210	-8.1%	-1,100	-3.0%	-4,310	-11.2%
アケボノ	晩	6,310	18.7%	5,600	18.1%	5,400	18.1%	-710	-0.6%	-200	0.1%	-910	-0.5%
コシヒカリ	早	5,410	16.0%	4,400	14.2%	4,700	15.8%	-1,010	-1.8%	300	1.6%	-710	-0.2%
あきたこまち	極早	4,910	14.5%	5,300	17.1%	4,500	15.1%	390	2.6%	-800	-2.0%	-410	0.6%
朝日	晩	3,410	10.1%	2,900	9.4%	2,500	8.4%	-510	-0.7%	-400	-1.0%	-910	-1.7%
きぬむすめ	中	0	0.0%	2,300	7.4%	4,400	14.8%	2,300	7.4%	2,100	7.3%	4,400	14.8%
雄町	晩	370	1.1%	550	1.8%	470	1.6%	180	0.7%	-80	-0.2%	100	0.5%
その他		5,080	15.0%	4,850	15.6%	3,830	12.9%	-230	0.6%	-1,020	-2.8%	-1,250	-2.2%

資料：岡山県農林水産部（2018）、岡山県農林水産部農産課提供の資料より作成。

た品種である。「雄町」は1859年に備前国（現在の岡山県）で発見された酒造好適米で、近年酒蔵からの要望で作付面積が拡大している[4]。2020年はコロナ禍の影響で作付面積を減らしたが、前年の2019年には600haに達した。水稲作付品種の分散化は、水田二毛作に対応しやすい晩生品種の作付を維持しながら進んでいることが分かる。なお、前期と比べて後期は、「ヒノヒカリ」の構成比の低下が鈍化する等、品種の分散化のスピードが低下しており、非主食用稲の作付が減少に転じたことと符合する。

　一方で香川県においても、「ヒノヒカリ」の構成比が2010年の47.0％から2019年に31.9％へ低下した。代わりに、同じく中生の「おいでまい」が0％から12.9％へ上昇した[5]。高温障害対策として、「ヒノヒカリ」から「おいでまい」への作付転換が進められているためである（藤田（2014）、p.88）。ただし同じ中生における転換であるため、作期の幅を広げるものではない。香川県においては春よりも秋の作物切り替え時の労働ピークが問題とされており、収穫が後にずれ込む晩生の作付を推進していないという事情もある。

（4）JA全農岡山「岡山県の酒米「雄町」とは？」（https://www.zennoh.or.jp/oy/product/rice/omachi/）（2022年8月19日参照）。
（5）資料は注3と同じ。

（3）農業構造変動と単収水準

　第5表は、2010年から2020年にかけての、岡山・東讃地域における規模別経営耕地面積の変化を示したものである。2020年時点における10ha以上層への経営耕地面積の集積は、岡山31.1％、東讃21.1％と、岡山地域のほうがより大規模層への農地集積が進んでいることが分かる。また、20〜50ha層、50〜100ha層を中心に2010年からの増加ポイントも岡山地域のほうが高く、農地集積のスピードも速いことが確認できる[6]。東讃地域でも大規模層への農地集積は進んでいるが、岡山地域と比べるとスピードが遅い。なお、表示はしていないが、前期と後期で農地集積のスピードに特段の違いは無かった。

　また第2図は、両地域における水稲と麦類の単収の推移を示したものである。麦類の単収は両地域で同水準に収斂する傾向にある一方で、水稲は岡山地域が30〜60kg程度高い状況が継続している。後述する様に、両県における春作業、特に田植の適期実施の有無が水稲単収に影響を与えていると考えられる。単収が低い東讃地域では、水田二毛作と規模拡大が適合的ではないことが示唆される。

第5表　両地域における規模別経営耕地面積

単位：ha

	岡山地域			東讃地域		
	2010 年	2020	2010-20 年 増減面積 ・ポイント	2010 年	2020	2010-20 年 増減面積 ・ポイント
合計	15,157	12,950	-2,207	8,932	6,924	-2,008
10ha 以上計	14.8%	31.1%	16.3%	9.6%	21.2%	11.6%
10〜20	6.5%	10.6%	4.1%	4.5%	10.1%	5.6%
20〜50	5.1%	13.2%	8.1%	3.6%	5.9%	2.3%
50〜100	0.7%	4.4%	3.7%	1.5%	2.7%	1.2%
100〜	2.5%	2.9%	0.4%	0.0%	2.4%	2.4%

資料：農林水産省『農林業センサス』より作成。

（6）岡山県における近年の水田農業構造の変動については、大仲（2020）を参照。

第1部 水田利用の地域的展開

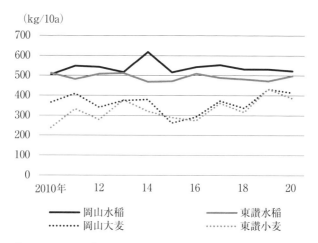

第2図 両地域における水稲・麦類の単収の推移
注：第1表と同じ。

3．水田作経営の事例分析

(1) 岡山県岡山市A経営の事例

　岡山市を中心とした岡山地域は、大規模水田作経営が展開し、また水田二毛作が集中している地域である。岡山県提供の資料によると、2020年時点で岡山県の水稲作付面積10ha以上248経営のうち、同地域に130経営（52.4％）が集中している。また、農林水産省『作物統計』から計算すると、2020年において岡山県の二条大麦作付面積2,070haのうち、1,861ha（89.9％）が集中している。

　本章で取り上げるA経営は、岡山市を中心に水田二毛作と飼料作コントラクターに取り組んでいる有限会社である。**第6表**は、A経営の作付面積等の経営展開を示している。2017年現在の合計作付面積は86.8haで、内訳は水稲66.7ha（主食用米17.4ha、醸造用米25.5ha、飼料用米8.9ha、WCS用稲14.9ha）、大麦（裏作）14.3ha、飼料用トウモロコシ5.8haである。大麦はビール用であり、品種は「ミハルゴールド」「スカイゴールデン」である。飼料作の収穫

第7章　瀬戸内地方における水田二毛作の存立構造

第6表　A経営の展開過程

単位：ha、kg/10a

	2009年	2015	2016	2017	2009-17年の変化	2017年単収
作付面積合計	28.0	81.1	85.0	86.8	+58.8	-
主食用米		17.3	16.0	17.4		489（90）
醸造用米	10.0	23.0	23.1	25.5	+41.8	421（-）
飼料用米		10.0	13.2	8.9		620（114）
WCS用稲	10.0	15.6	13.7	14.9	+4.9	2,870（117）
大麦	8.0	14.2	15.2	14.3	+6.3	345（96）
飼料用トウモロコシ		1.1	3.8	5.8	+5.8	3,881（77）
収穫作業受託面積合計	30.0	88.6	90.3	95.4	+65.4	
WCS用稲		87.3	84.1	86.1		
トウモロコシ		1.3	6.2	9.3		

資料：A経営提供の資料より作成。
注：2017年単収欄の括弧は、2015年度岡山県農業経営指導指標との比を示している。醸造用
　　米はデータ不明。

作業受託は合計95.4ha、内訳はWCS用稲86.1ha、トウモロコシ9.3haとなっ
ている。作業受託は県内全域にわたり、遠方では県北地域の津山市まで収穫
作業に赴く。また、香川県でも15ha受託している。2009年から2017年にか
けて、合計作付面積は58.8ha増加、合計収穫作業受託面積は65.4ha増加と急
速に規模拡大を遂げている。労働力構成は家族労働力4名、常雇（正社員）
3名、短期アルバイト4名からなる。

　第7表は、A経営の2014年から2017年にかけての、二毛作田における水稲
作付品種の変化を示したものである。A経営の二毛作田で水稲作付の中心と
なっているのは、主食用米の「ヒノヒカリ」、WCS用稲の「タチスズカ」、
及び醸造用米の「雄町」「山田錦」である。「ヒノヒカリ」以外は全て晩生品
種となっている。そのうち、「ヒノヒカリ」「タチスズカ」の作付面積は減少
している。作業受託と作業時期が重複するWCS用稲は、水田二毛作から外
したためと考えられる。逆に作付面積を増やしているのが「雄町」と「山田
錦」である。特に「雄町」は4.9haの増加となっている。両品種は収穫適期
が1週間程度に限定されるが、一毛作田や作業受託地のWCS用稲の収穫と
重複せず作業計画を立てやすいために、二毛作田に集中させていると考えら

143

第1部　水田利用の地域的展開

第7表　Ａ経営の二毛作田における水稲作付品種の変化

単位：a

	用途	作期	2014年	2015	2016	2017	2014-17年の変化面積
合計			1,377	1,410	1,521	1,477	99
ヒノヒカリ	主食	中	465	465	419	367	-98
タチスズカ	WCS	晩	308	308	167	167	-141
雄町	醸造	晩	188	188	587	682	494
朝日	主食	晩	142	142	142		-142
アケボノ	WCS	晩	130	130	22		-130
アケボノ	主食	晩	75	75			-75
クサノホシ	飼料	晩	69	69			-69
山田錦	醸造	晩			115	115	115
不明				32	69	146	146

資料：Ａ経営提供の資料より作成。

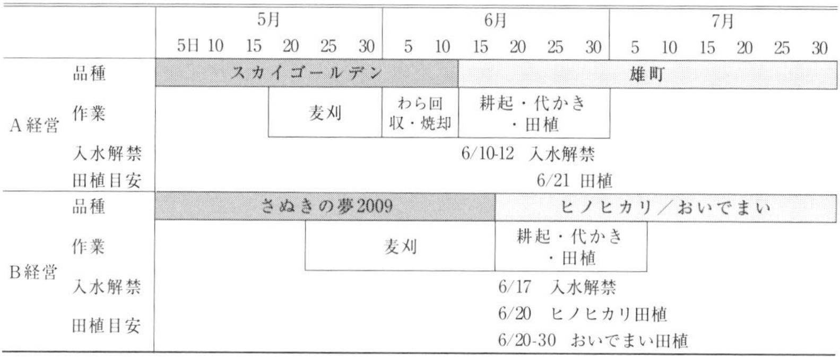

第3図　Ａ・Ｂ経営における春の作物切り替え時の作業の流れ

資料：Ａ・Ｂ経営への聞き取り調査、岡山県提供の資料、及びJA香川・香川県「令和4年産栽培ごよみ」より作成。

れる。

　第3図は、Ａ経営と後述するＢ経営の春の作物切り替え時の作業の流れを示したものである。Ａ経営では5月中頃から6月10日頃にかけて、大麦の収穫と麦わらの回収・焼却を行う。その後、6月12日頃から6月いっぱいまで約3週間、水稲の耕起・代かき・田植を行う。地域の用水ルールにより田に入水できるのが6月10～12日となることもあり、春作業の労働ピークが最も鋭くなる。しかし、Ａ経営では多様な晩生品種を入れ替えることで作物切

り替え時の作業計画を調整し、「雄町」の田植適期として県が示している6月21日前後の6月中で作業を終えることが可能となっているのである。

前掲**第6表**には、A経営の各作物の単収も示した。県の指標と比較して主食用米は低いが、飼料用米やWCS用稲は高単収を実現できていることが分かる。A経営における高単収の一因として、春作業をスムーズに実現できていることが挙げられるのである。

（2）香川県高松市B経営の事例

東讃地域には麦類（小麦・裸麦）の作付と集落営農組織が集中している。農林水産省『集落営農実態調査』によると、2020年において香川県の集落営農236組織のうち99組織（41.9％）が集中している。また同『作物統計』によると、2020年において香川県の小麦作付面積2,100haのうち1,018ha（48.5％）を占めている。香川県の水田二毛作においては、集落営農組織が重要な担い手となっていることが示唆される。

B経営は高松市で水田二毛作に取り組んでいる集落営農組織である。品目横断的経営安定対策に対応するため、2007年に農事組合法人として設立された。**第8表**はB経営の作付面積等の推移を示したものである。2015年現在、合計作付面積は27.5ha、内訳は水稲13.3ha、麦類（裏作）14.1ha、サトウキ

第8表　B経営の展開過程

単位：ha

	2007年	2008	2009	2010	2011	2012	2013	2014	2015	2007-15年の変化面積・ポイント
合計作付面積	18.3	19.6	20.5	22.3	24.3	24.5	26.1	27.5	27.5	+9.4
水稲	8.3	9.3	9.6	10.5	11.9	11.9	12.7	13.2	13.3	+5.0
麦類	10.0	10.2	10.8	11.7	12.2	12.5	13.3	14.1	14.1	+4.1
サトウキビ	0.1	0.1	0.1	0.1	0.1	0.1	0.2	0.2	0.2	+0.1
アスパラ			0.1	0.1	0.4	0.1	0.1	0.2	0.2	+0.2
その他			0.1	0.2						±0.0
水田利用率	164.4%	162.3%	167.2%	164.7%	170.3%	169.0%	168.6%	175.0%	174.2%	
水田夏期不作付割合	25.8%	22.1%	21.7%	20.9%	16.2%	16.4%	17.0%	15.8%	16.6%	-10.9

資料：B経営提供の資料より作成。

第1部　水田利用の地域的展開

ビ0.2ha、アスパラ0.2haである。麦類の作付の内訳は、小麦「さぬきの夢2009」10.1ha、裸麦「イチバンボシ」4.1haとなっている。構成員数は16名、うち実際に出役しているのは8名であり、いずれも60歳代である。合計作付面積は徐々に拡大しているが、先のA経営と比べると規模拡大のペースは緩やかである。水田利用率は上昇傾向にあり、夏期不作付割合は低下するなど、水田の利用は高度化しつつある。

　B経営においては、水田二毛作が規模拡大を制約していた。**第3図**を再度検討する。まず、小麦の収穫は6月15日過ぎまでかかる。また、地域の農業用水は溜池から供給され、入水解禁日は麦類収穫が終わった6月17日とされていた。そのため、現在の水稲品種構成では耕起・代かき・田植が7月3日〜4日までかかっている。2015年の水稲作付品種は、「おいでまい」3.7ha、「ヒノヒカリ」3.7ha、「コシヒカリ」3.2ha、「オオセト」（醸造用）2.2haであり、いずれも早・中生である。香川県では中生の普通期栽培において、田植適期は6月20〜30日頃とされているが、適期を超えて田植が行われていることになる。そのためB経営では将来的には水田二毛作を中止し、麦作一毛田と、水利に制約されない直播水稲一毛田に分けることを計画していた。

4．結論

　本章では岡山県と香川県の比較分析から、瀬戸内地方において水田二毛作を維持・拡大する要因を検討してきた。本章の結論は以下の通りである。

　瀬戸内地方で水田二毛作を維持するためには、多様な水稲晩生品種の確保が必要であることが明らかになった。晩生品種の作付は田植適期を後ろ倒しにすることで作物切り替え時の労働ピークを緩和し、水田作経営は規模拡大に対応可能となる。岡山県においては、「アケボノ」「朝日」「雄町」等の多様な晩生品種を作付けることで水田二毛作を維持していた。A経営は晩生品種を入れ替えることにより、規模拡大に応じた作業計画の調整が可能となった。上記の生産力構造は、規模拡大を続ける水田作経営に適合的であった。

146

第 7 章　瀬戸内地方における水田二毛作の存立構造

　一方で香川県においては、溜池水利の制約や小麦の熟期が遅い制約下ではあるが、晩生品種が欠如していることが田植適期を狭くし、集落営農組織の規模拡大を妨げていた。作業適期を超えて実施されている田植作業のため、単収水準も岡山県と比べて30〜60kg余り低くなっていた。B経営においては、将来的な水田二毛作の中止も検討されていた。水田二毛作を維持するためには、晩生品種の開発・普及が求められることになる。また、本章では春作業に注目して分析を進めたが、秋の作業切り替え時にも問題が発生している。小麦の播種前に 1 ヶ月程度を要する排水対策を改善する等、秋作業の軽減も必要になってくるだろう[7]。

〔参考文献〕

・藤栄剛（2018）「農業構造の変化と農地流動化」農林水産省（編）『2015年農林業センサス総合分析報告書』農林統計協会：132-167.
・藤田究（2014）「水稲新品種「おいでまい」の普及活動について」『日本作物学会四国支部会報』51：88-91.
・梶井功（2014）「新「基本計画」論議に望む」『農村と都市をむすぶ』756：32-40.
・河田昌宏・大久保和男（2020）「岡山県の水稲との二毛作において二条大麦の安定多収生産を実現する効率的な耕起・播種体系」『岡山県農林水産総合センター農業研究所研究報告』11：7-19.
・倉本器征（1988）『水田農業の発展条件』農林統計協会。
・中島征夫（1979）「稲麦作営農集団の展開と土地利用―埼玉―」井上完二（編著）『現代稲作と地域農業』農林統計協会：417-446.
・西川邦夫（2022）「栃木県における水田二毛作の再編と担い手―新規需要米の導入による表作への影響に注目して―」『農業経営研究』60（2）：65-70（本書第 5 章）.
・岡山県農林水産部（2018）『岡山の米―生産・流通・消費―』.
・大仲克俊（2020）「岡山県における農業構造変動と農地中間管理事業―農業構造変動の停滞地域における実態と課題―」『農業問題研究』51（2）：33-42.

（7）岡山県においても、水稲晩生品種の作付により収穫時期が10月末以降となることが、大麦の播種を遅らせて単収や品質の低下につながっている。そのため、理想の作付単元は二条大麦と中生水稲の移植栽培であることが指摘されている。河田・大久保（2020）、pp.7、13、を参照。

第 1 部　水田利用の地域的展開

・佐藤豊信（1985）「瀬戸大橋架橋と岡山県農業―青果物の産地間競争を中心として―」福田稔・目瀬守男編著『岡山県農業論―歴史的展開と将来展望―』明文書房：163-194.
・沢村東平（1953）「水田における多毛作構造の解析」『農業技術研究所報告．H経営土地利用』7：1-36.
・渡辺基（1985）「山陽臨海工業の展開と農業の変貌」桐野昭二・渡辺基（編著）『商業的農業と農法問題』（講座日本の社会と農業⑥中国・四国編）日本経済評論社：62-129.
・山田盛太郎（1984）「日本農業生産力構造の構成と段階」『山田盛太郎著作集第 4 巻』岩波書店：53-170.

第8章

北部九州における水田二毛作の到達点と課題
―福岡県における麦類作付に焦点を当てて―

渡部岳陽

1．背景と課題

　北部九州地域は米麦二毛作地帯として知られている。水田農業をとりまく環境が厳しい今日においても田における本地利用率は依然として高く、例えば佐賀県においては全国トップの153％、福岡県においては全国第2位の130％となっている[1]。そして両県は田における裏作も盛んであり、裏作田割合は佐賀県で61％、福岡県で46％とこちらも全国第1位と第2位の数字である[2]。2000年以降のこれらの動向を見てみると、両県ともに微増傾向を示しており、メインの裏作作物である麦類の田本地作付率も同様の傾向を示している（**第1表**）。麦類を作付けした全ての田において表作が行われているとは限らないが、21世紀に入ってからの北部九州地域は総じて水田二毛作が進展してきたといえるだろう。

　そして水田二毛作の担い手として2000年以降、北部九州において台頭してきたのが大規模経営層である。磯田（2015：p.328）は、2000年以降、①生産調整面積の大幅拡大と転作の「本作化」を狙った水田農業経営確立対策において打ち出された麦・大豆等による二毛作転作田への手厚い助成措置が、

（1）数字は2021年のものである。

（2）数字は2021年のものである。裏作田割合の算定式は以下の通り。裏作田割合
　　＝（田における農作物作付延べ面積－田における夏期の農作物作付面積）÷
　　田本地面積。

第1部　水田利用の地域的展開

第1表　北部九州（福岡県・佐賀県）における田利用の推移

	福岡県			佐賀県		
	田本地 利用率	裏作田 割合	麦類 田本地 作付率	田本地 利用率	裏作田 割合	麦類 田本地 作付率
2000 年	122%	40%	24%	144%	51%	43%
2001 年	123%	41%	27%	147%	55%	46%
2002 年	125%	42%	28%	149%	56%	48%
2003 年	126%	42%	29%	150%	57%	49%
2004 年	127%	41%	29%	151%	57%	50%
2005 年	126%	42%	30%	151%	57%	50%
2006 年	126%	43%	31%	150%	57%	50%
2007 年	125%	43%	31%	149%	57%	50%
2008 年	125%	43%	31%	150%	58%	50%
2009 年	125%	43%	31%	150%	57%	50%
2010 年	126%	43%	32%	150%	58%	50%
2011 年	127%	44%	33%	151%	58%	50%
2012 年	127%	43%	33%	150%	58%	50%
2013 年	127%	43%	33%	149%	57%	49%
2014 年	127%	44%	33%	149%	57%	49%
2015 年	127%	44%	34%	150%	58%	50%
2016 年	127%	45%	34%	150%	58%	50%
2017 年	128%	44%	34%	150%	58%	50%
2018 年	129%	44%	34%	151%	59%	51%
2019 年	129%	44%	35%	150%	58%	51%
2020 年	130%	45%	36%	151%	59%	53%
2021 年	130%	46%	37%	153%	61%	54%

出所：農林水産省「耕地及び作付面積統計」各年度版より作成。

組織や規模拡大志向個別経営による裏作麦拡大への強いインセンティブを与えたこと、②その後実施された品目横断的経営安定対策において一定規模以上の「担い手」だけに交付される生産条件不利補正政策に転換したため、転作や裏作において、そうした要件を満たす組織や個別経営への麦作の集積を強力に促すことになった点をふまえて、北部九州においては二毛作土地利用における麦作を担う主体のふるい分けが進行したと指摘した。また中原（2011、p.29）も、福岡県における経営所得安定対策以降の水田における米麦大豆作の担い手について、「所得安定対策以降、平成21年度福岡県の米麦

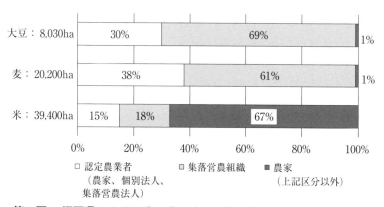

第1図 福岡県における米・麦・大豆の担い手シェア（2009年度）
出所：中原（2011）より引用。
注：原資料は農林水産省「平成21年産水田・経営所得安定対策加入申請状況」、
　　農林水産省「平成21年産作物統計」。

大豆の担い手シェアは、米34％、麦99％、大豆99％である（**第1図**）、同対策に対応して、麦、大豆のほとんどが担い手に編入されている」と述べ、水田における麦作、大豆作の大部分が認定農業者や集落営農組織によって担われている＝担い手が「特定」されている点を明らかにした。一方、吉田（2017、pp.72-80）は、作付が増加してきた麦類について、実需者ニーズに即応した品種への作付転換が進んできた点を指摘した。具体的には、九州北部では総じて、実需者からの要望を踏まえるべく、日本麺の材料となる中力系小麦からパン類や中華麺の原料となる強力系小麦への転換が進行しており、大麦やはだか麦においては、実需者の意向を踏まえた作付転換が進行していると論じた。

以上をふまえて本章においては、2000年以降進展してきた北部九州における水田二毛作の到達点と課題を明らかにすることを課題とする。具体的には、北部九州に位置する福岡県における主力裏作作物である麦類の動向に焦点を当てて、①麦作の担い手が「特定」された後の水田における麦作はどのような展開をたどったのか、②県内において麦作が進展した市町村にはどのような特徴が見いだせるか、③麦作が進展した市町村ではどのような課題を抱え

第1部 水田利用の地域的展開

ているのか、について明らかにする[3]。

続く「2．福岡県における水田二毛作の動向と特徴」では、麦作の担い手が「特定」された後の水田麦作はどのように展開しているのか、麦作が進展している地域はどのような特徴を有しているのかについて分析する。

「3．糸島市における水田二毛作の展開と課題」においては、2005年以降、福岡県内で最も麦類作付面積が拡大した糸島市を事例として、水田二毛作がどのように展開したのか、そしてどのような課題に直面しているのかについて分析を行う。

「4．まとめ」において、以上の結果をまとめた上で、今後の水田二毛作発展に向けた課題を提起する。

2．福岡県における水田二毛作の動向と特徴

（1）福岡県における麦類作付の動向

第2図は福岡県における麦類作付面積の推移を示している。この20年間、麦類作付面積は増加を続けているが、2006年産までは小麦が増加、それ以降は2020年産まで二条大麦が増加、直近は再び小麦が増加、という経過をたどっている。**第2表**にも示すように、麦作においては市場や実需者ニーズをふまえての新品種への作付転換がドラスチックに生じており、麦類作付が増える中で、その内実は常に変化してきたことが分かる。

第3表は2000年以降の作付主体別の麦類作付の動向である。2005年までは販売農家による作付が大部分を占めていたが、品目横断的経営安定対策を経て多くの集落営農組織が設立された後の2010年になると、作付販売農家数とその作付面積は急減し、農家以外農業事業体による作付面積が急増している。2010年以降については、作付販売農家数は引き続き減少しているものの、そ

（3）統計の制約上、水田二毛作の実態を直接把握できないので、本稿では水田二毛作における主力裏作作物である麦類の動向に焦点を当てる。なお、福岡県においては、麦類のほぼ100％が田に作付けられている。

152

第 8 章　北部九州における水田二毛作の到達点と課題

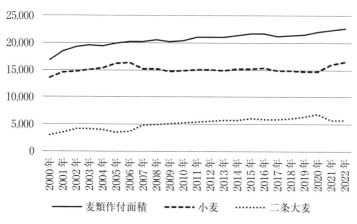

第 2 図　福岡県における麦類作付面積の推移（単位：ha）
出所：農林水産省「耕地及び作付面積統計」各年度版より作成。

第 2 表　福岡県における麦種別・品種別作付面積の推移

	品種名	2000 年産	2005 年産	2010 年産	2015 年産	2020 年産	主な用途
小麦	農林 61 号	1,480	1,770	320	-	-	日本麺
	シロガネコムギ	4,333	6,720	6,320	5,680	5,337	菓子・日本麺
	チクゴイズミ	6,950	5,880	4,990	5,430	5,070	日本麺
	ニシホナミ	830	1,370	1,030	810	720	日本麺
	ミナミノカオリ	-	270	1,570	1,990	1,730	パン・日本麺・中華麺
	ちくし W2 号	-	-	566	1,290	1,843	中華麺
	その他	10	90	-	-	-	
	計	13,600	16,100	14,800	15,200	14,700	
二条大麦	アサカゴールド	1,310	520	-	-	-	ビール
	ミハルゴールド	500	250	-	-	-	ビール
	ほうしゅん	170	900	1,270	1,080	1,041	ビール
	しゅんれい	-	30	520	860	53	ビール
	ニシノチカラ	790	1,250	-	-	-	焼酎、味噌、麦茶
	ニシホノシ	70	580	1,260	1,220	-	焼酎、味噌、麦茶
	はるしずく	-	-	2,190	2,770	1,488	焼酎、味噌、麦茶
	はるか二条	-	-	-	20	3,633	焼酎、味噌、麦茶
	くすもち二条	-	-	-	-	609	もち麦
	その他	210	-	-	110	57	
	計	3,050	3,530	5,240	6,070	6,880	

出所：福岡県資料および JA 全農ふくれんホームページ（URL https://zennoh-fukuren.jp/consumer
　　　/rice/wheat、閲覧日：2023 年 8 月 5 日）等をもとに作成。

153

第1部　水田利用の地域的展開

第3表　福岡県における主体別麦類作付の動向

単位：戸・経営体、ha

		2000年	2005年	2010年	2015年	2020年
販売農家	作付農家数	10,667	10,344	3,704	3,069	2,283
	作付面積	14,402	17,186	9,647	9,508	10,111
	（作付シェア）	99.0%	96.2%	50.3%	43.1%	48.8%
	一戸当たり面積	1.4	1.7	2.6	3.1	4.4
農家以外の農業事業体	作付経営体数	15	66	323	397	402
	作付面積	150	682	9,519	12,565	10,610
	（作付シェア）	1.0%	3.8%	49.7%	56.9%	51.2%
	一経営体当たり面積	10.0	10.3	29.5	31.6	26.4

出所：農林水産省「農林業センサス」各年度版より作成。

注：1）2010年、2015年、2020年の農家以外の農業事業体のデータは販売目的の組織経営
体のデータ。

　　2）2015年の販売農家のデータは農業経営体のデータから販売目的の組織経営体のデー
タを差し引いて算出。

第4表　福岡県における販売目的麦類の作付面積規模別農業経営体数の推移

		計	1ha未満	1-3ha	3-5ha	5-10ha	10-15ha	15ha以上
実数	2010年	4,027	1,344	1,461	430	390	119	283
	2015年	3,466	949	1,209	409	415	164	320
	2020年	2,685	502	836	347	426	204	370
構成比	2010年	100.0%	33.4%	36.3%	10.7%	9.7%	3.0%	7.0%
	2015年	100.0%	27.4%	34.9%	11.8%	12.0%	4.7%	9.2%
	2020年	100.0%	18.7%	31.1%	12.9%	15.9%	7.6%	13.8%
増減率	10-15年	-13.9%	-29.4%	-17.2%	-4.9%	6.4%	37.8%	13.1%
	15-20年	-22.5%	-47.1%	-30.9%	-15.2%	2.7%	24.4%	15.6%

出所：農林水産省「農林業センサス」各年度版より作成。

　の作付面積は1万ha前後で維持されている。農家以外農業事業体については、
2015年にかけて作付面積は増えているが、2020年になると減少している。
2020年時点の麦類作付シェアは両者でほぼ同程度になっている。

　第4表は販売目的の麦類の作付面積規模別農業経営体数の推移を示してい
る。2010年時点では1ha未満層、1〜3ha層といった小規模作付層の構成
比は合わせて7割を占めていたが、2015年以降はシェアを縮小し、2020年時
点では5割まで減少している。2010年以降、5haより作付面積が小さい層

は減少し、5ha以上層は数を増やしている。とりわけ10～15ha層の伸びは著しく、15ha以上層も増加率は拡大している。

　以上より、2010年時点においては麦作の経営主体が「特定」されていたとはいえ、個別経営における一経営体当たりの作付規模が小さかったといえる。その後2020年にかけて、麦作個別経営の選別・大規模化が進行した結果、一経営体あたりの麦作作付規模が拡大していったことが示唆されよう。

　それでは担い手が選別された結果、今日どのような主体が麦作を担うようになったのか。それを直接に示す統計データはないので、以下では、福岡県内にある60市町村から麦作が盛んに行われている市町村を抽出し、大規模個別経営と大規模組織経営への農地集積度合に焦点を当てて分析を進める。

（2）市町村毎の麦類作付の動向

　第5表は福岡県における麦類田本地作付率別市町村数の相関表である。2010年から2020年にかけて麦類田本地作付率が同じ階層にとどまった市町村数は37（62％）、上位階層にシフトした市町村数は22（37％）、下位の階層にシフトしたのはわずか1市町村（2％）である。結果、麦類田本地作付率が30％を上回る市町村数は、2010年の19市町村（32％）から、2020年になると24市町村（40％）に増加している。一方、麦類田本地作付率が1割に満たない市町村数は2010年の30市町村（50％）から、2020年の25市町村（42％）に減少した。

　第6表は、2010年から2020年にかけての麦類田本地作付率増減率別の市町村数を示している。麦類田本地作付率が増加した市町村数は39（65％）存在するのに対して、減少した市町村数はわずか7（12％）にとどまっており、多くの市町村においてこの間水田麦作が進展したことがうかがえる。

　第3図は、2020年時点の福岡県内60市町村における麦類田本地作付率と経営耕地面積10ha以上農業経営体経営耕地面積シェアとの関係を示したものである。麦類田本地作付率と経営耕地面積10ha以上の農業経営体経営耕地面積シェアとの間には強い相関を見いだすことができ、大規模な土地利用型

第１部　水田利用の地域的展開

第５表　福岡県における麦類田本地作付率別市町村数の相関表（2010 年、2020 年）

		麦類田本地作付率（2020 年）							計	構成比
		作付なし	0～10%	10～20%	20～30%	30～40%	40～50%	50%以上		
麦類田本地作付率（2010年）	作付なし	14	4	2	0	0	0	0	20	33%
	0～10%	0	7	2	0	1	0	0	10	17%
	10～20%	0	0	4	2	1	0	0	7	12%
	20～30%	0	0	0	1	3	0	0	4	7%
	30～40%	0	0	0	0	3	5	0	8	13%
	40～50%	0	0	0	0	1	1	2	4	7%
	50%以上	0	0	0	0	0	0	7	7	12%
計		14	11	8	3	9	6	9	60	100%
構成比		23%	18%	13%	5%	15%	10%	15%	100%	

出所：農林水産省「耕地及び作付面積統計」各年度版より作成。

第６表　福岡県内市町村における麦類田本地作付率の変化（2010 年～2020 年）

		2010～2020 年の麦類田本地作付率の増減					計
		減少	変化なし	0～5%	5～10%	10%以上	
麦類田本地作付率（2010年）	作付なし	−	14	3	1	2	20
	0～10%	1	0	7	1	1	10
	10～20%	2	0	1	2	2	7
	20～30%	1	0	1	2	0	4
	30～40%	0	0	2	6	0	8
	40～50%	2	0	0	1	1	4
	50%以上	1	0	2	4	0	7
計		7	14	16	17	6	60
構成比		12%	23%	27%	28%	10%	100%

出所：農林水産省「耕地及び作付面積統計」各年度版より作成。

農業経営体による集積が進んだ市町村において、水田麦作が盛んに行われていることが分かる。

　第４図は、2020年時点で水田麦作が盛んに行われている市町村として、麦類田本地作付率30％以上の実績のあった24市町村をピックアップし、10ha以上販売農家農地集積率と10ha以上農家以外事業体農地集積率の関係をみたものである。これより、作付率30～40％の市町村では、10ha以上販売農家の農地集積率が10ha以上農家以外事業体のそれを上回るケースが多いことが分かる。また、作付率40～50％の市町村、作付率50％以上の市町村に

156

第8章 北部九州における水田二毛作の到達点と課題

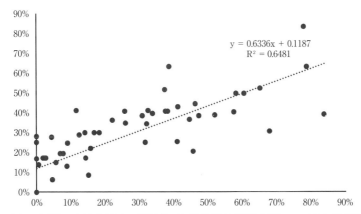

第3図　麦類田本地作付率（横軸）と経営耕地面積規模10ha以上農業経営
　　　体の経営耕地面積シェア（縦軸）の関係：2020年

出所：農林水産省「農林業センサス」、農林水産省「耕地及び作付面積統計」より作成。
注：プロットは福岡県内の全60市町村。

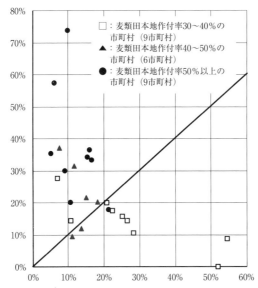

第4図　10ha以上販売農家農地集積率（横軸）と10ha以上農家以外
　　　事業体農地集積率（縦軸）の関係：2020年

出所：農林水産省「農林業センサス」、農林水産省「耕地及び作付面積統計」より作成。
注：プロットは麦類田本地作付率30％以上の24市町村。

第1部　水田利用の地域的展開

なると、逆に後者が前者を上回るケースが多くなる。

　以上のように、今日水田麦作が盛んな市町村においては、大規模な土地利用型農業経営体による農地集積が進んでおり、それら経営体が水田麦作を担っているといえる。そして麦作の担い手としては、大規模個別経営が中心的に担っているケース、大規模組織経営が中心的に担っているケース、両者が共存しているケースと多様であることが判明した。

3．糸島市における水田二毛作の展開と課題

（1）はじめに

　福岡県における麦類作付面積の推移は先に確認したが、より長期で動向を確認すると、20世紀後半、麦類作付面積は急減しており、1995年前後から減少幅は緩やかになり、98年がボトムとなっている（**第5図**）。21世紀に入って以降は、回復、微増傾向に転じている。本節で分析対象とする糸島市も福岡県とほぼ同様の推移をたどっているが、20世紀後半の急減と21世紀に入ってからの急拡大は、よりドラスチックな動きを見せている。

　また、福岡県、糸島市ともに麦類作付農家数・経営体数は今日まで減少傾向にある（**第6図**）。減少傾向は20世紀後半により顕著に現れており、**第5図**と合わせて理解すれば、この時期は作付農家が減った分、作付面積も減少していたといえよう。21世紀に入ってからは作付農家数・経営体数の減少傾向が緩やかかつ下げ止まりとなり、残った経営体における麦類作付規模が急拡大し、総作付面積も上昇したと考えられる。特に糸島市における2020年時点の経営体当たり麦類作付面積は24haと県平均の3倍以上の作付規模となっている。以下では、近年急激に麦類作付面積を増やしている糸島市を事例として[4]、麦類作付増加の背景と到達点、今後の課題について分析を行う。

（4）2005年から2020年にかけての麦類作付増加面積393haは福岡県内市町村でトップの値である。

第8章 北部九州における水田二毛作の到達点と課題

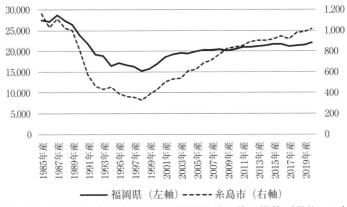

第5図 福岡県と糸島市における麦類作付面積の推移（単位：ha）
出所：農林水産省「耕地及び作付面積統計」より作成。

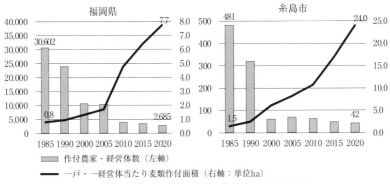

第6図 福岡県と糸島市における麦類作付の動向
出所：農林水産省「耕地及び作付面積統計」より作成。
注：1985年は総農家、1990年と2000年は販売農家、2005年以降は農業経営体のデータである。

（2）糸島市の概況

　糸島市は、東は福岡市、西は佐賀県唐津市、南は佐賀市と接し、福岡市の中心部から電車および車（高速道路を利用）で30分の距離に立地し、近年は福岡市のベッドタウン化が進行している地域である。都市近郊型の農業や畜産業が盛んで、市内各所に直売所が立地しており、全国有数の売り上げを誇る直売所「伊都菜彩」がある。市内にある約3,000haの水田は米・麦・大豆

159

第1部　水田利用の地域的展開

だけでなく、ブロッコリー・キャベツ・菊などの露地栽培や、いちご、アスパラガス、トマト、花きなどの施設園芸にまで広範に活用されており、生産される作物は、大消費地の福岡市をはじめ首都圏にまで広く流通している。

　2020年センサスによれば、農業経営体数は1,326（個人経営1,264、団体経営62［うち法人57]）である。2020年センサスによる経営耕地規模別面積シェアは、3 ha未満層35％、3 ～ 5 ha層11％、5 ～ 10ha層15％、10 ～ 20ha層15％、20 ～ 30ha層15％、30ha以上層14％となっており、10ha以上層農業経営体に40％の農地が集積されている。2020年の作付面積実績は、主食用米1,759ha、飼料用米178ha、WCS200ha、麦類989ha、大豆84ha、飼料作物212ha、野菜382ha、花き・花木60ha、果樹10ha等である。

（3）糸島市における麦作と生産・販売の体制

　糸島市における麦類作付面積および単収の推移を示したものが**第7表**である。2011年以降は小麦、とりわけちくしW2号の増加が顕著である[5]。小麦、大麦ともに近年は高単収を維持している。麦類作付経営体数は、2011年産で50経営体、2021年産で42経営体（うち集落営農は3組織）である[6]。2021年時点の麦類作付規模別経営体数は、10ha未満が6（14％）、10 ～ 20haが11（26％）、20 ～ 30haが12（29％）、30 ～ 40haが9（21％）、40 ～ 50haが3（7％）、50ha以上が1（3％）となっており、20ha以上層の経営体数比

（5）ちくしW2号（商標名：ラー麦）は、福岡県が新たな小麦需要創出と名物の博多ラーメンの地産地消を進めるため2008年に開発された品種である。品種開発後、県はブランド化や生産拡大を図るため、重点プロジェクトを設置した。そのもとで、県試験研究機関を中心に実需者が求める品質確保（子実タンパク質含有率向上）のため新たな追肥技術を開発・普及するとともに、生産者と実需者との連携を強化してきた。「ラー麦」の使用登録者（製粉・製めん業者等）、使用店舗の数は年々増加しており、前者は101社（2022年3月末時点）、後者は190店舗（2022年3月末時点）となっている。ちくしW2号の取り組みの詳細については田中（2018）を参照のこと。

（6）JA糸島資料による。

第8章　北部九州における水田二毛作の到達点と課題

第7表　糸島市における麦類作付面積および単収の推移

			2011 年産	2015 年産	2019 年産	2021 年産
小麦	チクゴイズミ	面積（ha）	173	182	219	227
		単収（kg/10a）	262	256	517	464
	ミナミノカオリ	面積（ha）	88	51	54	66
		単収（kg/10a）	159	230	467	315
	ちくしW2号	面積（ha）	101	184	221	222
		単収（kg/10a）	303	271	471	451
	計	面積（ha）	362	417	494	514
		単収（kg/10a）	248	259	491	440
二条大麦	ほうしゅん	面積（ha）	264	218	425	455
		単収（kg/10a）	168	183	324	352
	しゅんれい・はるさやか	面積（ha）	203	220	22	32
		単収（kg/10a）	198	174	329	295
	計	面積（ha）	467	438	447	487
		単収（kg/10a）	181	178	324	348

出所：JA糸島資料より作成。

率が6割と、麦作を担う経営体の多くは大規模に麦類を作付けていることが分かる。

　続いて、糸島市における麦類の生産と販売の体制について[7]。糸島市においては、全ての麦作経営体はJAの麦作部会に加入し、研修会や意見交換等を通じて栽培技術の向上を図っている。また、麦作作業については、基本的に各経営が自己完結的に行っており、麦類収穫後はJAのカントリーエレベーター（CE）に持ち込んでいる。

　小麦においては、その大部分が播種前契約にもとづき大手製粉会社へ販売されており、残りの一部が県内の製粉会社へ販売されている。大麦も大手ビールメーカーと全量播種前契約を結んでいる。豊作等で契約量を上回り余った場合には、その都度実需者に販売している。ただこの数年は豊作が続き、麦類生産量と在庫量が急激に増えており[8]、CEの受け入れキャパシティの上限に達している。こうしたことを背景に、近年、収穫時期が短期間

（7）以下の内容は、2021年8月19日に行ったJA糸島への聞き取り調査結果による。
（8）2021年産の麦類生産量は10年前に比べて倍以上の生産量を記録した。

161

第1部　水田利用の地域的展開

に集中する小麦から大麦へ作付を誘導している[9]。生産量が見込みを大幅に上回ると売れ残りも発生し、それが翌年産の収穫物の受け入れにも悪影響を与えており、2021年8月時点でも、2019年産大麦の一部、2020年産小麦の8割が未だサイロに保管中であった。麦作経営体の多くは次世代の後継者層を確保しているが、彼らの多くは現役＝親世代に比較して作付面積より単収を気にかけている印象をJAは持っている。麦は肥料反応性が良いことから、現状の面積で手間をかけ、単収向上を図ろうというスタンスをとる後継者層が多く、その点は現役＝親世代の「規模拡大」路線とは異なるとのことである。

（4）麦作に取り組む農業経営体の事例分析

1）個別農家A経営

A経営の概況は以下の通り[10]。水田経営面積3,200 a（自作地200 a、通年借地2,700 a：小作料1俵、裏作期間借地300 a：小作料代わりに麦後の田を鋤いて現状復帰）。2021年産作付は、主食用米2,200 a（ヒノヒカリ1,100 a、にこまる800 a、タチハルカ200 a、残りがモチ米など）、非主食用米700 a（飼料用米［種子用含む］650 a、米粉用米50 a）、麦類3,108 a（小麦1,670 a［チクゴイズミ825 a、ミナミノカオリ156 a、ちくしW2号689 a］、大麦1,438 a［ほうしゅん］）。主な労働力は、経営者59歳、後継者23歳、父84歳、春作業における期間雇用数名、である。主な農機具は、トラクター4台（135bp、85bp、65bp、60bp）、コンバイン1台（6条）、田植機1台（10条）、乗用管理機1台、である。

麦類の作付について。大麦と小麦は、ともに半乾燥後にカントリーエレベーターに持ち込んでいる。小麦については、乾きやすい順番に作付圃場を設定しており（品種別に圃場を固定）、現在の作付面積（17ha）を小麦の上

（9）小麦については、一経営体当たりの1日当たりCEへの持ち込み数量をコントロールしている。

（10）以下の数字は特別な記載がない限り2021年時点のものである。

第8章　北部九州における水田二毛作の到達点と課題

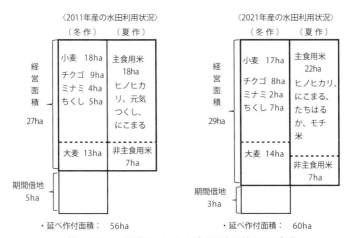

第7図　A経営における水田利用状況の変化
出所：2011年産のデータについては磯田（2014）より引用。2021年産のデータについては
　　　A経営への聞き取り調査およびJA糸島提供資料より作成。

限面積と考えている。この数年は麦類の作付面積は横ばい状態である。これまでは経営面積の拡大に伴い、麦作付面積も拡大してきており、今後も経営面積を拡大する際には同様の対応を採る予定である。

第7図はA経営の水田利用状況の変化を示している。この10年間で延べ作付面積は4ha増加しており、経営する水田は夏期・冬期ともにほぼ全面積に作付されている。麦作については作付品種には変化がなく、作付面積が多少変化した程度である一方、稲作については作付品種の変化が見られる。麦類単収については、2011年産は小麦273kg/10a、大麦140kg/10a、2021年産は小麦472kg/10a、大麦339kg/10aであり、ともに大幅に上昇している。

２）個別農家B経営

B経営の概況は以下の通り[11]。水田経営面積2,550a（自作地400a、通年借地1,600a：小作料1.5俵［21,000円/10a］、裏作期間借地550a：小作料代

---

(11) 以下の数字は特別な記載がない限り2021年時点のものである。

第1部　水田利用の地域的展開

わりに麦後の田を2回鋤いて現状復帰）。2021年産作付は、主食用米1200 a（山田錦480 a、ヒノヒカリ480ha、にこまる200 a、ミルキークイーン40 a）、非主食用米800 a（飼料用米400 a、WCS400 a）、麦類2,527 a（小麦1,539 a［チクゴイズミ581 a、ミナミノカオリ164 a、ちくしW2号794 a］、大麦988 a［ほうしゅん］）。主な労働力は、経営者55歳、妻55歳、後継者26歳である。主な農機具は、トラクター5台（97bp、95bp、80bp、57bp、50bp）、コンバイン1台（6条）、田植機2台（6条、4条）、乗用管理機2台、である。

　麦類の作付について。大麦と小麦は、ともに半乾燥後にカントリーエレベーターに持ち込んでいる。麦類の作付面積は近年横ばいである。これまでは経営面積の拡大に伴い、麦作付面積も拡大してきており、今後も経営面積を拡大する際には同様の対応を採る予定である。

　第8図はB経営の水田利用状況の変化を示している。この10年間で延べ作付面積は10ha増加しており、経営する水田は夏期・冬期ともにほぼ全面積

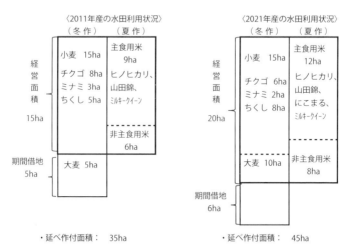

第8図　B経営における水田利用状況の変化

出所：2011年産のデータについては磯田（2014）より引用。2021年産のデータについてはB経営への聞き取り調査およびJA糸島提供資料より作成。

第8章　北部九州における水田二毛作の到達点と課題

に作付されている。麦作については作付品種には変化がなく、作付面積が多少変化した程度である一方、稲作については作付品種の変化が見られる。麦類単収については、2011年産は小麦173kg/10 a、大麦147kg/10 a、2021年産は小麦408kg/10 a、大麦291kg/10 a と、ともに大幅に上昇している。

3）集落営農法人C経営 (12)

　C経営は、基盤整備実施後の集積要件を満たすため2007年に設立された集落営農法人である。設立時の経営面積7.8ha、構成員は法人代表が当時トマトとイチゴに取り組んでいた専業農家、他に10人ほどの集落内在住の花屋、大工、サラリーマンなどが出資して「集落の土地を守ろう」と設立された（出資金200万円）。代表以外の構成員はそれぞれ本業があるので、農作業は協力して行うこととし、通常時は2〜3名が現場に出て、農繁期は全員で協力し土日で農作業を済ませる形式をとった。2021年時点の経営耕地面積は37ha、そのうち9割は圃場整備済の田である。

　労賃は作業一律時給2,000円に設定している。労働力は代表65歳、60代3名、40代3〜4名、20代4名と比較的若い世代も少なくない。この中には非出資者も2〜3名含まれている。2021年産作付面積は延べ作付面積74ha、内訳は水稲35ha（WCS20ha、ゆめつくし10ha、元気づくし1 ha、自家用米として再貸出4 ha）、麦作39ha（うち2 haが期間借地：鋤いて現状復帰し返却）である。主な農機具はトラクター4台（105bp、97bp、83bp、65bp）、コンバイン2台（6条×2）、田植機2台（8条×2）、乗用管理機2台である。

　麦作については、設立当初から大麦の作付をスタートし、徐々に小麦を増やしてきた。そして圃場整備済みの水田が法人に貸し出される度に麦類作付を拡大してきた経緯がある。

---

(12)以下の数字は特別な記載がない限り2021年時点のものである。

第1部　水田利用の地域的展開

（5）小括

　以上、糸島市における水田二毛作の到達点と課題についてまとめよう。第1に、2000年以前に麦作農家の絞り込みが一気に進み、2000年代に入ってからは作付を継続した農家が急速に作付規模を拡大させて今日に至っていた。

　第2に、近年は、実需者からの引き合いが強い品種（ちくしW2号など）の作付を拡大しており、単収増を伴いながら、豊富な資本設備をバックに、大規模個別経営が麦作を担っていた。

　第3に、土地利用型経営にとって裏作麦は農地利用率向上とそれに伴う収入増を図る重要な手段であり、規模拡大に伴い二毛作面積も一貫して増加してきた。集落営農法人の事例でも裏作麦が全ての経営面積において作付けられていた。一方、二毛作は米麦方式がほとんどであり、表作の大豆作付は事例から確認できなかった。

　第4に、現存の麦作経営が規模拡大を進める限り、糸島市における二毛作面積が拡大すると予想された。とはいえ、その多くは大規模家族経営であり、今後は規模拡大の壁が生じることが想定される。後継者層がそれにどのように対応していくかが水田二毛作の今後の長期的な発展に向けてポイントになるといえよう。

　第5に、水田二毛作面積の拡大に伴い麦類生産量が増加する際に直面する喫緊の課題は、麦類の乾燥・調製・貯蔵を担うCEの受け入れキャパシティ問題、販売先確保の問題であることが示唆された。

4．まとめ

　本節では、以上の内容をふまえて、冒頭で設定した課題に対して明らかになったことをまとめた上で、水田二毛作発展に向けた今後の課題について言及したい。

　第1の課題、麦作の担い手が「特定」された後の福岡県における水田麦作

166

はどのような展開をたどったのかについては、①麦類作付面積は増加傾向にある中で、小麦や大麦における作付品種の転換が行われてきたこと（2000年以降の傾向が継続）、②2010年時点においては麦類作付規模が小さな経営体が多数存在した一方、2020年にかけて麦作個別経営の選別・大規模化が進行した結果、一経営体あたりの麦作作付規模が拡大していったことが明らかになった。

第2の課題、福岡県内において麦作が進展した市町村にはどのような特徴が見いだせるかについては、①水田麦作が盛んな市町村においては、大規模な土地利用型農業経営体による農地集積が進んでおり、それら経営体が水田麦作を担っていること、②そうした市町村における麦作の担い手としては、大規模個別経営が中心的に担っているケース（麦類田本地作付率30〜40％の市町村で多い）、大規模組織経営が中心的に担っているケース（麦類田本地作付率50％以上の市町村で多い）、両者が共存しているケースなど、多様な姿が確認できた。

第3の課題、麦作が進展した市町村ではどのような課題を抱えているのかについては、近年県内で最も麦類作付面積が拡大した糸島市を事例に分析を行い、単収増を伴いながら、豊富な資本設備をバックとした大規模家族経営が米麦型の水田二毛作を担ってきた実態を確認した上で、二毛作の更なる拡大のためには、現存の限られた担い手が規模拡大を進めて二毛作実施面積を増やすことが必要であることが示唆された。

その上で、水田二毛作発展に向けた課題を整理すれば、生産面、管理面、販売面から下記のように整理できる。

生産面では、担い手は二毛作を今後も拡大し続けるのかという点である。糸島市の事例では、個別大規模家族経営の更なる規模拡大意向に大きく関わってくるわけだが、こうした経営体が今後も規模拡大を継続するかは定かではない。規模拡大を進めていけば、いずれ新たな設備投資が必要となることは確実であり、昨今の厳しい農業情勢下でそれが果たしてスムーズに行えるのかといった状況も容易に想像できる。また、跡継ぎ世代が経営の力点を

第1部　水田利用の地域的展開

「規模拡大」から「単収増」に切り替えていくようであれば、この点はますます不透明になる。そうした課題は、近年急速に担い手として地域から頼られるようになりつつある集落営農組織（法人）についても多かれ少なかれ当てはまる。

　管理面では、生産・収穫した麦類について適切に乾燥・調製・貯蔵を行っていけるかという問題である。この問題は糸島市においてはCEの受け入れキャパシティ問題として既に表面化しており、CE施設の能力もさることながら、次の販売の問題にも深く関係している。

　販売面では、根本的な問題といえるが、麦類の売り先確保と単価の問題である。2020年以降、コロナ危機による一時的な輸入制限、その後のウクライナ危機を背景とした輸入小麦価格の高騰問題が立て続けに生じたが、だからといって国産小麦の需要が目立って増えたわけではなく、国産小麦への置き換えも進んだわけではない。本章では麦類の流通・販売面の分析をほとんど行うことができなかったが⁽¹³⁾、福岡県内においてもこれまで作付拡大に取り組んできたちくしW2号の需要が近年伸び悩んでおり、直近では栽培面積が頭打ちになっている状況にある⁽¹⁴⁾。

　以上の、生産面、管理面、販売面の課題は相互に関係する問題でもあり、その解決はいずれも一筋縄ではいかないが、水田二毛作の発展に向けて地道に取り組んでいくことが求められよう⁽¹⁵⁾。

---

(13)国内産麦類の直近の動向を分析したものとして例えば吉田（2022）を参照のこと。

(14)2023年産のちくしW2号の作付面積は暫定値で1,750haである。福岡県農林水産部水田農業振興課調べ。

(15)関根（2022）は、日本国内では当然視されている国産小麦の品種ごとの取引体制の特異性を海外との比較を通して指摘している。こうした日本特有の取引慣習についても、水田二毛作の基盤を支える麦作振興を考える上で検討の組上に乗せることが必要である。

第 8 章　北部九州における水田二毛作の到達点と課題

付記

本稿はJP20K06274による研究成果の一部である。

〔参考・引用文献〕
・秋山邦裕（1985）『稲麦二毛作経営の構造』（日本の農業155）農政調査委員会。
・磯田宏（2014）「水田農業における個別経営体の支援体制にかかわる調査研究報告」糸島稲作経営研究会編『糸島稲作経営研鑽の軌跡』糸島稲作経営研究会：232-294。
・磯田宏（2015）「九州地域における大規模水田作経営の展開」戦後日本の食料・農業・農村編集委員会編『大規模営農の形成史（戦後日本の食料・農業・農村第13巻）』農林統計協会：322-363。
・岩本泉（1994）「北部九州水田農業の展開と形態」永田恵十郎編著『水田農業の総合的再編』農林統計協会：162-174。
・九州農業経済学会編（1994）『国際化時代の九州農業』九州大学出版会。
・中原秀人（2006）「重層的作業受託組織の再編—北部九州米麦二毛作地帯」『農業と経済』72（12）：81-86。
・中原秀人（2011）「北部九州米麦二毛作地帯における集落営農組織の動向と地域的特徴—福岡県の集落営農組織を対象に」『食農資源経済論集』62（1）：27-37。
・関根久子（2022）『小麦生産性格差の要因分析：日本と小麦主生産国の比較から』日本経済評論社。
・品川優（2009）「福岡県糸島地域における農地の利用集積と水田・畑作経営所得安定対策の実態」『土地と農業』39：83-96。
・田中浩平（2018）「ラーメン用小麦「ラー麦」の品質向上とブランド化の取り組み」『土づくりとエコ農業』50（5）：30-35。
・吉田行郷（2017）『日本の麦—拡大し続ける市場の徹底分析—』農山漁村文化協会。
・吉田行郷（2019a）「日本の麦—拡大し続ける市場の徹底分析—（民間流通制度導入後の国内産麦のフードシステムの変容に関する研究（小麦編））」、国内産小麦に関するセミナー、農林水産政策研究所、2019年10月23日、https://www.maff.go.jp/primaff/koho/seminar/2019/attach/pdf/191023_01.pdf（最終閲覧日：2021年6月8日）。
・吉田行郷（2019b）「日本の麦—拡大し続ける市場の徹底分析—（民間流通制度導入後の国内産麦のフードシステムの変容に関する研究（大麦編））」、国内産小麦に関するセミナー、農林水産政策研究所、2019年11月27日、https://www.maff.go.jp/primaff/koho/seminar/2019/attach/pdf/191127_01.pdf（最終閲覧日：2021年6月8日）。

第 1 部　水田利用の地域的展開

・吉田行郷（2022）「小麦を中心とした麦類の国産化の展開とその要因」『農業と経済』88（1）：123-132。

第9章

南九州における水田二毛作の存立条件
―宮崎県における稲飼料二毛作に注目して―

西川邦夫

1. はじめに

　2018年の生産調整見直しにより、東日本を中心に主食用米の作付が増加する可能性が指摘されている（荒幡（2019））。一方で、国内の主食用米需要量は毎年約10万トンずつ減少している[1]。生産基盤としての水田を維持していくためには、主食用米の単作に限らず、様々な作物の作付が経済的に成立する可能性を探っていく必要がある。

　他の章と同様に、本章では水田利用の体系として水田二毛作に注目する。第1に、稲・麦・大豆・飼料作物等の土地を多く利用する作物を作付ける水田二毛作は、水田を維持するのに適している。第2に、1年間に2回収穫ができることで、主食用米の単作と比べてより多くの所得を農業者にもたらす。水田活用の直接支払交付金（以下、「交付金」とする）による政策的支援も、水田二毛作の収益性を支えている[2]。

　近年、水田二毛作は増加傾向にある。農林水産省『作物統計』から推計した裏作面積（＝田の作付延べ面積－夏作作付面積）は、2010年の21.8万haから2020年には23.4万haに増加した。同統計では作付構成は明らかにされてい

（1）農林水産省「米をめぐる参考資料」（2023年6月）、p.4、を参照。
（2）国による二毛作助成は、2017年度より産地交付金に統合され全国一律的な取組ではなくなった。ただし、二毛作が盛んな自治体では、産地交付金のメニューとして二毛作に対する助成を設定している場合が多い。

第1部　水田利用の地域的展開

第1表　水田二毛作作物の作付面積（2020年）

単位：ha

	合計	麦	大豆	飼料作物	加工用米	そば	その他
全国	144,408	75,125	25,872	31,061	3,084	8,981	284
北関東	17,183	8,796	3,263	2,315	1,157	1,646	6
東海	12,376	1,460	10,396	196	128	146	50
北九州	64,780	52,485	467	11,103	265	372	88
南九州	15,400	187	9	13,780	860	554	10
宮崎	8,977	118	2	8,177	639	32	9

資料：農林水産省「令和2年度経営所得安定対策等の支払実績」より作成。
注：「飼料作物」には飼料用米、稲WCSは含まれない。

ないので、交付金の支払実績から、二毛作助成の対象面積が1万ha以上ある地域の状況を示したものが**第1表**である。北関東・北九州は麦、東海は大豆、南九州は飼料作物と、地域によって主たる作物に違いがあることが分かる。また、北関東と南九州では加工用米の作付も多い。南九州の加工米のほとんどは、本章で取り上げる宮崎県に集中している。

　後で述べるように、**第1表**で示した値は、あくまで制度上「二毛作」として助成を受けた作物であるので、必ずしも冬期に作付けられる裏作を示したものではない。しかしながら、どのような作物が作付単元[3]の中で作付けられているか、おおまかな傾向は示していると言えよう。なお、以下で制度上の二毛作を述べる際は、実態としての二毛作と区別するために括弧を付す。以上の様な地域性を踏まえたうえで、水田二毛作がどのような条件の下に存立しているのか明らかにしていく必要がある。

　本章の課題は、稲と飼料作物により二毛作が行われている宮崎県を事例として取り上げ、南九州における水田二毛作の存立条件を明らかにすることである。従来、水田二毛作の存立条件を分析した研究は、北関東と北九州の稲麦二毛作に関するものが多かった（秋山（1985）、恒川（2015））。南九州における稲飼料二毛作の事例を取り扱ったものは、管見の限り見当たらない。

（3）1年間に収穫される作物の作付順序を作付単元、その結合・交替の方式を作付方式と呼ぶ。沢村（1953）、p.3、15、を参照。

第9章　南九州における水田二毛作の存立条件

また、南九州における水田飼料作の担い手に注目した研究としては、経営主体として集落営農組織を対象とした村上ら（2011）が、補完組織として飼料作コントラクター組織を対象とした研究は荒井（1996a）（1996b）が挙げられる程度である。

本章では、宮崎県都城市に所在する集落営農組織A経営（2021年で経営耕地面積215ha）と、同市で飼料作作業を受託するコントラクター組織である、アグリセンター都城（以下、「ACM」とする）を分析対象とする。**第1表**によると、2020年において、宮崎県では飼料作物の「二毛作」での作付面積が8,177ha（全国1位）、加工用米が639ha（2位）である。また都城市は、2017年度において「二毛作」での飼料作物の作付面積が1,748ha（県内1位）、加工用米が333ha（1位）である。

宮崎県における集落営農104組織、集積面積3,822haのうち、都城市に34組織（32.7%）、2,013ha（52.7%）が集積している。集積面積100ha以上の大規模な組織は、7組織のうち5組織が都城市に集中している。都城市においては大規模な集落営農組織が水田二毛作の担い手となっていることが示唆される[4]。また、宮崎県では2022年において飼料作コントラクター組織が27組織存在する[5]。2020年における飼料作物関連の作業受託面積は延べ4,290haであり、2010年の2,025haの2倍強となっている[6]。これまで飼料作の作業を行ってきた畜産経営の高齢化が進む中で、作業を外部に委託するニーズが高まっているのである。作業受託面積の全てがコントラクター組織によるものではないが、耕畜連携を支える重要な役割を果たしていることが示唆される。以上のことから、都城市における集落営農組織と飼料作コントラクター

（4）都城市の二毛作面積は、宮崎県『令和2年度経営所得安定対策等実績書』による。また、集落営農組織数と集積面積は、農林水産省『集落営農実態調査』（2020年）による。なお、宮崎県農業再生協議会提供の資料によると、2022年において宮崎県内の集落営農組織数は128組織、農地面積は12,099haである。
（5）宮崎県農業再生協議会提供の資料による。宮崎県コントラクター等協議会の会員数である。
（6）宮崎県農政水産部畜産新生推進局『宮崎の畜産2022』、p.18、を参照。

173

第1部 水田利用の地域的展開

組織を取り上げることは、本稿の課題に適合的であると言える。

本章の構成は以下の通りである。「2」では、宮崎県における水田利用の動向について、統計資料等を分析して明らかにする。「3」では、都城市の集落営農組織A経営を取り上げ、水田二毛作経営の実態を農地利用・経営組織の側面と、交付金が経営成果に与える影響の側面から明らかにする。「4」では、同じく都城市の飼料作コントラクター組織ACMを取り上げ、その活動実態と課題を検討する。最後に「5」では、それまでの分析を整理するとともに、南九州において水田二毛作を存立させている条件を考察して本章の総括としたい。

2．宮崎県における水田利用の動向

（1）飼料作物と加工用米の作付増加

第2表は、宮崎県における2013年から2020年にかけての水田利用の変化を示したものである。水田作付率は111.6％から110.5％へと概ね維持されているが、作付の構成は変化している。まず、基幹作が31,619haから29,817haに減少し、作付率が87.1％から83.9％へ3.2ポイント（以下、「pt」と表記）低下している。主食用米が4,168ha減少した影響が大きい[7]。実績算入等（不作付）も4,465haから5,346haへ増加した。一方で、「二毛作」は8,887haから9,465haに増加し、作付率は24.5％から26.6％へ2.1pt上昇している。水田作付率の推移をより子細に示したものが、**第3表**である。基幹作の値は一貫して低下している一方で、「二毛作」は2017年までは上昇し、それ以降は低下している。2017年までは「二毛作」作付率の上昇が全体の水田作付率の維持に

（7）2020年において、宮崎県農業再生協議会が設定した主食用米作付の目安は18,016haであり、実際の作付面積は14,300ha、達成率（＝目安／作付面積）は125.9％に達する。協議会の認識では、大規模水田作経営は価格が低い主食用米よりも、確実に交付金収入が得られる非主食用稲の作付を選好するため、また水稲＋園芸作の複合経営が主食用米の生産を中止しているためであるため、生産調整が超過達成されている。

174

第9章　南九州における水田二毛作の存立条件

第2表　近年における宮崎県の水田利用

単位：ha

		作付面積				実績 参入等	水田 作付率
		合計	うち 主食 用米	うち 飼料 作物	うち 加工 用米		
2013年	合計	40,506	18,468	16,522	219	4,487	111.6%
	基幹作	31,619	18,468	8,256	170	4,465	87.1%
	二毛作	8,887	-	8,266	49	22	24.5%
2020	合計	39,282	14,300	18,784	1,638	5,360	110.5%
	基幹作	29,817	14,300	10,447	998	5,346	83.9%
	二毛作	9,465	-	8,337	640	14	26.6%
増減割合 ・ポイント	合計	-1,223	-4,168	2,262	1,419	873	-1.1%
	基幹作	-1,801	-4,168	2,192	828	881	-3.2%
	二毛作	578	-	70	591	-8	2.1%

資料：宮崎県『経営所得安定対策実績書』（各年版）より作成。
注：1）作付面積の内訳を足しても合計に一致しない。
　　2）期間中に水田面積は 36,308ha から 35,549ha に減少した。

つながっているとともに、それ以降は「二毛作」作付率の低下が全体の水田作付率の低下につながる構造となっていることが確認できる。水田二毛作の重要性が高まっているのである。

基幹作・「二毛作」ともに作付を増加させているのは、飼料作物（2,262ha増加）と加工用米（1,419ha増加）で

第3表　水田作付率の推移

	合計	基幹作	二毛作
2013年度	111.6%	87.1%	24.5%
14	112.5%	86.5%	26.0%
15	113.2%	86.0%	27.2%
16	112.8%	86.1%	26.7%
17	113.0%	85.6%	27.3%
18	111.8%	84.7%	27.1%
19	111.2%	84.5%	26.7%
20	110.5%	83.9%	26.6%

資料：第2表と同じ。

ある。加工用米は都城市に本社がある焼酎メーカーが使用する麹米用として、「み系358」という品種を中心に作付けられている。米トレーサビリティ法では、2011年から焼酎も産地情報伝達の対象となった。焼酎メーカーにより原料加工用米をMA米から国産米に切り替える動きが強まったが、宮崎県の調べによると、2011年において県内需要量19,009トンに対して県内供給割合は3.1％に過ぎなかった。なお、農林水産省の資料[8]から宮崎県酒類工業協同組合に対する2009年度、2010年度の販売契約数量を求め、2011年の県内需要

175

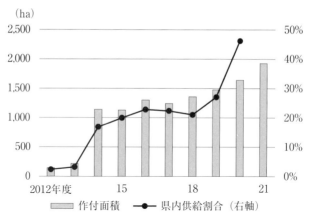

第1図　加工用米の作付面積と県内供給割合の推移
資料：宮崎県農業再生協議会提供の資料より作成。

量で割った値を求めた。需要と供給の年次が対応していないのであくまで参考に過ぎないが、2009年74.7％、2010年39.0％となる。宮崎県の焼酎メーカーにおいては、米トレーサビリティ法施行以前は、原料をMA米に依存していたことがうかがわれる。

　焼酎メーカーから県内産加工用米の供給拡大が要望される中で、2014年に関係者を糾合して宮崎県加工用米等生産・利用拡大推進協議会が立ち上げられ、全県で作付拡大が推進されることになった。政策的支援も拡充され、例えば県が設定する産地交付金は、2018年度合計20.6億円のうち加工用米関係が4.9億円（23.6％）を占めることになった。以上の結果、**第1図**に示したように加工用米の作付面積は増加し、県内供給割合は上昇した。2019年において加工用米の作付面積は1,642ha、県内需要量26,461トンに対して県内供給割合27.1％に達した[9]。

（8）農林水産省「加工原材料用米穀売渡情報」（https://www.maff.go.jp/j/seisan/syoryu/hanbai/kakou_keiyaku.html）（2023年8月1日確認）による。
（9）2020年度は作付面積1,642ha、県内供給割合46.2％に達したが、コロナ禍で県内需要が17,735トンに減少したことの影響が大きい。

第9章　南九州における水田二毛作の存立条件

第4表　宮崎県における飼料作物の内訳

単位：ha

	2013年			2020			増減面積		
	合計	基幹作	二毛作	合計	基幹作	二毛作	合計	基幹作	二毛作
合計	16,522	8,256	8,266	20,346	12,009	8,337	3,824	3,754	71
イタリアンライグラス	7,461	1,190	6,271	7,899	1,166	6,733	438	-24	462
稲WCS	4,490	4,490	1	6,657	6,657	0	2,166	2,167	-1
ソルガム	1,183	723	459	632	449	183	-551	-274	-277
青刈りとうもろこし	806	606	200	609	515	94	-197	-91	-106
飼料用米	195	195	0	412	412	0	217	217	0

資料：第2表と同じ。

　なお、**第2表**では「二毛作」の加工用米が436ha増加しているが、夏期に作付けられているものである。「二毛作」に該当するからといって、必ず夏作に対する裏作物として、冬期に作付けられるわけではない。宮崎県では加工用米を基幹作として単作で作付けた場合、2020年において交付金は戦略作物助成20,000円/10 a 、県産地交付金が33,000円/10 a 、合計53,000円/10 a が支払われる。しかし加工用米（夏）を「二毛作」とし、飼料作（冬）を基幹作とした場合は戦略作物助成が35,000円/10 a になるとともに、水田利用率向上加算13,610円/10 a 、耕畜連携助成10,400円/10 a が追加され、合計92,010円/10 a となる。これに、市町村が設定する産地交付金が追加されることになる。よって、加工用米を作付ける場合は、「二毛作」として申請するインセンティブが働く。

　飼料作物については、宮崎県が和牛繁殖・肥育を中心とした畜産が盛んな県であるため、稲WCSと牧草による自給粗飼料の安定確保に焦点が当てられている[10]。**第4表**は、100ha以上作付がある飼料作物について、2013年から2020年にかけての作付面積の変化を示したものである。基幹作は稲WCSが2,167ha増加し、最も増えている。「二毛作」は作付面積最大のイタリアンライグラスが462ha増加と最も増えている。これまでの検討を、制度上の基幹作か「二毛作」かではなく、夏冬作の観点から整理すると、宮崎県

(10) 農林水産省『生産農業所得統計』（2020年）によると、宮崎県の畜産産出額は2,157億円で全国第3位、うち肉用牛は708億円で32.8％を占めている。

第１部　水田利用の地域的展開

では夏作は主食用米から稲WCSと加工用米へ作付が転換し、冬作はイタリアンライグラス等の飼料作物の作付面積増加が明らかになった。つまり、水田フル活用政策の下で夏冬作ともに再編が進み、水田二毛作の拡大に帰結しているのである。

（２）宮崎県における二毛作の作付単元

宮崎県において、データが得られた2019年度現在で実施されている主要な二毛作の作付単元は、【稲WCS（夏・基幹作）＋飼料作物（冬・「二毛作」）】が4,069ha、【加工用米（夏・「二毛作」）＋飼料作物（冬・基幹作）】が565haである。**第５表**はそれぞれの作付単元を示したものである。前者の場合、水稲の普通期栽培[11]で対応が可能なイタリアンライグラスとの二毛作が大半を占めている。稲WCSは６月移植・９月収穫、イタリアンライグラスは早生種で10 ～ 11月播種・３～５月収穫が可能となる。後者の場合もイタリア

第５表　宮崎県における稲飼料二毛作の体系（2019 年）

単位：ha

	裏作作付面積	在圃期間			
		1月	4	7	10
稲WCS ―飼料作物	4,069				
稲WCS ―イタリアンライグラス	3,257	早生種	普通期栽培		早生種
稲WCS ―えん麦	722		早期栽培	晩夏播き	
稲WCS ―その他飼料作物	90				
加工用米 ― 飼料作物	565				
加工用米 ― イタリアンライグラス	378	早生種	普通期栽培（晩生）		早生種
加工用米 ― えん麦	125	晩秋播き	普通期栽培（晩生）		晩秋播き
加工用米 ― その他飼料作物	62				

資料：宮崎県農業再生協議会提供の資料、福留（2002）、荒砂（2018）より作成。

---

(11)宮崎県で栽培される水稲には、早期栽培と普通期栽培の２つの手法がある。早期栽培は３月後半から田植をし、７月中には収穫をして早場米として出荷する。宮崎県では「コシヒカリ」が用いられる。普通期栽培は６月中旬に田植をし、９月から10月にかけて収穫する。普通期栽培の主力品種は「ヒノヒカリ」である。宮崎県農業再生協議会「水田における「作物作付のベストミックス」実現基本方針（平成30年度版）」（2018年３月）、pp.2、37、を参照。

ンライグラスとの二毛作が多い。加工用米はみ系328が晩生であるため、6月移植・10月収穫、イタリアンライグラスは早生種で11月播種・3～5月収穫が可能となる。次に多いえん麦の場合も、11月播種・4～5月収穫で対応可能となる。

以上検討した作付単元は、非主食用稲（稲WCSもしくは加工用米）による転作作物を夏作としたものである。宮崎県においては、非主食用稲による転作への支援が重点化されるという政策の動向に対応することで、二毛作が拡大しているのである。

3．集落営農組織による水田二毛作

（1）集落営農組織A経営の概要

本章で取り上げるA経営は、北諸地域・都城市のA地区に存在する集落営農組織である。2006年に農事組合法人化した。2021年現在、構成員は地区の農業者・地権者343名である。役員は理事6名、監事2名である。A経営に設定された利用権面積は215.1haであり、A地区全体の農地の89.6％を集積している。水田作以外に、無人ヘリ防除を中心とした作業受託（338.0ha）、経営内の女性班による加工・販売事業に取り組んでいる。

（2）A経営における農地利用と経営組織

第6表は、A経営の作付面積の推移を示したものである。法人設立当初の2006年から2020年までの変化を見ると、作付面積合計が111.8％増加したことが分かる。規模拡大が進む中で、水田利用率は100％以上を維持し、3.4pt上昇していることも確認できる。水稲作付面積の増加が993.5％と特に大きいが、この中には主食用米だけでなく、加工用米が含まれる。なお、A経営では主食用米、加工用米ともに種子を生産しており、コンタミ防止のため飼料用米の作付はしていない。

A地区において農地利用計画を策定しているのはA経営である。一方で実

179

第1部　水田利用の地域的展開

第6表　A経営の作付面積・水田利用率の推移

単位：ha

		2006年	2008	2010	2012	2014	2016	2018	2020	2006-2020年増減割合・ポイント
作付面積	合計	114.0	147.8	181.5	206.2	216.5	225.8	235.2	241.5	111.8%
	水稲	10.7	29.7	46.8	66.5	88.1	93.1	100.6	117.0	993.5%
	うち加工用米					34.5	41.2	54.0	63.3	-
	大豆	25.2	37.4	51.3	47.4	40.4	45.3	48.2	48.1	90.9%
	飼料	54.0	43.1	42.3	43.8	36.5	37.6	36.8	26.3	-51.3%
	馬鈴薯	15.3	20.4	22.4	25.9	27.0	25.5	26.5	28.3	85.0%
	甘藷	8.8	17.2	11.1	11.0	11.5	11.3	10.9	10.1	14.8%
	その他	0.0	0.0	7.6	11.6	13.1	13.0	12.2	11.7	-
水田利用率		109.1%	112.0%	109.7%	110.6%	111.9%	111.9%	111.8%	112.5%	3.4%

資料：A経営提供の資料より作成。

際の耕作はA経営と個別の構成員、また組織非参加の経営も分担して行っている。A経営は農地利用全体の枠組みを決めるが、耕作自体は分権的に行われていることが特徴である。飼料作の場合は、耕畜連携として組織の構成員外も含めた畜産経営が実際の作業を担当している。つまり、二毛作を実施するにあたって全ての耕作を組織の労働力で賄う必要が無いのである。

　A経営では毎年農地利用計画を作成する。組合長が原案を作成し、各作物担当の理事が参加する理事会（8月）、常任委員会（9月）で決定し、その後12月頃に翌年度の計画が公表される。計画はA経営に集積されていない水田も対象となるため、A地区全体を対象とする農事振興会の名義で出される。A地区は5つの耕区に分けられ、概ね耕区毎に水稲とその他作物が1年交替で作付けられる。土地条件や連作障害防止の観点を考慮して、**第7表**に示されているパターン化された4つの作付体系を組み合わせながら農地利用計画を作成していく。例えば甘藷は乾田のみで作付け、馬鈴薯とサトイモは連作障害防止のために3〜4年間隔を空ける。また、**第7表**に示した作付パターン以外にも、甘藷やサトイモの後作にイタリアンライグラスを作付ける場合もある。

　耕作については、例えば2016年度の馬鈴薯の場合、A経営が25ha、個別の4経営が15haを耕作した。構成員が個別で耕作する場合は、構成員は作物収入を得、交付金はA経営が受け取る。地権者に対しては小作料15,000円/10

180

第9章　南九州における水田二毛作の存立条件

第7表　A地区における作付パターン

	1年目		2年目			3年目		
	4月　7　10	1	4　7	10	1	4	7　10	
パターンA	水稲	馬鈴薯		大豆	飼料		加工用米	
パターンB	水稲		サトイモ		ニンジン		水稲	
パターンC	水稲		甘藷		ホウレンソウ／ニンジン		水稲	
パターンD	水稲	飼料作（トウモロコシ→イタリアン）					加工用米	

資料：A経営提供の資料、及び聞き取り調査より作成。

aと、ブロックローテーションへの協力金として10,000円/10aが支払われる[12]。ただし、ブロックローテーションに協力するために1年間のみの短期の利用権設定をした地権者に対しては、協力金が25,000円/10aに増額される。土地改良区の賦課金（水利費）は地権者が負担するが、複数年の利用権設定がされている場合はA経営が支払っている。

飼料作物の作付に充てられた水田は、地区内の畜産経営に割り当てられる。2020年に水田を利用したのは21経営で、内訳は和牛肥育18経営、乳牛3経営である。経営規模は和牛肥育経営で飼養頭数が3～90頭、乳牛経営で14～60頭の間に分布している。合計飼養頭数は和牛622頭、乳牛124頭である。畜産経営は作業全てを実施し、堆肥投入と耕起をしてから水田を返却する。作付ける牧草の種類も委ねられるが、トウモロコシ（夏）＋イタリアンライグラス（冬）、もしくはローズグラス（夏）＋イタリアンライグラス（冬）のパターンが多い。2020年の作付面積は26.3haであり、2006年の54.0haから減少している。畜産経営者の高齢化による離農のためであり、毎年1～2経営減少しているとのことであった。A経営は地区外の畜産経営にも作付けを委託しているが、今後も減少が続くようならA経営自体が作業を行うことも視野に入れている。

飼料作物の後作は水稲が作付けられる。2014年から地区内の湿田において

――――――――――

(12)もともとブロックローテーションに協力した地権者に対して、戸別所得補償制度（経営所得安定対策）相当額を支払っていたことに由来するので、「経営所得安定対策助成」と呼ばれている。

第1部　水田利用の地域的展開

加工用米の作付が開始された。品種はみ系358である。先述した加工用米に対する政策的支援の拡充を受け、主食用米や飼料用米と10ａ当たり収入を比較し作付を決めた。県農業再生協議会及びA経営提供の資料を用いて加工用米の収入を試算した。A経営の平均単収625kg/10ａ、2020年の単価7,800円/60kg、【加工用米（夏・「二毛作」）＋飼料作（冬・基幹作）】のケースで173,260円/10ａとなる。市産地交付金18,340円/10ａを加えると、収入合計は191,600円/10ａに達する。県農業再生協議会の資料によると、主食用米の収入は2018年115,000円/10ａ、2022年103,000円/10ａである。直接対応する年のデータではないが、加工用米による収入は主食用米を大きく上回っているといえる。A経営では2014年に34.5haだった加工用米の作付面積は、2018年には63.3haに達した。同期間中の水稲作付面積の増加を上回る伸びであるため、主食用米から加工用米への転換も進んでいることが分かる。

（3）A経営の経営成果

第8表は、加工用米の作付けを開始して以降のA経営の損益の推移を示したものである。A経営では規模拡大とともに収入・支出ともに増加しているが、売上総利益・営業利益が赤字、営業外収益によって経常利益・当期純利益が黒字となる損益構造に変化はない。しかしながら、個々の費目に注目するとその構成は変化している。

A経営では2014年から2020年にかけて、労務費と労務関連経費を合計した支出が9,979万円から12,661万円へ26.9％増加した。経常的な支出の合計に占める割合（（④＋⑥）／（③＋⑤））は、32.9％から36.1％へ3.2pt上昇した。これら支出の増加は、正従業員を中心とした総労働時間の増加と労務体制の整備を行ったためである。従業員合計は同じ期間に62人から64人に微増しているが、年間労働時間が概ね2,000時間を超える正従業員数は14人から16人に増加している。また、2018年からは月給制の導入とボーナスが支給されている。基本給は20万円を下回る水準であり、年齢・能力・勤務年数を加味して算定される。上記期間とは照応しないが、データが得られた2014年から

182

第9章　南九州における水田二毛作の存立条件

第8表　A経営の損益の推移

単位：万円

		2014年	2016	2018	2020	2014-2020年 増減割合・ポイント
売上高	①	20,355	21,616	22,580	23,982	17.8%
うち加工用米	②	2,588	3,090	4,388	5,143	98.8%
売上原価	③	26,357	24,575	28,597	29,832	13.2%
うち労務費	④	8,186	8,820	9,804	9,666	18.1%
売上総利益		-6,003	-2,960	-6,017	-5,850	-2.5%
販売・一般管理費	⑤	4,001	4,273	4,998	5,232	30.8%
うち労務関連経費	⑥	1,794	2,092	2,817	2,995	67.0%
営業利益		-10,003	-7,233	-11,015	-11,082	10.8%
営業外収益	⑦	13,851	15,003	12,717	13,825	-0.2%
うち加工用米関係交付金	⑧	3,807	4,546	5,959	6,985	83.5%
経常利益		3,847	7,770	1,702	2,742	-28.7%
特別利益		3,030	4,301	3,887	3,849	27.0%
特別損失		5,856	10,683	5,344	6,160	5.2%
税引前当期利益		1,022	1,387	244	432	-57.7%
法人税・住民税等		266	377	142	102	-61.6%
当期純利益		756	1,011	102	330	-56.4%
（②＋⑧）／（①＋⑦）		18.7%	20.9%	29.3%	32.1%	13.4%
（④＋⑥）／（③＋⑤）		32.9%	37.8%	37.6%	36.1%	3.2%

資料：第6表と同じ。
注：1）労務関連経費＝給料手当＋法定福利費＋福利厚生費。
　　2）加工用米関係交付金は、2020年に【加工用米＋飼料作物】で得られる10a当り最高単価をもとに，A経営の平均単収625kg/10a、各年の加工用米生産者価格と作付面積を用いた概算である。

2018年にかけてA経営の総労働時間は、82,918時間から96,661時間へ13,743時間増加している。そのうち、正従業員によるものが10,857時間と79.0％を占めている。A経営としては、将来的な労務費と労務関連経費の増加を見据えて、パート従業員を減らして正従業員中心の体制にしたいと考えている。ただし、新卒採用者がなかなか定着しないのが悩みである。

　上記の動きはA経営の規模拡大に対応したものだけでなく、従業員の長期的な定着を図ること、また従業員を将来的な経営幹部として育成することを目的としていた。構成員の大半を占める地権者の組織に対する関心は薄れつつあり、従業員の中から経営継承者を見出すこともA経営では念頭に入れて

183

第1部　水田利用の地域的展開

いる。かつて理事は構成員から選出されていたが、近年は難しくなってきた。そこで規約の改正によって正従業員からの選出が可能とし、2022年現在で理事6名のうち4名が正従業員となっている。

　収入の中で比率を高めているのが加工用米の関係収入である。同期間において加工用米の売上高は2,588万円から5,143万円へ98.8％増加、加工用米関係交付金は3,807万円から6,985万円へ83.5％増加した。経常的な収入の合計に占める割合（（②＋⑧）／（①＋⑦））は、18.7％から32.1％まで、13.4ptも上昇した。先述の労務関係経費の増加は結果として加工用米関係の収入で賄われ、経常利益・当期純利益は黒字を保っていることになる。

4．飼料作コントラクター組織の実態

（1）飼料作コントラクター組織ACMの概要

　畜産経営の高齢化により耕畜連携が難しくなると、飼料作の作業を継続するためには外部への委託が必要になる。そこで期待されるのが、飼料作のコントラクター組織である。本節で取り上げるACMは、同じく都城市に位置する、飼料作の作業受託を中心としたコントラクター組織である。JA都城は農協合併前の1972年から農業機械銀行（農産センター）を設置して、飼料作、水稲育苗、米乾燥調製等の農作業の受託を行ってきた。2000年には、露地野菜等の収穫事業を受託していた営農支援センターと合体して農産事業センターに改称され、2001年には地域の遊休農地の解消を目的とした農業経営を行うためにJAから分社化された[13]。事業内容は農業経営（水稲、畑作、

---

(13) ACMの設立の経緯や2000年代中頃までの展開過程については、谷口・李（2006）、田代（2006）も参照。また、荒井（1996b）、p.19、によると、1990年代半ばの時点で、ACMの飼料作の作業受託面積は3,060haに達していた。本章でも検討するように、谷口らが議論を展開した2000年代中頃と2020年現在を比べると、JA出資型農業生産法人が地域農業の「最後の担い手」であることに違いは無いが、ACMの将来の方向性に対する認識はより厳しくなっているようである。

茶）、農作業受託（飼料作、水稲、露地野菜）である。JA都城が資本金1,000万円のうち96％出資をするJA出資型農業生産法人であるが、代表取締役をJAの組合長が兼任している以外は、役員の派遣は無い。

2022年の経営耕地面積は、概ね水田30ha、畑70ha、茶園150ha、作業受託面積は飼料作を中心に2,400haに達する。借地に対する支払地代は田畑ともに、30a以上まとまっていると10,000円/10a、30a未満の場合は8,000円/10aである。茶園は面積に関わらず15,000円/10aである。労働力構成は、役員5名（取締役3名、監査役2名）、正従業員57名、臨時従業員59名、外国人技能実習生12名である。外国人技能実習生は2009年から受け入れをはじめ、露地野菜の生産に従事している。飼料作を中心とした作業受託では雇用労働力の周年作業を確保することができないため、露地野菜等に複合化をすることが南九州におけるコントラクター組織の特徴であった（荒井（1996b）、pp.62-65）。しかしながら、その露地野菜部門が経営の負担となっていることは後述する通りである。

ACMの事業範囲はJA都城の管内である都城市、三股町の全域にわたる。そのため、本社以外に8ヶ所に農産センターを設置し、農業機械を配置してエリア分けをしている。主要な農業機械は、トラクター25台、田植機5台、水稲用コンバイン5台、飼料用コンバイン8台である。

2021年における収入は約12億円である。そのうち作物収入が7億円であり、お茶の販売は4.5億円と最も多い。作業受託収入は5億円に達する。部門別に収支を見ると、お茶は収支均衡、露地野菜は赤字、作業受託を含むそれ以外は黒字である。他に転作交付金が1,500万円程度あるが、作業受託が中心の経営であるため収入額に比べて必ずしも大きな値ではない。

（2）ACMの展開過程

第9表は、ACMの2012年から2021年にかけての事業規模の推移を示したものである。農業経営を示す作付面積も、また作業受託も、2019年まで増加を続けてきた。特に飼料作の作業受託面積は2,365haに達した。第2図は、

第1部　水田利用の地域的展開

第9表　ACMの事業規模の推移

単位：ha、トン、箱

	2012年	2014	2016	2018	2019	2020	2021	増減面積・量 2014-2019年	2019-2021年
作付面積合計	219.4	224.4	240.8	237.0	268.3	244.3	251.3	43.9	-17.0
水稲	22.5	27.3	29.4	32.9	29.8	28.8	26.5	2.6	-3.4
畑作物	47.5	45.8	59.3	51.3	85.7	62.8	72.1	39.9	-13.6
うちほうれん草				3.2	20.4	17.6	21.8	20.4	1.4
茶	149.4	151.3	152.2	152.7	152.7	152.7	152.7	1.4	-0.0
作業受託（農地）	2,454.6	2,330.5	2,556.1	2,595.8	2,602.5	2,438.5	2,402.0	272.0	-200.5
水稲	166.6	174.4	195.6	217.9	220.2	209.8	214.2	45.8	-6.0
露地野菜	46.3	31.8	24.3	17.0	17.0	16.7	14.1	-14.9	-2.9
飼料作	2,241.7	2,124.3	2,336.3	2,360.9	2,365.3	2,212.0	2,173.7	241.0	-191.6
作業受託（施設）									
種子乾燥	456	460	412	447	439	414	412	-20	-28
水稲育苗	489,479	393,687	408,527	389,183	404,014	408,245	403,361	10,327	-653
乾燥調製	2,321	2,286	2,574	2,461	2,384	2,470	2,776	98	392
精米	84	62	78	74	71	54	55	9	-16

資料：ACM提供の資料より作成。
注：作業受託面積は各作業を足し合わせた延べ面積。

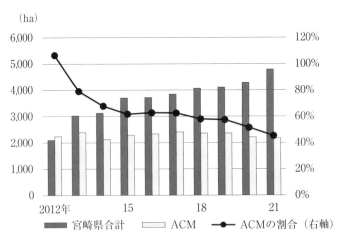

第2図　宮崎県とACMの飼料作作業受託面積の推移

資料：ACM提供の資料、及び宮崎県『宮崎の畜産2022』『宮崎の畜産2023』より作成。

第9章　南九州における水田二毛作の存立条件

宮崎県全体の飼料作作業受託面積とACMの面積の比率の推移を示したもの
である。2012年当時は県内の全ての受託面積が把握されていなかった可能性
があるため、比率が100％を超えている。そのような限界のあるデータでは
あるが、ACMの受託面積は2019年で57.4％を占めていた。近年比率は低下
傾向にはあるが、それでもACMが地域の畜産を支えているといって過言で
はない。

　飼料作の作業受託において、畑と水田の割合は概ね7：3である。畑はト
ウモロコシの播種・収穫作業受託が主力となる。作業を委託している者は、
和牛を使用している高齢畜産農家が中心である。水田での作業については、
水田の地権者と畜産農家の間で予め合意ができていて、作業のみACMに委
託されるケースが多い。収穫受託の場合は、稲WCSや飼料作物をロールに
して、ACMが畜産経営まで運搬するものと、運搬は委託者に任せるものが
ある。また、畑への退避散布や、水田への土壌改良資材投入の作業も受託し
ている。作業受託の受付はJAの支店が行い、ACMは作業のみを行う。作業
受託料金の3％が、手数料としてJAに支払われる。

　しかしながら、**第9表**からは2019年以降2021年にかけて、いずれの値も減
少に転じていることが確認できる。ACMの規模は縮小に転じたのである。
その要因として、以下の3点が挙げられる。第1に、労働力の不足である。
第10表は、2019年から2022年にかけてのACMの労働力構成の変化を示した
ものである。従業員合計は142人から128人へ14人減少した。うち、相対的に

第10表　ACMの労働力構成の変化

単位：人

	2019年	2022年	増減数	備考
合計	142	128	-14	
正従業員	61	57	-4	
登録臨時従業員	38	34	-4	季節雇用（繁忙期のみ）の従業員
嘱託従業員	3	4	1	定年後、65歳まで再雇用された従業員
年契約臨時従業員	24	17	-7	65歳〜70歳の従業員
臨時従業員		4	4	70歳以上の従業員
外国人技能実習生	16	12	-4	

資料：第9表と同じ。

第1部　水田利用の地域的展開

年齢が若い正従業員と登録臨時従業員が4人ずつ、65歳〜70歳の従業員である年契約臨時従業員が7人、外国人技能実習生が4人減少している。増加しているのは定年後再雇用の嘱託作業員、そして70歳以上の臨時従業員である。従業員数の減少とともに高齢化も進んでいる。

　ACMでは採用活動を通じた労働力確保に努めているが、その成果は芳しくない。2019年に3名、2021年に1名、2022年に1名を新卒で採用したが、必要な労働力を賄うためには不十分である。また、ハローワークで従業員を募集しても、応募があるのは高齢者ばかりとなっているのが現状である。事故の危険が高まるので採用には慎重な姿勢をとっているが、労働力不足のため採用せざるを得ない。なお、従業員の減少が人件費支払の減少をもたらしているため、経営全体として赤字を回避できている状況である。

　第2に、ACMが引き受ける農地の条件が、賃貸借・作業受託ともに悪いことである。先述のようにACMでは8ヶ所の農産センターを設置してエリア分けをしているが、それでも引き受ける農地の分散は避けられず、農産センターから片道40分、トラクターで移動すると1時間30分かかる農地も存在する。また、JA組合員に対してサービスを提供するJA出資型農業生産法人という性格から、圃場整備されていない農地を引き受ける場合が多い。優良農地は地域の農業者同士で貸し借りされ、引き受け手がなかった農地がACMに回されてくる。遠方では近隣の3〜4名の委託者が自主的に農地を集約する場合もあるが、稀なケースである。そのため、近年は賃貸借を中心に、農業機械が進入できない農地は契約満了をもって返却を進めている。

　第3に、露地野菜の収益性の悪さである。露地野菜は生産物の単価が低い割には労働力を多く雇用する必要がある。そのため部門としては赤字になっており、他部門と比べて優先的に縮小を進めている。近年はほうれん草の作付面積が増加しているが、収穫が機械化されているために労働力を確保する必要が無く、またJAの子会社である加工会社に出荷して販路が確保されているからである。

（3）水稲経営と稲わら回収

　ACMでは借り受けた水田において水稲の経営も行っている。**第11表**は、水田における作付の推移を示したものである。労働力不足を反映して作付面積合計は減少傾向で推移している。主食用米は「ヒノヒカリ」と「おてんとそだち」を作付けている。ヒノヒカリは元肥として一発肥料を散布し、単収は450 ～ 480kg/10 a である。加工用米は焼酎用であり、単収は600kg/10 a である。WCSは後作にイタリアンライグラスを作付けて二毛作とし、いずれもJA都城の子会社である和牛肥育経営に出荷している。

第 11 表　ACM における水田の作付状況

単位：ha

	2016 年	2018	2020	2022
作付面積合計	35.2	32.9	30.7	28.9
主食用米	19.5	13.6	13.2	11.1
加工用米	10.1	13.7	13.5	14.2
WCS 等	5.6	5.6	4.1	3.6

資料：第 9 表と同じ。
注：「WCS 等」には、イタリアンライグラスやトウモロコシが含まれている。

　また、ACMでは水田の稲わらを収集してJAの子会社に出荷する飼料供給事業も行っている。水稲の後作として馬鈴薯を作付ける水田では、マルチの設置に稲わらが邪魔になり、その回収が要望されたためである。作業面積は最大で60haに達した年もあったが、2018年は23ha、2021年は 8 haまで減少した。稲刈後に天候不順が続く場合、稲わらを乾燥させるためには何回も反転させる必要がある。反転の回数によって料金は変わらないので、手間はかかるが収益部門にはなりにくい。

（4）今後の展望

　ACMでは、賃貸借・作業受託ともに現在の規模が限界であると認識している。労働力を確保できるのであれば現状を維持できるが、現在のように不足すれば縮小をせざるを得ないとしている。優先的に縮小する部門は露地野

菜であり、作物の構成も根菜から葉物（ほうれん草）への転換を進める。お茶も現在の面積はやや過大であり、JAの加工施設で引き受け可能な100haが適正規模であると考えている。取引先からは価格引き下げの要望もあり、このままでは赤字になってしまうという懸念もある。しかし、地権者に返却するためには果樹を抜根して畑に戻す必要があるので難しい。以上の様に、ACMは労働力が減少していく過程で、これまで進めてきた経営の複合化を整理しつつある。

5．おわりに

　本章では宮崎県を対象として、南九州における稲飼料二毛作の存立条件を検討してきた。宮崎県における水田二毛作は、近年、夏作で主食用米から稲WCSと加工用米へ転換し、冬作ではイタリアンライグラス等の飼料作物の作付が拡大している。そして二毛作の作付単元として、【稲WCS（夏・基幹作）＋飼料作物（冬・「二毛作」）】と【加工用米（夏・「二毛作」）＋飼料作物（冬・基幹作）】が広範に普及するに至った。以上の展開は、和牛繁殖・肥育を中心とした畜産の飼料需要、及び焼酎産業によるMA米の置換需要を背景としつつ、非主食用稲による転作への助成の重点化という政策へ対応することによってもたらされたものであった。

　集落営農組織A経営は【加工用米＋飼料作物】の作付拡大に対応して水田利用率を高めてきた。A経営では農地利用は組合長を中心として組織的に決定するため、政策の変化に迅速に対応できる。一方で、実際の耕作は飼料作物で見られるように個別の構成員・畜産経営が担当するなど、耕畜連携として分権的な仕組みとなっている。全ての耕作を組織の労働力で賄う必要が無いため、労働負荷を抑えながら二毛作を維持・拡大していくことができる。一方で、増加する交付金は、組織の規模拡大と労務体制の整備によって増加を続ける労務関連経費を賄い、経営全体の損益を黒字にしていた。

　ただし、畜産経営による飼料作の作業は、経営者の高齢化によって維持す

第9章　南九州における水田二毛作の存立条件

ることが徐々に難しくなっている。そこで飼料作作業を受託するコントラクター組織の重要性が高まってくる。飼料作コントラクター組織ACMでは、高齢化して作業が難しくなった畜産経営からの作業受託を中心に規模拡大を続け、地域の畜産を支えてきた。また作業受託だけでなく、水田と畑も借り受けて経営し、遊休農地の発生を防いできた。しかしながら、労働力の不足と農地の分散はこれ以上の規模拡大を難しくし、むしろ2019年以降は縮小しつつある。また、露地野菜も価格の低迷により収益性が悪い。地域農業と二毛作を維持するための最終的な負担が、JA出資型農業生産法人でもあるACMに集中する構造となっている。そのため、これまで進めてきた経営の複合化を整理することで対応している。

　以上の検討から明らかになった、南九州における稲飼料二毛作の存立条件を図式的に示すと、①焼酎産業による加工用米需要の高まり→②加工用米を中心とした非主食用稲による転作に対する重点的な政策的支援→③冬作の飼料作は耕畜連携として畜産経営が作業を実施→④畜産経営が飼料作の作業をすることができなくなった場合に、作業を受託するコントラクター組織の存在、ということになる。水田二毛作を維持するための核となっているのが、集落営農組織やJA出資型農業生産法人等の組織的経営である。現在の交付金体系を前提としつつ、それら経営がいかにして不足する労働力を確保できるかという点に、今後も南九州において水田二毛作を維持できるかどうかが懸かっている。

　なお本章では、宮崎県におけるもう１つの二毛作体系である、【稲WCS＋飼料作物】については詳細に検討することができなかった。その分析は他日を期し、南九州における稲飼料二毛作の全体像を明らかにしていきたい。

〔参考文献〕
・秋山邦裕（1985）『稲麦二毛作経営の構造』（日本の農業155）農政調査委員会.
・荒幡克己（2019）「国の配分廃止後の米産地の動向」『農業と経済』85（11）：6-17.
・荒井聡（1996a）「府県におけるコントラクターの機能と展開条件─宮崎県・有

第1部　水田利用の地域的展開

　　限会社A社の事例を中心に―」『1996年度　日本農業経済学会論文集』：82-85.
・ 荒井聡（1996b）『法人コントラクターによる粗飼料生産の展開条件』（東畑四郎
　　記念研究奨励事業報告21）農政調査委員会.
・ 荒砂英人（2018）「加工用米専用水稲品種「み系358」の普及に向けた取組み」
　　『日本作物学会九州支部会報』84：56-58.
・ 福留健二（2002）「宮崎県での飼料イネ生産の現況と課題」『日本草地学会九州
　　支部会報』32（1）：32-36.
・ 村上常道・山本直之・狩野秀之・甲斐重貴・西脇亜也（2011）「畜産地帯におけ
　　る集落営農による飼料作の現状と課題」『農業経営研究』49（3）：61-66.
・ 沢村東平（1953）「水田における多毛作構造の解析」『農業技術研究所報告H』7：
　　1-36.
・ 谷口信和・李侖美（2006）『JA（農協）出資農業生産法人―担い手問題への新た
　　な挑戦―』農山漁村文化協会.
・ 田代洋一（2006）『集落営農と農業生産法人―農の協同を紡ぐ―』筑波書房.
・ 恒川磯雄（2015）「稲麦WCS二毛作の経済性と事例における成立の背景」『関東
　　東海農業経営研究』105：41-47.

第 2 部

水田フル活用政策の歴史的比較

第10章

1970-80年代の水田農業政策
―生産調整政策の形成過程―

安藤光義

1. はじめに

　米の生産調整の基本的な方向を決めることになった1970年代から80年代初めにかけての水田農業政策の展開過程の整理を行うことが本稿の課題である。歴史の後知恵ではあるが、「食管制度の堅持」の下で進められた米の生産調整は、本当に正しい選択であったのだろうか。ここでは、そうした方向に進むことになった理由を、当時の時代背景を踏まえながら、政策文書等を引用して示すことを通じて考えたい。実際には水田利用再編対策で政策の軌道が固まった後[1]は、財政の制約のため生産調整面積は増加しても予算は増えず、転作奨励金単価と受給要件の細かい改変が繰り返されることになったことは周知の通りである。そして、これを補う形で生産調整に実効性を与えたのが集落の活用であった。これが「地域農政」の下で推進された「農地の自主的管理」と共振し、1980年代には集落（むら）重視の農政が一つの潮流を形成することになったのである。

　最初に本稿の内容を簡単に示すと次のようになる。米の生産調整政策、すなわち、水田農業政策はある方向を目指して一直線には進むことはできなかった。その背景には、世界食料危機と第１次石油危機の下での食料安全保障が国策として浮上したため生産調整は緩和され、また、冷害が頻発するこ

（1）例えば、田代（1993）は「生産調整政策のわが国における典型は水田利用再編対策だったといえる」（217頁）としている。

195

第2部　水田フル活用政策の歴史的比較

とでアクセルを踏み切れない一方で、豊作年もあるなど、偶然を含む不安定な政策環境の下で難しい舵取りが迫られたことがある。だが、結局のところ、生産調整の狙いは財政支出の削減にあり、予算の制約から、価格（生産者米価）引下げ・生産調整協力者限定の直接支払い（補償支払い）という選択肢、自給率向上のために必要な麦、大豆、飼料作物（特に飼料用穀物）への水田利用の抜本的な転換、あるいは過剰米の加工用米・飼料用米・輸出用米への転換といった選択肢も残念ながら実現することはなかったのである。

2．振り返ってみれば―日本版マクシャリー改革の可能性は―

　米の生産調整については、現在のような方法で本当によかったのか、別の方法があったのではないかということが、これまで繰り返し問われてきた。元農林事務次官の小倉武一氏は次のように発言している（下線は引用者による）。

　　小倉武一「考え方の根本において、出だしが間違っていたという意見も成り立つんですよ。米の減反は。…だから値段を下げた方がいいというのはちょうど成り立つんですよ。私なんか転作の始まるころに、値段を下げろよと。OECDの資料になんか、どういう減産をすべきかという中に、やっぱり値段を下げると書いてあった。米も値段を下げれば、米の悪いものは餌になったりなんかするでしょう。煎餅にするのに外米を買う必要もない、というぐらいにせめてなるはずなんだ。それから米をいろいろな援助に使うんだって、そんなに損をしなくてもいいんだ。外米を買って援助したらいいという話にならん程度に下げて、そしたら5年間、そういう方向をとる。だんだんと、初めは、…15,000円の米を12,000円にする。もっと減らなきゃ、1万円にするとか。その差額だけは5年間保障（ママ）すると。何もつくらんでも、実績に応じて保障（ママ）してあげますと。そういう政策をとるべきだという意見があり

第 10 章　1970-80 年代の水田農業政策

得たわけだけれども、日本ではそういうことが全然主張されなかったん
だな。」

山口一門「片方で米価を維持しなきゃならんという…。」

小倉武一「いや、米価政策は間違っていたのではないか？」

堀越久甫「所得保障（ママ）でカバーしてね。」

小倉武一「その方が経済合理的だな。それを据え置きにしちゃってね。
……」

（「座談会・日本の農業を考える」『昭和59年度朝日農業賞・受賞団体の
業績』（1985）144-145頁）

　生産調整による需給調整を通じた米価維持は誤りであり、米価は引き下げ
るべきであった。加工用米、飼料用米など食用米以外のマーケットを拡大し、
生産者の所得減収分は直接支払いで補償するという政策提案である。支持価
格の引き下げとその分の所得の減少を補うための補償支払いというマクシャ
リー改革が実施される 8 年前の発言である。振り返ってみれば、この頃から
「最初から間違っていたのではないか」ということが言われていたのである。

3．生産調整開始に際して―複数の可能性が検討された―

　それでは生産調整開始に際して政府ではどのような議論が行われていたの
かからみていくことにしよう。実際、農政審議会にかかる前の段階から詳細
な検討が行われていた。既に方向性は決まっていたのかもしれないが、さま
ざまな可能性を視野に入れていたという点は評価することができるだろう。
農政審議会では 3 つの対策が比較検討されている（下線は引用者による）。

　「まず第 1 は、稲作の転換ないし休耕の奨励である。…作付転換の円滑
　な推進を図るためには、一定期間、所得の補てんないし作付転換の奨励
　措置を講じることが必要である。…非常緊急の措置として休耕による生

197

産抑制もすすめざるをえない。また、とくに水稲単作地帯などについて、ほ場整備事業の通年施行による休耕をすすめることも考えられよう。…このような生産調整措置が有効に行われるためには、…これを裏付ける生産調整のための法的措置を考える必要があろう」

「第2は、政府買入れ価格についての調整措置である。…実効のある米の生産調整を期するためには、米と畑作物との相対価格関係を是正することが必要である。…当面の異常な事態を回避するためには、政府買入れ価格を引き下げることが筋道である。しかし、米価が農業所得の形成に果たしている役割を考え、政府買入れ価格の据置きと同様の稲作農家の所得を確保するため、新しい米価水準と現行米価水準との差額を補給金として支払うことが考えられる。この場合、販売実績のあるものを対象として補給金を支払い、他の措置とあわせて、米の生産調整、稲から他作物への作付転換に資することが考えられよう」

「第3は、政府買入れ価格を据え置いて米の買入れ制限を行う方法である。このためには、米穀管理制度の改正を行なうか、あるいは臨時の特別立法を行なうことが必要となる…。いずれによるかは別として、買入れ制限は、買入れ数量の割当てを行ない、買入れ対象外に相当する米の生産抑制をねらうものである。この場合にも、買入れ制限の主旨の実効を期するには、買入れ制限とともにこれとあわせて、第1の方法をとる必要があろう」

（農政審議会答申「最近における農業の動向にかんがみ農政推進上留意すべき基本的事項についての答申」（1969年9月29日））

　最初に引用した小倉武一氏の発言の背景にはOECDの研究があるように見えるが、生産調整実施の前の時点で米価の引き下げによる所得補償に近いアイデアが審議会に提案されていた点は指摘しておきたい事実である。だが、最終的には第1の選択肢が選定されることになる。その経緯について、当時農林省官房参事官だった大河原太一郎氏は次のように発言している。

第10章　1970-80年代の水田農業政策

「農政審議会の答申で米の過剰問題がとり上げられて、これにどう対処するかということについていろいろ議論があったわけで、3つの方法が考え方として出されている。1つは、農家の協力で転作、当時はもっぱら転作ということで、耕作の転換、それに対する然るべき奨励金を出して誘導するという考え方。もう1つは、需給上必要な米の数量の価格と、そうでない価格とを仕分けをして二重米価という考え方で、価格による需給調整やるということも1つの考え方ということだということ。もう1つは、積極的な作付け制限を取込んでやる必要があるという3つの提案が考え方として出されているわけですね。論議の結果、ある意味でいうと、生産制限は日本の農政じゃ今まで本格的に経験したことがないということがあって、ある程度財政で解決できるものはそういう方式をとったらいいだろうということで、生産調整、奨励金方式というようなことがとられたわけですね」

（「討論　農産物「過剰」」『日本農業年報第19集　農産物過剰』御茶の水書房（1970）、324頁）

　「価格による需給調整」は議論されたが、受け入れられることはなく、食管堅持、生産者米価の維持は譲ることのできない一線であり、共通農業政策のマクシャリー改革のような方向が日の目を見る可能性はなかったのである。作付転換だけでは十分ではないとして、求められたのは米価維持のための水稲作付面積の削減であり、米の需要拡大であった。

4．供給削減と需要拡大のための措置

（1）なりふり構わぬ米の減産―水田潰し―

　米の減産を確実に達成するために講じられたのが水田の転用である。米の生産調整によって農地転用が推進されたというのは、相当に強引なやり方であり、優良農地の維持確保のため1969年に制定された農業振興地域の整備に

199

第 2 部　水田フル活用政策の歴史的比較

関する法律によるゾーニングと完全に逆行するものであった。このなりふり構わない水田潰しを敢行しなければならないほど、米の生産過剰に対する危機感は大きかった。

1970年 2 月の農林大臣談話は次のようになっている（下線は引用者による）。

> 「米については、生産調整が緊急の課題である。米の過剰問題を解決するため、政府としては、米生産調整目標数量を100万トン以上とし、これに見合う水田の作付転換等を実施するとともに、50万トンに見合う水田を他用途に転用することにより米の減産を期することになった。農地の転用については、私は、農業生産の基礎である農地について、その無秩序な潰廃の防止に十分留意しながらその転用の許可基準の緩和を早急に図るよう事務当局に検討させている」
> （農林大臣談話「総合農政の推進を期する」（1970年 2 月 4 日））

米50万トンに見合う水田を他用途に転用する必要があり、農地の転用許可基準を緩和するという発言である。その 2 週間後には農林事務次官から地方農政局長、都道府県知事に次のような文書が出されることになる。

> 「…昭和47年 3 月31日までに申請のあった水田の転用（転用候補地内の農地の大部分が水田である場合における当該転用候補地内にある畑の転用を含む）に許可についてはこれ（「水田転用についての農地転用許可に関する暫定基準」―引用者）によることとされた」
> （「水田転用についての農地転用許可に関する暫定基準の制定について」（1970年 2 月19日45農地B第465号）（農林事務次官から各地方農政局長・各都道府県知事あて））

そして、第 1 種農地のような優良農地であっても転用が認められることになる。国道沿いであれば100メートルまでであれば転用が可能という、現在

のロードサイド店だらけの状態を農村にもたらす始まりは生産調整だったのである。以下は同じ文書による（下線は引用者による）。

「一般国道または都道府県道に接続して、ガソリンスタンド、ドライブイン、自動車修理工場等の沿道サーヴィス施設を建設する場合であって、その使用する農地が当該一般国道または都道府県道の両側おおむね100メートルの範囲内にある場合」
「重要産業または倉庫、荷さばき場等の流通業務の施設を建設する場合であって、当該施設が一般国道または都道府県道に接続して建設され、その使用する農地が主として当該一般国道または都道府県道の両側おおむね100メートルの範囲内にある場合」
「農村集落において宅地の集団に近接して住宅等を建設する場合」

であれば転用が許可されることになった。

（2）米の需要拡大策─学校給食・加工用・輸出用・工業用・飼料用─

水田潰しという供給削減のための措置に加えて需要拡大のための措置も講じられた。それが米飯給食であり、加工原料米への国産米の活用であり、米の輸出であり、過剰米の工業用、飼料用での利用である。これは「総合農政の推進について」で記されることになった。

「（イ）米飯による学校給食を、希望する学校において実施するほか、実験校において合理的な米利用の検討をすすめる。（ウ）加工原材料用には、従来、主に安い輸入米を当てていたが、今後は内地米を当てることとするとともに、その需要の拡大を図る。（エ）海外への影響に配慮しつつ、米の輸出の円滑化を図る。（オ）以上の措置等によっても処理し得ない過剰米については、工業用、飼料用など特別処理を図る」
（「総合農政の推進について」（1970年2月20日））

201

第2部　水田フル活用政策の歴史的比較

5．生産調整開始後の足取り―1971 ～ 1975年―

（1）　想定外の事態によって揺さぶられる生産調整―作況変動と世界食料危機―

　以下では生産調整開始後の足取りを、戸田（1986）を参考にしながら年表史的な形で整理を行うが、最初の5年間は想定外のさまざまな要因によって揺さぶられ続けた。

　1971年から稲作転換対策が5カ年計画の予定で始まった。同対策は転作奨励金の交付による稲作転換と予約限度数量の設定による買入制限とのセットで米の生産調整を進めるものであった。農業者の強い危機感の下、「食管制度を守るため」という農業団体のスローガンに後押しされる形で推進されることになる。

　1971年度の過剰数量は230万トンであり、55万haの転作が必要であった。これは1970年度の野菜作付面積68万ha、果樹栽培面積42万haの合計110万haの半分に匹敵する規模であった。最も期待されたのは、需給上の問題の少ない飼料作物への作付転換だったが、容易には進まないことが予想された。その結果、水稲以外の作物の作付けが難しい湿田を中心に「休耕」が実施されることになったのである。作付転換と休耕で目標の半分ずつを達成するため、転作奨励金と休耕奨励金が交付された。

　だが、稲作転換対策が開始された1971年は冷害に見舞われ、国内の米生産量は1,100万トンを割り込み、生産量は消費量を下回り、目算が狂うことになる。「増収を狙って、倒伏ぎりぎりまで与えられた窒素肥料が、冷害の1971年には、倒伏はおろか、全く逆に作用して、"稔らない軽い穂"を創り出してしまったのである」（山崎（1972）118頁）とあるように、少しでも多くの米をとるため窒素肥料多投を原因とする遅延型冷害であった。この冷害は1980年代まで散発的に発生し、後には良食味米志向の高まりでタンパク質含有量削減というドライブが加わり[2]、単収増加にブレーキとして働くことになる。多収によるコストダウン[3]と主食用米以外の用途の拡大という

202

第10章　1970-80年代の水田農業政策

方向には向かわなくなったのである。

　そして、1972年に異常気象が世界を襲うとともに、アンチョビーの不漁によって大豆粕需要が高まることになった。同年7月にはソ連による穀物の大量買付けがあり、穀物価格が高騰して世界食料危機が発生し、翌1973年6月にはアメリカ合衆国が大豆の輸出禁止措置という方針を表明する。さらに1973年10月に中東戦争が勃発し、産油国の原油供給制限と価格引上げによる第1次石油危機で日本の経常収支は赤字に転落し、エネルギーも食料も買うことができないという「国難」に見舞われることになった。その結果、「農業見直し」論が台頭し、生産調整は緩和され、休耕による減産分は削減されることになる。しかし、皮肉なことに1975年産米は大豊作となり、1976年10月末の古米持越量は270万トンと200万トンを超えてしまう。このように生産調整を巡る政策環境は大きな変動が続いたのである。

（2）食料安全保障対応のための政策転換―麦・大豆・飼料作物への作付転換―

　世界食料危機、第1次石油危機という状況の下で食料安全保障が重要課題として位置づけられ、米の生産調整は水田を減らす「減反」から、自給率の

(2)1969年に政府買入れによる保管費用負担の削減による食管赤字対策のため自主流通米制度が導入された。「うまい米」を求める消費者のニーズに応えるためというのが表向きの説明だが、実際は「国会答弁で、食糧庁長官は、「消費者の好みに応じた米を供給するために、自主流通米を考えた」といっている。配給米で古米を食べさせられることにアレルギーをおこした消費者に対して消費者の好み、すなわち、うまい米は自主流通米で、配給米はまずいというムードづくりは、かくして成功した」（宮崎（1970）145頁）というものであった。また、五味（1971）も「財政面では、この米価の抑制によって赤字の累増をおさえながら、他面では政府管理をはなれてバイパス流通になった自主流通米を育成し、それをとおして赤字のなしくずしをはかるというのは想定されるすじ道であった」（151頁）と指摘している。

(3)生産調整開始当時の水稲生産力の到達点は「短稈穂数型品種の普及と奨励、一連の集約技術の開発、全県的な米づくり運動の展開と独自の集団統一栽培の普及により、1965～1966年に540kg/10aを実現」（宮島（1970）117頁）した新佐賀段階であったが、良食味米志向の高まりもあり、多収技術には向かわなくなっていく。

203

第2部　水田フル活用政策の歴史的比較

低い麦、大豆、飼料作物への「転作」を重視する方向に向かうことになった。1975年に農政審議会が出した「食糧問題の展望と食糧政策の方向」、「農産物の需要と生産の長期見通し」と農林省が策定した「総合食糧政策の展開」がそれにあたる。ただし、現在も自給率低下の最大の要因となっている畜産の飼料、特に飼料穀物についての国内生産の増加は現実的ではないとして最初から諦めていた点は指摘しておかなければならない。「農業見直し」、「自給率向上」といっても大きな制約が課せられていたのである。

　「国民食糧の安定供給を確保するためには、長期的視点に立って、限られた土地資源を高度に利用し可能なものは極力国内生産によって賄いうる条件を整備することを基本にして、国内生産体制の整備を進めるとともに、今後とも輸入に依存せざるを得ないものについては、その安定的輸入の確保を図る等総合的食糧政策の展開を図るべきである」としており、特に「中小家畜の生産に必要な飼料穀物、とくにとうもろこし、こうりゃんは、…その需要量が巨大であることから、需要の大部分は、やはり輸入に依存せざるを得ないものと考えられる」（1975年4月農政審議会「食糧問題の展望と食糧政策の方向」）としていたのである。ここから分かるように飼料穀物については輸入依存を前提としており、この危機を奇貨として農地利用の抜本的な再編に踏み込むことはなく、あくまで水田を前提とした限定的な作付転換の枠内にとどまったのである。

　また、「…我が国でも、米を中心に野菜、魚類を組合せた従来の食生活に畜産物と果物を加えた新しいパターンが形成されつつある。今後の食生活については、我が国の風土と日本人に生理や文明の視点、今後の世界的な食糧需給の動向、我が国の厳しい資源の制約等を考慮し、健康保持上望ましい水準も考慮して日本人の食生活の将来のイメージ作りを行い、この上に立って政策の展開を図るべき段階にきているものと思われる」（1975年4月農政審議会「食糧問題の展望と食糧政策の方向」）とあるように「日本型食生活」にあたる考え方が提起された。この狙いは米の消費拡大、後には消費減少の歯止めにあり、米の生産調整政策の一環として捉えることができるかもしれ

ない。

　政策の方向性は以上の通りだが、農政審議会「農産物の需要と生産の長期見通し」（1975年4月）は具体的な生産目標数量を「麦の生産は日本麺用小麦等の6割、精麦用100％、ビール用5割を目標とし、飼料用麦30万tを見込む」、「食用大豆は需要に対して約6割（43万t）の生産を目標とする」とした一方、「飼料用穀物については国内での増産は困難で、輸入に依存する。このため穀物輸入量は、60年度には2,300万t、大豆を加えると2,800万tになる」としていた。繰り返しとなるが、飼料用穀物は輸入依存が前提なのである。農林省「総合食糧政策の展開」（1975年8月）に掲げられている項目も「麦の増産対策」「粗飼料生産対策」「中核農家の所得確保、作目間の相対価格関係の調整という観点にたった総合的価格政策」「輸入安定化と備蓄対策」となっており、飼料用穀物ではなく粗飼料である点、輸入安定化が重視されている点を確認することができる。

　米は自給を堅持する一方、飼料用穀物は輸入依存を継続、生産調整水田で麦、大豆、粗飼料作物の生産を拡大するという方向がここで確定することになったのである。

　そして、米の生産調整とは別系統の政策である農地政策の改正が同時並行的に行われ、農村の現場ではこれが生産調整の集団的農地利用調整と合流し、地域農政として結実することになる。具体的には1975年の農業振興地域の整備に関する法律の改正によって農用地利用増進事業がスタートし、集落レベルでの「農地の自主的管理」が推進され、1980年の農用地利用増進法の制定によって集落を農用地利用改善団体として制度化する道が開かれることになったのである。

6．生産調整政策の確立―水田利用再編対策―

　米の生産調整政策は1978年から3期9年続く水田利用再編対策によって確立したとすることができる。ここでは同対策の成立とその後の歩みを年表史

第 2 部　水田フル活用政策の歴史的比較

的な形で整理を行う。

　1976年から始まった水田総合利用対策は、政府の持ち越し在庫量を引き上げたため90万トン（21万 5 千ha）の生産調整を行うことになっていたが 2 年で打ち切られ、1978年から水田利用再編対策に移行する。だが、その間に大きな変化があった。1977年12月の農林省省議「農産物の総合的な自給力の強化と米需給強化対策について」である。これによって転作目標未達成分は次年度の転作配分面積と予約限度数量に反映されることになり、生産調整の強制力が強化された。そして、1978年 1 月に「農産物の総合的な自給力の強化と米需給強化対策について」が閣議了解され、1978年から水田利用再編対策が始まった。

　同対策のポイントは集落での話合いによる「地域ぐるみの計画的転作」にある。それを端的に示しているのが、構造改善局長・畜産局長・食品流通局長・農産園芸局長通達「水田利用再編対策の運用について」（1978年 5 月12日）である（下線は引用者による）。

　　「…今後、転作を安定的に推進していくためには、排水や機械の導入等の条件を勘案して転作田を集団化し、転作の定着性の向上を図ることが不可欠であるが、その実現のためには個別農家ごとの対応では限界があり、転作を地域全体の問題として受け止めて農家間の話合いを積み重ね、<u>地域農家の総意によって計画的な転作を実施していく態勢が不可欠</u>である。このような観点から、本対策においては、<u>集落ごとに水田利用再編計画を策定</u>し、これに沿って地域ぐるみで計画的に転作を推進する「地域ぐるみの計画的転作」が積極的に推進されるよう特に指導を強化するものである。

　　　…今後、長期にわたる転作の安定のためには、<u>集落段階の農家の総意の積上げに基づき、地域農業のあり方を展望しつつ、転作田を集団化して計画的な転作の推進を図ること</u>が不可欠だと考えられる。奨励補助金の面での<u>計画加算の制度</u>は、このような転作を促進する観点から導入し

第 10 章　1970-80 年代の水田農業政策

たものであるので、この制度を活用しつつ、集落懇談会の開催等、地域
における推進体制の強化を図るとともに、長期的な視点に立って排水等
の条件を考慮した田畑輪換の導入や転作田の団地化が図られるよう特に
配慮するものとする」

　この文書から分かるように、個々の農家が銘々に転作を行うのではなく、
集落単位で転作田を集団化して団地化するとともに、田畑輪換という水田の
高度利用の実現を目指すものであった。ある意味、水田農業の生産力の発展
を方向付ける政策であった。

　1978年から1980年までの第1期対策では、麦類、大豆、飼料作物が特定作
物として優遇され、10 a 当たり55,000円の転作奨励金に加えて集落での話合
いに基づく計画的な転作の実施に対して計画加算金が交付された。「地域ぐ
るみの計画的転作」の推進が目指されたのである。また、自分で転作するこ
とができない農家は転作水田を農協に預託することができる水田預託制度も
設けられた。

　しかしながら、水田利用再編対策は「転作奨励金＞小作料」という状況を
もたらし、転作受委託（耕作者は麦や大豆などの転作を無料で請け負う代わ
りに奨励金は地主の取り分となる）が拡大すると、1975年から始まった農用
地利用増進事業の実績拡大に対するマイナスの影響が懸念されることにな
る[4]。転作受委託ではなく利用権設定によって転作水田が中核農家に集積
された地域では水田高度利用が定着したが、そうなるかどうかは地域の置か

（4）農林水産省農産園芸局（1978）は「管理転作の場合、貸し手である預託者に
　　奨励補助金（管理転作奨励補助金）が交付されるため、奨励補助金の額の水
　　準との関連で、一部においては、農用地利用増進事業の推進を困難視する向
　　きもありますが」（122頁）、「農用地利用増進事業を活用した転作を推進する
　　見地から、転作奨励補助金についても、農用地利用増進事業に移行する場合
　　には、管理転作の場合と異なって、自己転作と同じ扱いとなって転作者に交
　　付されることとされています。…全体としての奨励補助金の額ははるかに有
　　利になります」（123頁）と記しており、この問題を認識していた。

第2部　水田フル活用政策の歴史的比較

れた状況（農外労働市場の展開状況、単収水準、良食味米地帯か否かなど）
にかかっていた[5]。

　結局、1979年まで豊作が続き、1980年10月末には在庫は670万トンまで積
み上がってしまう。作況をコントロールすることはできないのであり、単年
度需給均衡を常に達成し続けるのは極めて困難なのである。

　こうした事態に対して、1981年から1983年までの第2期対策では生産調整
面積が295万トンに引き上げられたが、今度は逆に1980年産米から4年連続
して平年収量を下回る年が続き、古米在庫が急減して加工原材料用米の供給
が不足することになってしまう。

　1984年から1986年までの第3期対策では、他用途利用米制度が導入され、
生産調整290万トンのうち27万トンがそれに当てられた。作況という点では、
それまでとは一転して1984年から1987年まで豊作が続くことになる。

　そして、1987年から水田利用再編対策に代わって水田農業確立対策が実施
されることになる。水田農業確立対策実施要領に「確立計画のうち本対策推
進上の地区は、農事実行組合等といった形でのまとまりを持つ集落（以下、
単に「集落」という。）を単位として定めるものとし、これを細分した区域
を定めることはできないものとする」と記されているように、生産調整の実
効性を高めるため集落の活用が一層重視されることになり、生産調整は次第
に閉塞感を強めていったのである。

（5）例えば、転作のブロックローテーションの定着から担い手への農地集積が進み、
　　これが大規模経営の展開に繋がった地域もあれば、二毛作地帯では夏期休閑
　　（冬期に麦が作付けられるが、夏期に主食用米が作付けられないような事態）
　　が発生するような地域が生じる一方、良食味米地帯では「転作奨励金＋品代
　　＜主食用米収入」となるため転作は進まないなど地域によって政策がもたら
　　した帰結は大きく異なった。

第 10 章　1970-80 年代の水田農業政策

7．おわりに―他の可能性はなかった―

　現在、「水田の畑地化」が政策課題となっているが、不可逆的な稲作から
の作付転換として畑地化を通じた園芸作という方向が考えられる。その可能
性については当時も検討されていたが、その一方、野菜作の拡大に対しては
生産過剰と価格暴落が懸念されていた。1978年２月８日に農産園芸局長・食
品流通局長通達「水田利用再編における野菜への転作の推進について」が出
され、野菜作への転換にブレーキがかけられた。その後もこの通達は食品流
通局長から、1980年１月31日に「昭和55年度における転作を含む野菜作付け
に関する指導について」、1981年４月17日と1984年４月28日に「転作を含む
野菜作付けに関する指導について」と繰り返し出されており、そうした方向
に農地利用を転換するアクセルは踏まれなかったのである。

　また、「１」で紹介した日本版マクシャリー改革という方向への政策転換
は、その後も選択肢の１つとして引き出しに残されていたが、食管赤字に対
する風当たりが一層強くなっている状況の下で採用されることはなく、生産
調整の軌道が変わることはなかった。

　　「稲作の担い手を育成するため、生産者米価水準を大幅に引下げ、（一定
　　規模以上の担い手に対して）その差額に過去の販売実績を乗じた額を基
　　準として一定期間、漸減的に所得補償（又は不足払い）を行う」との意
　　見があるが、政策効果、財政負担等からみて現実性があると考えるかど
　　うか」（1987年９月「米需給均衡化及び米管理の将来方向について―部
　　内検討のための長官メモ」、後藤（2006）235頁）

　当時の食糧庁長官であった後藤康夫氏のメモだが（下線は引用者による）、
米価引き下げによる減収分の補償支払いを行うという内容であり、CAPの
直接支払いに繋がるような内容を含んでいる点が注目される。しかしながら、

209

第2部　水田フル活用政策の歴史的比較

ここに記されているように財政の制約が大きく立ちはだかり、引き出しから出されて日の目を見ることはなかったのである。

　最後になるが、飼料作物の増産、特に近年、生産量を大きく伸ばした飼料用米の増産という選択肢はどうであっただろうか。結論から言えば、1961年の農業基本法制定前から飼料輸入依存体制が確立しているなかでは、取り得る選択肢ではなかった。年表史的に整理をすれば次のようになる。1955年にガットに加入した後、農業基本法制定前の1959年には飼料用とうもろこしの輸入は既に自由化され、1960年の貿易為替自由化計画大綱の翌1961年には大豆なたね交付金暫定法が制定され、大豆生産は大幅に縮小し、なたねは壊滅状態となる[6]。そして、1964年にはグレーンソルガムの輸入が自由化され、飼料穀物の全面的な輸入依存が確定することになる。日本の農政にとって飼料用穀物は肥料や農薬等と同様に生産資材として捉えられていたのである[7]。また、日本の飼料用穀物や麦はアメリカのためのマーケットであり、それが農政を制約していたという事情もあった[8]。さらに国内でも飼料用米は価格差が大きく、財政的にも難しいと判断されていた。元農林水産事務次官の中野和仁氏の発言を記して本稿を終わりとすることにしたい。

（6）大豆輸入自由化について浅井（2015）は「農産物の中で、まっさきに大豆が自由化された理由は、第1に、アメリカにとって日本市場は年間100万トンを輸出する大市場であり、対米対策の点で効果が大きかったこと、第2に、日本農業における大豆生産の比重は低く、国内の抵抗が小さいと予想されたことにあった。当時年間40万～50万トンの国内の大豆生産のうち約20万トンは自家消費に向けられ、市場に出回るのは20万～30万トンにすぎなかった」（258頁）としている。

（7）仮にもし、飼料用穀物について食管制度の麦のような国家管理貿易が適用されていたとすれば、安価な飼料を輸入して国内で高く販売し、その差益を国内飼料生産振興に充てることができたかもしれないが、そうはならなかったのである。

第 10 章　1970-80 年代の水田農業政策

「飼料米をつくるにしても、農林水産省の技術会議の話をききますと、飼料用に品種改良をしていまの収量の５割増に一般的な水準をもっていくのに15年かかるといいます。それでは急の間に合わない（ママ）。それから、そこまでもっていくのがもっと早くなったとしても、いま外国とのエサはトン３万円ぐらいでしょう。国内の飼料米をその程度でやれるかというと、コストが合わずおそらくそれでつくる農家はないと思います。そうすると３万円の何倍かを、転作でやるなら転作奨励金でカバーするなり、相当な助成をしないととてもできないことになります。麦をもっと増産してエサに回すことについても同じですね。

―問題は価格差？

ええ、価格問題だと思います。もう１つは、色でもつけないかぎりヤミに流れていくかもわからないですから、食糧用のコメなり麦の流通として秩序が保てなくなるという意見もありますけれども、それはいろいろやり方があるでしょうし、基本的には価格が違いすぎるということだと思います」（中野和仁氏の発言「対談―今後の食管制度の方向―」『日本農業年報第28集　食管』（1980）231頁）

（8）対米従属体制が農政の前提だったということである。「で、いちばん恐れているのは、おそらく飼料用穀物です。飼料用穀物を日本は買わなくなるのじゃないか。買わなくなれば、逆に、「おれのほうは肉を売るぞ」という、この問題がカゲにはあったと思う。……それから、一昨年の11月に、「水田利用再編対策」を農林省が省議決定した直後に、アメリカ大使館の農務官が、農林省の農産園芸局を非公式に尋ねてきて、「どれほどの麦と飼料を増産するのか」ということを聞いていっているわけですね。これは、実際には輸入にどれだけ影響するのかということを、彼らなりに計算していたのだろうと思うのです。日本の回答は「輸入が削減できるほど、急に増産できるものではない」という形になっているわけですが、本命はここにあるのじゃないだろうかという感じですね」（林信彰氏の発言「座談会　不況・外圧・減反」『日本農業年報第27集　日本農政の転換』御茶の水書房（1979）302-303頁）。

第 2 部　水田フル活用政策の歴史的比較

〔引用・参考文献〕

・浅井良夫『IMF 8 条国移行―貿易・為替自由化の政治経済史』日本経済評論社
　（2015）.
・後藤康夫『現代農政の証言―書いたこと話したこと』農林統計協会（2006）.
・五味健吉「農基法の帰結」『日本農業年報第20集　農基法十年』御茶の水書房
　（1971）、138-168.
・近藤康男編集代表・阪本楠彦編集担当『日本農業年報第27集　日本農政の転換』
　御茶の水書房（1979）.
・近藤康男編集代表・石渡貞夫編集担当『日本農業年報第28集　食管』御茶の水
　書房（1980）.
・田代洋一『農地政策と地域』日本経済評論社（1993）.
・戸田博愛『現代日本の農業政策』農林統計協会（1986）.
・農林水産省農産園芸局『水田利用再編対策の手引き』創造書房（1978）.
・宮崎礼子「米と消費者の生活」『日本農業年報第19集　農産物過剰』御茶の水書
　房（1970）、144-166.
・宮島昭二郎「九州における米の生産調整」『日本農業年報第19集　農産物過剰』
　御茶の水書房（1970）、108-122.
・山崎耕宇「1971年の凶作」『日本農業年報第21集　三重苦の農村』御茶の水書房
　（1972）、105-133.

212

第11章

米生産調整政策の展開と労働力流動化政策

友田滋夫

1．1961年農業基本法の労働力政策と国民所得倍増計画

　農外労働市場における労働力需給の状況と農業政策は極めて密接な関係性を持っている（持っていた）ということは、多くの論者が認めるところであろう。

　少なくとも、1961年農業基本法に基づく構造政策の展開による農家労働力の流出と、高度経済成長期の旺盛な労働力需要が対になっていたことは言うまでもない。

　農業基本法は高度経済成長期のさなかに成立したものであるから、その成立前にはすでに「農村労働力の洪水的流出」が起こっており、そのもとで「兼業化を拡げつつある零細農的農業を構造改善政策によって改革しよう」とした点に農業基本法の「最大の特徴」があるとはいえ、それが「自立農家（上層）と非自立農家（下層）との階層分化を想定し、この分化・分解の政策的促進が含意されていた」（大島（1982）p.6-7）以上、それはさらなる労働力の流出を意図したものであった。

　農業基本法第20条は、労働力流出に備えた対策として位置付けることができるが、その条文「国は、家族農業経営に係る家計の安定に資するとともに農業従事者及びその家族がその希望及び能力に従つて適当な職業に就くことができるようにするため、教育、職業訓練及び職業紹介の事業の充実、農村地方における工業等の振興、社会保障の拡充等必要な施策を講ずるものとする」について、大島は労働力流出対策が「極めてあっさりと示されたにとど

213

第2部　水田フル活用政策の歴史的比較

まる」（大島（1982）p.8））と評している。しかし「極めてあっさり」して
いるのは、農業基本法の所管官庁である農林省が他府省の所管分野にズカズ
カと入り込むことをためらったからであろう。農業政策の範囲内では「労働
生産性向上のための諸措置（生産基盤の整備と開発・農業技術の高度化・資
本装備の増大と生産調整等）の中に」「労働力流動化を促す対策の主軸」が
「用意されていた」（大島（1982）p.8））のであって、農業政策としてはそれ
で充分であった。「基本法農政が構想・立案された当時」は「労働力流動化
対策の必要性はそれほど深刻に認識されるにいたらなかった」（大島（1982）
p.8））というよりも、労働力流動化対策は経済政策、労働力政策としてすで
にそれなりに位置づけられていたから、農業政策としては労働力を流出させ
ることだけ考えればよかったのであろう。

　というのも、1960年12月に閣議決定された国民所得倍増計画後の諸政策は、
国民所得倍増計画を実現するための政策と言ってよいからである。1957年の
新長期経済計画等、従来の経済計画が「産業や貿易などの物的側面を中心に
した産業計画的色彩をもっていた」のに対して、国民所得倍増計画（目標年
次は1970年度）では「より広く社会資本とか教育とか社会保障といったよう
な社会的側面も重視することとした」（経済企画庁（1960）p.7-8）とされて
いる。つまり、国民所得倍増計画は経済政策（農業政策、工業政策）のみな
らず、教育政策、社会保障政策なども含めて具体的施策を位置付けようとし
ていた。

　国民所得倍増計画の「窮極の目的」は「国民生活水準の顕著な向上と完全
雇用の達成に向かっての前進」（経済企画庁（1960）p.10）とされているが、
そのための中心的課題の一つとして「二重構造の緩和と社会的安定の確保」
が挙げられている。その内容は「経済成長にともなう構造変化に即応するよ
うに人口の流動性を高め、産業間の労働力移動を推進するという課題を果さ
なければ、成長にともなって雇用の機会が生ずるにもかかわらず、失業や不
完全就業が残る」（経済企画庁（1960）p.14）ということである。また、国
民所得倍増計画は1960年11月の経済審議会答申を閣議決定したものであるが、

214

第 11 章　米生産調整政策の展開と労働力流動化政策

「この答申書における公共投資計画の最大の特徴は、太平洋ベルト地帯構想
を掲げ大都市圏への公共投資の重点的配分を強く政府に要請したこと」（藤
井（2003）p.54）であった。

　つまり、国民所得倍増計画は「産業間労働力移動を推進」し、太平洋ベル
ト地帯への産業集積＝労働力集積を進めること、すなわち労働力流動化を極
めて重視する政策なのであって、これに応じて農業の側が労働力を押し出す
ような仕組みを作らなければならないのであり、これが農業基本法の一つの
大きな役割ということになる。その具体的なありようとして、国民所得倍増
計画は、「35年度から目標年次までの11年間における非1次産業雇用者の規
模は1,079万人の増加となり、これに交替補充分を加えると1,969万人の需要
増」であるが、これに対する「学校卒業者の労働力供給は1,703万人」なので、
「差引266万人は第1次産業からの移動（243万人）と非1次産業の個人業主、
家族従業者からの転用（23万人）によって満たされなければならない」（経
済企画庁（1960）p.22-24）と述べている。以上のような国民所得倍増計画の
労働力流動化要請に「第1次産業」は応えなければならないのである。

　このように、農業基本法第20条に掲げられた「教育、職業訓練及び職業紹
介の事業の充実、農村地方における工業等の振興、社会保障の拡充」は国民
所得倍増計画を推進するために、いわば国民所得倍増計画の「部品」として
どのような政策がありうるかについて、農政に少しでも接続するものを、所
管が農林省ではないであろうものも含めて幅広く示したものである。さらに
言えば農業基本法自体も同様に国民所得倍増計画の「完成部品」なのである
から、農業基本法の中で「教育、職業訓練及び職業紹介の事業の充実、農村
地方における工業等の振興、社会保障の拡充」の具体的内容について言及す
る必要はなかったのである。

　前述のように1960年11月の経済審議会答申は大都市圏への集中投資をして
効率的な投資効果を得ようとするものであったが、こうした方針に対して
「自民党内の均衡発展派が反撃に出た」結果、「『国民所得倍増計画』の閣議
決定は難航し、予定よりも1カ月遅れ」たうえに、「閣議で決定された倍増

215

第2部　水田フル活用政策の歴史的比較

計画は、経済審議会の答申に基づく『本文』に、さらに『別紙』が加えられ冒頭に掲げられる」こととなり、この「『別紙』では、計画の目的について『農業と非農業、大企業と中小企業間、地域相互間、ならびに所得階層間に存在する生活上および所得上の格差の是正につとめ、もつて国民経済と国民生活の均衡ある発展を期』すこととともに、以後の経済運営にあたってこの『別紙』が政府の指針となることが明記された」（藤井（2003）p.55）。

　このような性格を持つ「別紙」として発表された「国民所得倍増計画の構想」において、「計画実施上とくに留意すべき諸点とその対策の方向」として、「農業近代化の推進」「中小企業の近代化」「後進地域の開発促進」「産業の適正配置の推進」等、5項目が挙げられ、「農業近代化の推進」としては「農業基本法を制定して農業の近代化を推進する」こと、「後進地域の開発促進」としては「国土総合開発計画を策定」することが挙げられている。このように、「別紙」において、国民所得倍増計画「本文」と比べれば「格差の是正」に配慮する内容を含みつつも、農業基本法や国土総合開発計画が国民所得倍増計画の一環を構成するものとして位置付けられた。そして、結局のところ「農業近代化」は労働力を太平洋ベルト地帯に流出させるものであった。

　「国土総合開発計画」である第一次全国総合開発計画も、理念としては「地域間の均衡発展を目標として掲げた」（藤井（2003）p.47-48）ものであったが、「みだりに工業の地方分散を図るべきではなく、分散自体にも計画性が必用」（大来（1964）p.30）という考えのもと、「工業を全面散布的に分散させるのは、民間資本にとつても社会資本にとつてもその効率をそこない、また投下資本量にはおのずから限度があるので、工業の適正な配分は開発効果の高いものから順次に集中的になされなければ」ならないという見地から、その「目標を効果的に達成する方策として拠点開発方式をとつた」た（経済企画庁（1962）p.5）のである。

　国民所得倍増計画は、「四大既成工業地帯（京浜、中京、阪神、北九州）を連ねるベルト状の地域は大消費地に接近し、産業関連諸施設の整備もすで

216

第11章　米生産調整政策の展開と労働力流動化政策

に相当行なわれており、また、関連産業、下請企業が広はんに存在し、用地、用水もかなりの余裕を持っているなど、他地域にくらべてすぐれた立地条件を持って」おり「社会資本の効率も高いので、この地域は計画期間における工業立地の重要な役割を果す」という考えのもと、計画期間の産業立地のあり方の第一として「ベルト地域の中間地域に中規模の新工業地帯を造成整備する」ことによって「生産単位の巨大化、企業のコンビナート化の傾向に対応させる」（経済企画庁（1960）p.62-63）という拠点開発方式を構想し、これが全国総合開発計画の拠点開発方式に反映したのであった。

　このように、1960年11月経済審議会答申（国民所得倍増計画「本文」）から国民所得倍増計画の「別紙」を含んだ形での閣議決定を経て一全総に至るにはかなりの紆余曲折があり、国民所得倍増計画と一全総は理念的には異なるものであった。「『太平洋ベルト地帯構想』は、ベルト地帯以外の地方からの大きな反対にあい、所得倍増計画の閣議決定に当たり『国民所得倍増計画の構想』が追加され『後進地域の開発促進』、『産業の適正配置の推進と公共投資の地域別配分の再検討』が付記され、この問題に対する政府の方針を明確にするために、全国総合開発計画を早急に立案策定すること」となった。加えて、「『太平洋ベルト地帯構想』の社会的なインパクトが大きかったため、マスコミ報道等により、何ら法的拘束力のない全国総合開発計画の存在意義が社会的に強く認知された」（小山（2011）p.25　「国民所得倍増計画の構想」原文に基づき一部修正）のである。

　しかし「一全総をその理念どおりに実施すれば、地方圏における公共投資が優先されるため、大都市やベルト地帯の社会資本不足が経済成長の"隘路（ボトルネック）"となり、国民的合意となった所得倍増計画の実現が妨げられる恐れがあった」ため、「一全総が、所得倍増計画の設定した政策的枠組みの外に大きく踏み出すような公共投資のマスター・プランとなることはそもそも不可能であり、実際にも一全総は骨抜きを余儀なくされた」（藤井（2003）p.48）のである。こうして、全国総合開発計画の目標は「『国民所得倍増計画』および『国民所得倍増計画の構想』に即し」て「地域間の均衡あ

217

第2部　水田フル活用政策の歴史的比較

る発展をはかること」（経済企画庁（1962）p.4）に置かれた。すなわち、
「『国民所得倍増計画』の目的に反することのない範囲内で地域開発政策＝地
域間格差是正策が行われなければならない、ということであり、ここに『一
全総』は、実質的には『国民所得倍増計画』に従属するものとして位置づけ
られた」（菊地（2011）p.54）のである。そして、一全総を具体化した法律
である「新産業都市建設促進法」（1962年）および「工業整備特別地域整備
促進法」（1964年）に基づいて指定された新産業都市および工業整備特別地
域をみるならば、「15の新産業都市と6の工業整備特別地域の合わせて21都
市・地域のうち、約半数の10都市・地域が太平洋ベルト地帯に位置し」、「工
業整備特別地域はすべて太平洋ベルト地帯に位置している」のであって「『一
全総』が『経済成長』を主眼とする『国民所得倍増計画』に配慮した妥協の
産物であることを示している」（（菊地（2011）p.55）のである。

　こうして農業基本法で労働力を農村から流出させ、一全総で形成された
「拠点」に労働力を送り込む、労働力流動化体制はますます強固なものに
なっていくのである。

　このように、当初の理念はどうあれ、政策の実態において、農業基本法も
国土総合開発計画も、国民所得倍増計画の「完成部品」と化し、労働力流動
化政策を担うものとなっていくわけである。

　そしてこうした工業拠点が必要とする労働力を確保する＝労働力の転用を
進める＝「労働力の流動性を高める」ために「広域職業紹介の機能をもつ職
業安定機構の確立を図り、横断的な労働力市場を形成」すること、「政府施
策による勤労者用住宅の充実を図ること」、「中・高年齢層の再就職、あるい
は未経験労働力の技能化等のため職業訓練制度の充実を図るとともに、失業
保険制度の適用の拡大、給付内容の改善や失業対策事業の質的整備等も必
要」（経済企画庁（1960）p.170-173）といった枠組みは農業基本法以前から
準備されていたのである。

　国民所得倍増計画の構想は、「雇用政策の観点からいいかえれば、重化学
工業を中心とする高生産性部門を拡大する方向に産業構造の再編を誘導し、

218

第11章　米生産調整政策の展開と労働力流動化政策

そこで発生する雇用需要を第一次産業、第二次産業の小零細企業部門、第三次産業の商業、サービス部門などに寄生している低所得の不完全就業者を移動させることによって埋め、かつこれらの低生産性部門の生産性を高めることによって、不完全就業状態を解消し、所得格差を縮小し」て「完全雇用の前提条件を作ること」であり「俗に　『労働力流動化政策』　と呼ばれたもの」（氏原（1989）p.26-27）であった。農業基本法そのものが労働力流動化政策に深入りしていなかったとしても、国民所得倍増計画の「部品」である各種政策で構成される政策体系全体が労働力流動化政策であったわけである。

　事実、他府省の政策として、農業基本法第20条に掲げられていた「教育、職業訓練及び職業紹介の事業の充実、農村地方における工業等の振興、社会保障の拡充」といった政策が整備されていく。

　まず、社会保障に関しては、1959年に国民年金法が制定されて、被用者保険の対象でない者で70歳以上の者を対象とした無拠出の「福祉年金」給付が開始された。国民年金法制定前の公的年金制度では、厚生年金等（共済年金も含む）のみが存在しており、被用者のみが年金制度の対象であったから、1959年の国民年金法制定によってはじめて農家世帯員等自営業者にも公的年金制度が適用されるようになったわけである。さらに、この国民年金法に基づいて1961年4月に拠出制国民年金が発足した。ここにおいて20歳以上60歳未満のすべての国民が拠出制年金制度の被保険者となり、国民皆年金が実現した。さらにこれにともなって、拠出制国民年金制度にいったん加入したものが、離農して被用者となった場合に不利益とならないよう、1961年に通算年金通則法が制定されている。当時は現在のような基礎年金＋厚生年金という2階建てではなく、国民年金＋厚生年金といういわば2本立てであり、国民は、国民年金か厚生年金のどちらか1つに加入している状態であったから、転職に伴って制度間の年金持ち運びができるようにすることで、国民年金加入者である農業従事者が、離農して雇用労働者になった場合にも、国民年金加入期間と厚生年金加入期間を通算して加入期間を計算できるようにすることで、労働力流動化を促進しようとしたわけである。

219

第2部　水田フル活用政策の歴史的比較

　また、工業等の振興についても、前述のように1962年の新産業都市建設促進法に基づいて四大工業地帯以外の工業集積拠点が整備されていくことになる。

　そしてこれらの政策に沿う形で、労働法制も、国民所得倍増計画の策定過程と同時進行的に整備がすすめられた。1959年10月14日に「国民所得倍増計画の基本構想（案）」が経済企画庁から発表され、そのなかで「労働力の再訓練によって産業間労働移動を円滑化」（経済企画庁（1959）p.18）することなどが述べられている。

　併せて、炭鉱離職者臨時措置法が1959年12月に成立、公布され、職業安定法の原則であった居住地職業紹介に風穴を開けて広域職業紹介を導入するとともに、そのための住宅建設を促進して、労働力の地域間流動化を促した。

　そして、1960年の職業安定法改正で、職業安定法自体に広域職業紹介制度が導入され、居住地職業紹介の原則は崩れ去ることになる。

　また工業労働力養成に関しては、国立工業教員養成所の設置等に関する臨時措置法が1961年に公布され、急増する工業労働力需要に応えるために工業高校教員を大量養成する態勢がとられた。

　同年には、雇用促進事業団法も公布され、雇用促進事業団を設置して、事業団が「労働者の技能の習得及び向上、地域間および産業間の移動の円滑化その他就職の援助に関し必要な業務を行うことにより、労働者の能力に適応する雇用を促進」（第1条）することとされた。

　1963年には職業安定法が再度改正されるが、そこでは、あらたに第2章の2として「中高年齢失業者等に対する就職促進の措置」という章が新設され、中高年の失業者等、「就職が特に困難な失業者の就職を容易にするため」、労働大臣は、職業指導、職業紹介、公共職業訓練等の措置について計画を作成することとされた。

　これらの点は当然、農林漁業基本問題調査会もすでに認識しており、第2回農林漁業基本問題調査会において小倉武一審議官が「所得倍増というようなことも言っておられますので」（農林漁業基本問題調査会（1959a）p.23）

第 11 章　米生産調整政策の展開と労働力流動化政策

と発言し、所得倍増計画を意識していることがわかる。第 2 回農林漁業基本
問題調査会が開催されたのは1959年 7 月のことで、まだ国民所得倍増計画は
閣議決定されていない段階であるが、当時閣外にいた池田勇人が「月給 2 倍
論」を提唱したのは1959年 2 月であり、岸信介首相が国民所得を倍増させる
ことに言及したのは1959年 6 月（藤井（2003）p.52-53）だから、農林漁業基
本問題調査会はこうした動きをとらえて議論を進めていたことになる。

　また、第 3 回農林漁業基本問題調査会では、事務局報告として「国民所得
倍増計画をも考慮して農業についてもその生産性と所得の増大を図るために、
今後10年を目標に農政の長期的展望に関する考え方として次のような構想を
もつことが可能であろう」として、「労働人口構成の推移も考慮して農業の
就業構造の改善を図る」（農林漁業基本問題調査会（1959b）p.57）などが挙
げられている。ただし、この時点では「第二次産業の近年における経済発展
は著しいが、これに伴うその雇用力の増大は農家戸数の大巾な減少をもたら
すほどには強くない」（農林漁業基本問題調査会（1959b）p.10）、あるいは
「他産業の発展にともなう雇用の増大が、農村労働力人口を吸収する効果は、
すでにみたとおり、ここ当分は、かなり高い経済成長率をもってしても、新
規に増加する労働人口にたいし、就業機会を創り出すだけで精一杯であるこ
とが予想される」とされ「10年位経過すれば、新規労働力人口の供給はめ
だって減少するものとみられる。従って、この過程を通ずる農業就業人口の
減少、経営体数の減少、経営規模の拡大にもある程度の希望が寄せられてよ
いのではないかと思われる」（農林漁業基本問題調査会（1959b）p.30）とさ
れている。つまりこの段階では、国民所得倍増計画による労働力需要は当面
は農村労働力の大量吸引をするほどには強くなく、「過剰就業状態は、当面
直ちに農業労働を農業外に排出することによるよりも、生活水準の上昇等に
よる婦人の農業労働からの解放と兼業農家の脱農傾向」（農林漁業基本問題
調査会（1959b）p.58）によって徐々に緩和されることが期待されていた。
農業が他産業への労働力供給機能を果たすことは第 3 回農林漁業基本問題調
査会の時点ではそれほど期待されていなかったわけである。

221

第2部　水田フル活用政策の歴史的比較

　その後1959年10月14日に、前述のように「国民所得倍増計画の基本構想（案）」が経済企画庁から発表されたのだが、そこでは、「農林水産業のあり方については、農林水産業の基本問題についての検討にまたなければならない点が多い」が、「第1次産業部門とその他部門との間の生産性の伸びをほぼ均衡させるためには、農林水産部門の就業者を相当減少させる必要がある」（経済企画庁（1959）p.4）と述べているほか、「人口や産業の地方分散を図る必要があり、長期的観点から、計画的に地方の適格性ある地域における工業立地条件を整備し、企業が誘導分散されるような産業基盤を造成する等の対策が望ましい」（経済企画庁（1959）p.17）として、農業基本法や新産業都市建設促進法に連なる観点が述べられている。

　また、「国民所得倍増計画の基本構想（案）」発表直後の10月22日に開かれた第4回農林漁業基本問題調査会でも、「農業の生産性と所得を増進するには農業就業人口を思い切って減らすことが必用」、「農村青少年の職業教育を改善し、工業の地方分散が必用」（農林漁業基本問題調査会（1959c）p.50-51）といったように、「国民所得倍増計画の基本構想（案）」に沿った形で基本問題が語られることになる。そして、国民所得倍増計画では農業問題にさらに踏み込んで、「平均1ヘクタール程度の経過的非自立経営」は「相当数残存」することを想定しつつも「上下に分解」していくことを見込み、「完全非自立経営については、兼業機会の増大を通じてその完全離農を促進するとともに、協業化への道も進める」（経済企画庁（1960）p.158）こと、「従来の米麦増産的農業政策の方向を反省して、畜産、果実等を含めた総合的な農業生産を急速に発展させる政策に移る必要」があること、「今後の農業投資の方向は大圃場整備事業の拡充、大型機械、農業共同施設、家畜資源等に対する政策の強化におかれるものとする」（経済企画庁（1960）p.160-161）ことなどが述べられている。つまり、構造改善や選択的拡大といった農業基本法の方向性は国民所得倍増計画に示されていたのであり、国土政策同様に、農業基本法も国民所得倍増計画に従属したものとなっていく。農業基本法は『所得倍増計画』の農業版という性格をもつ」（五味（1982）p.138）のである。

222

第 11 章 米生産調整政策の展開と労働力流動化政策

こうして、国民所得倍増計画の「完成部品」としての性格を持つ農業基本法にもとづいて、「完成部品」の「部分部品」としての性格を持つ農業政策が実施されていく。たとえば、農業構造改善とその一環としての農業からの労働力流出に寄与する策として、1961年に農業近代化資金助成法による利子補給と、農業信用基金協会法による債務保証も可能となるなど、農業基本法を具体化する法律が成立していくことになる。

このように、農業基本法制定の1961年時点において、農業基本法第20条に掲げられた「教育、職業訓練及び職業紹介の事業の充実、農村地方における工業等の振興、社会保障の拡充等必要な施策」は、すでに従来と比べればかなり拡充されていたし、その後の政策も国民所得倍増計画の線に沿って充実していくことが想定されていた以上、農林省が農外の条件についてこれ以上を求めることは「他府省の顔に泥を塗る」ことにもなりかねず不可能だったといえる。むしろ、これだけの農外施策の条件がそろっていたから、あとはこうした農外の施策に対応して、そこにいかに農業から労働力を流出させるかという課題に、農業基本法は対応すればよかったわけである。そして、その前提となったのは1960年の国民所得倍増計画であり、極端に言えば、拠点地域の工業発展のためにはある程度の地域格差を容認しつつ、拠点地域における労働力確保に重点を置く、ということであった。それゆえ、農業基本法では、「労働生産性向上のための諸措置」を拡充することで労働力を「流出させる」ことに重点が置かれたのである。

こうして、農業基本法および農業構造改善と工業への労働力供給は表裏一体であり、さらにいうならば国民所得倍増計画の労働力流動化政策の枠組みに農業構造改善による労働力供給が従属しているのであり、したがって研究面においても構造改善政策と労働力供給政策の関連性についての研究が積み重ねられていくことになる。

たとえば、美崎皓は国民所得倍増計画を「非一次産業の雇用労働力「不足」を、自営業とくに小生産農民の分解によって析出される賃労働で補充しようというもの」であるとの見地から、農業基本法による農業近代化政策を

223

第2部　水田フル活用政策の歴史的比較

「小生産者の分解促進と賃労働析出策」として位置付けた（美崎（1979）
p.309）。

　また田代洋一も「農業基本法はその生い立ちからしても、高度成長促進政
策の集大成ともいえる所得倍増計画と表裏一体のもの」（田代（2003）p.73）
とし、「国独資の資本蓄積促進と社会的統合政策の面から基本法農政を評価」
すれば「農業の生産性向上は、高度成長のための最大の労働力の給源だった
し、農地価格の上昇と兼業所得による所得均衡・逆格差化は、ストックとフ
ローの両面から農家の社会的統合を見事に達成した」（田代（2003）p.79）
と評価する。

　氏原正治郎・高梨昌は「『農民層の分解』によって、農家出身の新規学卒
者をはじめ青少年労働者の第二次・三次産業への労働力供給が量的に増大し
てきたことは、昭和30年代の労働市場にとって決定的な影響を与えた」とし
て「こうした豊富な青少年労働力の供給のあったことが、労働需要の質的構
造の変化に対する労働供給の質的適応を高め、高度経済成長を可能にした基
盤になった」（氏原・高梨（1971）p.48）と述べる。

　このように、ニュアンスは様々違いがあるが、国民所得倍増計画と農業基
本法との関係や、それに基づく構造政策と、高度経済成長を支える労働力給
源の関係は、研究上も大きな論点となったのである。

2．需給調整の観点で分析された米生産調整政策

　前述のとおり、国民所得倍増計画では「従来の米麦増産的農業政策の方向
を反省」（経済企画庁（1960）p.160）する必要が提起された。農業基本法の
選択的拡大政策＝麦大豆飼料作物の放棄はこのことと深く関係を持っている
はずである。そして、選択的拡大と表裏一体をなすといえる水稲一極集中の
反映が米過剰・生産調整政策であろう。さらに米生産調整政策は、その転作
奨励金体系を通じてブロックローテーション・集団転作という農業構造変動
をもたらすものである。このような関係があるとすれば、米生産調整政策は

224

第11章　米生産調整政策の展開と労働力流動化政策

労働力流動化と深くかかわっているはずである。にもかかわらず、生産調整政策と非農業部門への労働力供給との関連について、米政策が労働力流出に及ぼした影響が語られることはあっても、労働力需要側（非農業側）の事情が米生産調整政策に及ぼした影響についてはあまり語られてこなかった。

例えば北出俊昭は、1955〜64年の間の農業からの労働力流出は「60数万人の年間労働に相当」し、昭和「40年代前半は減少するものの、後半には再び増大し、50年代にはいっても依然として農業からの労働力流出は続いて」おり、これら農業からの流出のうち稲作からの流出割合は「40年代以降は30〜50％の割合を占め、特に40年代後半は絶対数においても、また自家農業に対する割合においても著しく高まっている」（北出（1986）p.62）としている。その要因について「米生産調整の実施、米価の据置き・抑制をはじめ、農村地域工業導入促進法の制定、農業構造改善事業の強化などの情勢を反映したもの」（北出（1986）p.63）として、生産調整・米価政策が農家労働力流出に影響を与えたことを述べている。とはいえ、どのような労働力需要状況がこのような生産調整政策をもたらしたのかという観点は、そこにはない。

また、北出は、「稲作からの労働力流出には、析出された労働力の受け皿として、高度経済成長に伴う労働市場の拡大と同時に、米の需給不均衡を理由とした米生産の抑制政策の強化があったことは明らか」で、「前者のプル要因と後者のプッシュ要因の二つの要因」により、農家は「兼業により強く依存するようになっていった」（北出（1986）p.66-67）と述べる。さらには、高度経済成長の終焉によって「プル要因が弱まったにもかかわらずプッシュ要因が依然として継続され、稲作経営の困難が増大するなかで連続不作に見舞われた」（北出（1986）p.68）と述べる。このように、北出は、「労働市場の拡大があったこと」と「米生産の抑制政策」を並列的にとらえており、米需給バランスの問題こそ生産調整政策の動因ととらえている。そこには、「労働力需給の変化に応じて生産調整政策が変化した」という観点はないといってよい。

また吉田俊幸は、米過剰の発生に伴う1969年以降の米政策について「政府

第 2 部　水田フル活用政策の歴史的比較

米を中心とした全量管理体制を維持することを前提として、必要な限りでの
改革を対症療法的に実施したことに大きな特徴がある」として、「政府米を
中心とした米流通管理のもとで、米の構造的過剰にともなう量的な調整は生
産調整で、さらに、財政赤字の軽減については、生産調整、自主流通米制度
で対応した」（吉田（1990）p.12）と述べる。

　さらに、1969年以降の米政策における「生産調整は売買逆ザヤ、自主流通
米助成と転作奨励金による経済的な誘導処置を背景とした強制的な転作が実
施され」ており、こうした枠組みは、「一定の生産調整の枠内での実質的な
政府による無制限買入であり、全体の需給調整のリスクをすべて政府米が
担っていた」とする（吉田（1990）p.13）。ここでも米政策は需給不均衡対
応と財政対応の面からのみとらえられており、需給不均衡対策が労働力需給
対策との整合性上、どのような制約を受けたのか、といった観点はない。

　こうした、1969年以降の米政策は「当初の予想に反して米流通に大きな変
化をもたらし」、「実態面と財政面からこれまでの丸抱え的な運営が困難と」
なって1986年以降の「自主調整保管、生産調整の変化、生産者米価引き下げ
、順ザヤの定着、流通改善が実施され、それが米流通管理に質的な変化を起こ
し」たとされる（吉田（1990）p.14）。このように、1986年以降の米政策の
変化も、それまでの需給不均衡対策の限界とそれを支える財政的な限界、と
いった点から分析されており、この時期の労働市場における労働力需要側要
因との関連は分析されていない。

　吉田の整理した自主流通米への助成の推移についての表（吉田（1990）
p.98）をみても自主流通米への助成が1978年の1545億円をピークに減少過程
に入っていることがわかるが、1977 〜 1978年ごろを境にした米政策の変化
について、そのような政策が求められた理由を、吉田（1990）は「自主流通
米過剰」という稲作内部の事情として位置付けている。

　麦や大豆といった転作作物について「価格引上げと転作奨励金に支えられ
て一時的に生産拡大が実現するが、国際化と財政との二つの圧力による価格
引下げと転作奨励金の削減が優先となり、85年をピークに減少に転じる」

226

第11章　米生産調整政策の展開と労働力流動化政策

（吉田（2003）p.28）という理解にも、労働力需要側の観点は含まれていない。

　さらに、水田農業確立対策において「転作奨励金の単価が大幅に削減」され、「10ａ当たりの転作奨励金の平均単価は、ピーク時の２期対策に比べ約40％、水田利用再編３期対策と比べ、平均で60％の水準」となり、「転作奨励金体系もかつての所得補償的な色彩よりも構造政策的な色彩が強まった」とともに、「一部の超過米は政府買入価格なみの水準が確保できない事態が想定されるように」なった（吉田（1990）p.20-21）。奨励金の低下による奨励金所得の減少や、超過米が政府買入価格水準を維持できないことに伴う稲作所得の低下は、農家労働力が稲作に滞留することを困難にするであろう。さらには米政策の構造政策的色彩も労働力を稲作から排除するであろう。こうした点は、労働力政策と密接にかかわっているはずである。

　食管制度下においては、食管赤字が問題として取り上げられつつも、多額の予算をつぎ込んだ食管制度が維持されていた。また、米の過剰在庫を解消しようとして多額の転作奨励金を支払っていたが、過剰在庫は根本的には解消しなかった。このように多額の財政負担の割には効果が「薄かった」とさえいえるにもかかわらずこうした政策体系の維持が許容されたのは、もちろん、政策体系が未熟で精度が低かった、という問題もあるだろう。しかし、米価を下げて奨励金もカットしてしまえば需給均衡と財政支出削減の両方が可能であったにもかかわらずその選択がされなかったということは、その財政支出に単なる需給均衡政策以上の、何らかの積極的な意味があったのではないだろうか。

　そして、こうした政策が、米価引下げと奨励金引下げによる需給均衡政策に移行したのも、単なる需給均衡や財政支出削減という以上に、そこに財政支出をしない何らかの積極的意義があったはずである。米政策、生産調整政策である以上、需給要因が一つの政策要因、政策目的であることは当然であろうが、そうした政策目的を達成する手段としては、奨励金を伴う生産調整以外の多様な政策があり得たはずである。そこで以下では、生産調整政策において、なぜ大量の奨励金が支出され、あるいは支出されなくなったのかと

227

第2部　水田フル活用政策の歴史的比較

いう意味を考えてみたい。

3．生産調整政策の諸要因

　米の生産調整は、1969年に稲作転換奨励金による減反が試行的に導入され、自主流通米制度が発足するのも1969年である。1970年には米生産調整奨励補助金として一律支給の奨励金による減反が本格化した。

　さらに1971年以降は、基本額に加えて、転作方法の種別による様々な加算額が体系化された転作政策として展開していく。

　転作奨励金の基本額は、1971年から始まる稲作転換対策で3万円、1976年から始まる水田総合利用対策で最高4万円、1978年から始まる水田利用再編1期対策で最高5万5千円、1981年からの同2期対策で最高5万円、1984年からの同3期対策で最高5万円で、これに様々な加算額が加わった。

　ところが1987年から始まる水田農業確立対策では、基本額の最高が2万5千円と大幅に引き下げられた。

　つまり、1970年以降1986年の3期対策までは、奨励金を伴う転作政策の全盛期であり、1980年代末から始まる転作政策の縮小再編期が、そのまま1990年代以降の水田農業の「縮小再編」をもたらしたといえる。

　「『基本額』の引下げは一般的に生産調整水田における転作作物作付のインセンティブを弱める。たとえ『基本額』が引き下げられても、その分『加算額』が引き上げられ、転作補助金全体として単価がそれほど変わらなければ大きな影響はないと考えられるが、『加算額』の交付には諸々の要件が付けられているため、すべての地域がこの要件をクリアして『加算額』を受け取れるわけではない。したがって、全国的に見るならば転作作物作付のインセンティブは80年代以降弱まってきたと考えられる」（横山（2003）p.65）のであるが、基本額が大幅に引き下げられた1987年以降、「インセンティブ」の弱まりは急速に進まざるを得ない。

　こうして、多額の奨励金付きの転作政策に依拠して維持されていた水田農

228

業が、多額の奨励金付きの転作政策の縮小によって縮小再編されることになったのなら、そもそも多額の奨励金付きの転作政策に代わる別の政策がとられていれば、1990年代以降の水田農業の縮小再編も起こらなかった可能性はあるだろう。あるいは少なくとも現在とは違う水田農業が展開する可能性もあったかもしれない。

　もっとも、米以外の土地利用型作物が基本的に輸入依存体制となっており、野菜についても加工原料向けに大量の輸入がされるようになり、国内需要は伸び悩む中で、一部で輸出の拡大が見られるものの、輸出と比べて輸入の方が桁違いに多いという状況のもとで、多額の奨励金付きの転作政策に代わる何らかの政策がありえたとしても、それは極めて狭い道であると言わざるを得ないだろう。

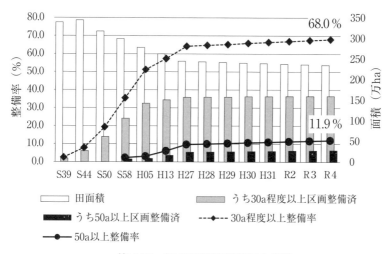

第1図　田の基盤整備状況の推移

資料：農林水産省統計部「耕地及び作付面積統計」、農林水産省農村振興局「土地改良総合計画調査」、「土地改良総合計画補足調査」、「土地利用基盤整備基本調査」、「農業基盤情報基礎調査」。

注：農水省農村振興局「農業生産基盤の整備状況について（令和4年3月）」（2024年3月）掲載図を転載するため、農林水産省農村振興局設計課資料によって再作成しモノクロ化した。

第2部　水田フル活用政策の歴史的比較

　他方で、1970年代から1980年代初頭にかけて、奨励金依存を脱却できるような「順調な」農民層分解を支えるだけの生産力展開があったかどうかを、農地基盤の点から見るならば、**第1図**に示したように、1975年時点における田の30ａ程度以上区画整備済みの整備率は約20％、1983年で35％程度、1993年に至ってようやく5割を超える。50ａ以上区画整備の整備率ついては1993年時点でも5％未満にとどまる。

　農業機械の整備状況から見ても、クボタが歩行型田植機の原型となる1輪2条植えのSPS形の量産を開始したのが1970年、2条刈コンバインHX55を発売したのは1971年である[1]。

　その後、農業機械の普及率は急上昇し、1980年には田植機、収穫機ともに90％以上に達している（農林水産省（2017）p.6））が、圃場整備率は短期間に上昇させることが困難なため、普及する機械もいわゆる「中型機械化技術体系」にとどまるのである。そしてこの「中型機械化技術体系」において、「稚苗機械植農法が支配的な現況では、早植・密植・多肥・分施という方向での増収追求がなされざるをえずロータリー耕による浅耕化と気象変動のなかでどうしても収量の不安定性が問題にならざるをえなくなって」（川畠（1985）p.37）いたと言われている。したがって、30ａ程度の圃場整備を前提とした中型機械化体系のもとでは、収量不安定の下で米自給を維持するため、過剰在庫を生みやすく、その反面として奨励金付きの生産調整を生む構造的基盤があったといえる。

4．生産調整政策と労働力需要の質的変化

　米需給調整が奨励金に依存した生産調整として行われたことと、それらが農業構造に与えた影響には、上記のような食料需給上、農業生産力上、農政

（1）株式会社クボタホームページ、https://www.kubota.co.jp/innovation/evolution/
agriculture/detail/detail.html（2023年8月14日閲覧）

第 11 章　米生産調整政策の展開と労働力流動化政策

上の事情もあると考えられる。しかし、生産調整政策は農業基本法と密接に
関連している。

　そして前述のように、農業基本法と農業構造政策は、国民所得倍増計画と
いう経済計画に従属している。あるいはまた、農産物輸入自由化政策が工業
製品の輸出促進政策という経済政策と密接に結びついていることも多く指摘
されるとおりである[2]。こうした中で、米生産調整政策だけが農業内部要
因のみで決まることはありえず、むしろ経済政策を補完するものとしての生
産調整政策という性格を持つことは当然であると考えられる。特に、国民所
得倍増計画が労働力流動化政策の側面を強く持つ以上、生産調整政策と労働
力政策の関係性を検討することが必用であろう[3]。

　高度経済成長終焉前後の労働力政策をみると、「有効求人倍率は1967年に
は1倍を超え、1970年頃まで上昇傾向で推移した。このような状況の下、従
来から問題となってきた労働力需給の不均衡に対応するため、労働者の能力
の有効発揮と労働力の適正な流動を促進するための施策が相次いで打ち出さ
れた」(松淵(2005)p.14)。また、「雇用政策が他の経済社会政策等との連

（2）たとえば藤谷築次は「輸出産業に打撃を与えるアメリカ国内の保護主義に堂々
　　と挑戦できる立場を確保するという意味で、自由貿易主義に背離する農産物
　　輸入制限を可能な限り撤廃すべきであるとする立論」と「多様な日米間の貿
　　易・経済摩擦問題の象徴的地位にある農産物貿易摩擦問題の積極的、劇的な
　　打開が、アメリカの対日批判を軽減する効果が大きいとする、"農産物輸入拡
　　大＝避雷針論"の形成」(藤谷(1986)p.102)を指摘している。また、三島徳
　　三は「工業製品の大量輸出を機動力とした海外進出に高蓄積と再生産の基盤
　　を求めているかぎり、輸入制限の撤廃を含むわが国農産物市場の完全自由化
　　の道は、遅かれ早かれ日本政府の「国策」として敷かれていかざるをえない」
　　(三島(1986)p.195)ことを指摘している。
（3）なお、山崎亮一は「1961年農業基本法下の農業政策が、農民層の分解を主要
　　なテーマとしたものであったのに対して、1999年食料・農業・農村基本法(新
　　農業基本法)下の農業政策は、景気循環対応型へと変化している。後者では、
　　不況期には農業・農家を失業者の収容先として保護・養成し、逆に好況期には、
　　今度は一転して農業基本法以来の、農民層の分解促進が事実上のテーマとな
　　る」(山崎(2021)p.78)との指摘をしている。

第2部　水田フル活用政策の歴史的比較

携なしに推進されるのでは実効を期待しえず、雇用が社会経済の中心的な課
題であると同時に社会経済と密接な関連に立つという認識の下に、他の諸政
策との総合性の確保についても極めて重要であるとされた」（松淵（2005）
p.15）。

　1969年から実施された生産調整政策は、このような状況のもとで始まった
のだから、労働力不足に対応し、「労働力の適正な流動」に資するように仕
組まれていると考えられる。

　1973年のオイルショックによって経済は後退したが、「我が国経済がマイ
ナス成長に陥ったのは1974年のみ」（松淵（2005）p.18）であった。その後
の政策について、松淵は、1974年度の大型所得税減税、同年からの「数次に
わたる景気対策」としての公共事業拡大、1978年の先進国首脳会議における
日本と西ドイツによる世界景気牽引のための両国の積極的景気拡大策（「機
関車論」）の確認および日本の具体的数値目標としての1978年度７％の経済
成長率の達成と、そのための追加的財政支出を行うことの確認、といった特
徴を指摘している（松淵（2005）p.18）。つまり、政策は引き続き、高度経
済成長の再現を目指すものであったと言ってよい。したがって、高度経済成
長終焉後の生産調整政策としても、不況時には一時的に稲作農家を農業にと
どめおく機能を保持しつつ、長期的には高度経済成長の再現に対応すべく、
稲作農家世帯員を工業労働力として流出させる機能を発揮しなければならな
いという、二面性を持つことになると考えられる。

　経済実態としても「1974年には完全失業者数は100万人に達し、1976年に
は完全失業率が2.0％を越えるなど労働需給は急速に緩和」していき、「新規
求人や所定外労働時間の削減から一時帰休による雇用調整が、繊維産業等を
中心とした製造業で実施され、さらには希望退職の募集や解雇が行われた」。
「その後の景気回復過程においても、卸売・小売業、サービス業などの雇用
は増加したものの、製造業での停滞が続き、失業者数は100万人超、失業率
は２％以上の水準で推移した」。このように失業者があふれたのは、「企業の
先行きに対する態度が慎重となっており、景気の回復に対する見通しが楽観

第 11 章　米生産調整政策の展開と労働力流動化政策

的なものではなかったため、当面の増産については労働時間の増加により対
応し、本格的な増産体制を取ることには慎重姿勢を示した」（松淵（2005）
p.20）ためであった。こうした状況の下で、農業から労働力を新規採用正社
員として離脱させるような政策はとりにくい。稲作生産調整政策も、企業の
雇用調整に適合的な政策＝基本的には農業内滞留政策がとられるであろうし、
企業の側も新規に雇用するとすれば雇用調整しやすい非正規労働者としての
雇用を選好するだろう。他方で企業はすでに雇用している労働者について労
働時間延長で対応したわけだから、稲作農家に対しても、すでに兼業化して
常雇となっていた者については、超過勤務にも対応できるよう、稲作農家世
帯員としての農業従事をすっぱり諦めて工場労働者として純化するか、非正
規労働者として農業内滞留するかの二択を求めるであろう。

　また、1977年には、「雇用保険法改正により、景気の変動等及び産業構造
の変化等により事業活動の縮小を余儀なくされた場合における事業主への雇
用調整給付金等の給付による失業の予防等を図るための事業（雇用安定事
業）及び、雇用安定事業に必要な財源について、平時に段階的に積み立てて
おき、不況時に必要に応じて使用することができるような特別の資金（雇用
安定資金）の設置を行った」（松淵（2005）p.21）とあるように、雇用調整
給付金の拡充がされている。そこで、米生産調整対策としてもこれに呼応し、
稲作を縮小した場合にも調整金を稲作農家が受け取ることによって稲作農家
内に労働力をとどめ置くような政策がとられることが整合的である。

　以下ではこうした労働政策、労働力の需給状況と、米生産調整政策が整合
的であったかどうかについて、検討してみる。

　第1表によって1965年以降の農家兼業労働力の状況を箇条書き的に整理す
ると以下のようになる。
・兼業従事者数は1965年から1970年の間に大きく伸び、1975年をピークとし、
　1980年まで800万人台を維持。
・雇用兼業従事者も1965年から1970年の間に100万人増え、1975年をピーク
　とし、1980年まで約700万人を維持。

233

第2部　水田フル活用政策の歴史的比較

第1表　農家兼業の推移

	男女計				
	16歳以上（95年以降は15歳以上）の世帯員総数	兼業従事者数		世帯員に対する兼業従事者の割合	
		農家兼業従事者総数	雇用兼業従事者数	農家兼業従事者数	雇用兼業従事者数
1965	20,599,005	7,781,924	6,128,081	37.8	29.7
1970	19,812,651	8,662,819	7,172,387	43.7	36.2
1975	18,092,790	8,669,862	7,317,699	47.9	40.4
1980	17,087,152	8,173,970	6,973,132	47.8	40.8
1985	15,969,843	7,615,471	6,549,754	47.7	41.0
1985	12,541,777	5,730,282	5,012,037	45.7	40.0
1990	11,243,039	5,099,004	4,515,941	45.4	40.2
1995	10,221,174	4,628,278	4,064,044	45.3	39.8
2000	9,077,081	4,083,942	3,655,333	45.0	40.3

資料：農業センサスによる。
注：1985年の上段までは総農家、1985年の下段以降は販売農家。

・雇用兼業従事者（販売農家）は1985年から1995年の10年間で100万人減少。
・農家世帯員に対する雇用兼業従事者の割合は1965年から1975年まで上昇、その後は約40％を保つ。

　他方、転作奨励金単価は、前述のように、1969年の生産調整試行導入以降、1978年まで伸び続け、1986年ごろまで高位安定し、1987年から低下過程に入る。1978年の水田利用再編1期対策で転作奨励金基本額が最高5万5千円に引き上げられたのは、1977年の雇用保険法改正による雇用調整給付金拡充と整合的である。

　このように、雇用兼業従事者のピークと転作奨励金単価のピークはほぼ一致しており、奨励金依存転作の全盛期は、農家兼業、とくに雇用兼業の全盛期と重なっているといえる。

　つまり、こうした兼業状況は、転作奨励金によって、稲作農家が奨励金を得ながら兼業農家として滞留できた、ということと表裏一体であったといえる。転作と転作奨励金がなければ、米過剰作付によって米価が低落し、農家は稲作を続けられなくなり、離農が進んだ可能性がある。この離農が、当初

234

第 11 章　米生産調整政策の展開と労働力流動化政策

農業基本法が想定したような「自立経営農家」のようなものへ農地が集積していくという「順調な」農民層分解として現れたかどうかは未知数であるが、農村全体としてみれば稲作収入や奨励金収入が減少する以上、農村の人口扶養力は低下して、一定の人たちが農村外へと流出せざるを得なくなったのは確かだろう。転作奨励金と米価維持のおかげで、農村に多くの人が住み続けることが可能となり、急激な農業離脱、農村離脱を阻止しえたといってよい。そして農村から人々が離脱しなかったことによって、農村にとどまったままの兼業就業が可能となったはずである。そのことは、オイルショック後も、経済政策が高度経済成長の再現を目指そうとしたものであったことと整合性のあるものであると言ってよい。

　こうした兼業就業を支えたのは、言うまでもなく農村への工業進出施策である。1971年に制定された農村工業導入促進法は、農村地域への工業の導入を積極的かつ計画的に促進するとともに農業従事者が、その導入される工業に就業することを促進する、といったことを目的としている。

　また、1972年に制定された工業再配置促進法は、過度に工業が集積している地域から工業の集積の程度が低い地域への工場の移転及び、工業集積度の低い地域における工場の新増設を推進するとともに、国土の均衡ある発展と国民の福祉の向上に資することを目的としている。

　このような工業の地方分散施策は、1962年の新産業都市建設促進法や1964年の工業整備特別地域整備促進法にも見られたものではあるが、1960年代の地方分散施策は、既存工業地帯に準ずる新たな大規模工業拠点を工場立地条件に恵まれた沿岸部を中心に開発していこうとしたのに対し、1970年代の地方分散施策はより広範な農村に工業を分散立地させようとしたものであったと言ってよい。

　こうした1970年代の地方分散施策の背景となった政策的認識は、第一次雇用対策基本計画（1967年閣議決定、計画期間は1967〜71年）における「数年後には、新規学卒労働力が年年の交替補充に必要な需要にさえたりなくなるおそれがあり、40年代後半においては、需給のひっ迫は一層つよまるもの

235

第 2 部　水田フル活用政策の歴史的比較

第 2 表　完全失業率と有効求人倍率

	完全失業率	有効求人倍率
1965	1.2	0.64
1966	1.3	0.74
1967	1.3	1.00
1968	1.2	1.12
1969	1.1	1.30
1970	1.1	1.41
1971	1.2	1.12
1972	1.4	1.16
1973	1.3	1.76
1974	1.4	1.20
1975	1.9	0.61

資料：総務省「労働力調査」、厚生労働省「職
　　　業安定業務統計」による。
注：1972 年以前は沖縄県を含まない。

と予想される」という「雇用基調の変化」として端的に表されているといえ
る。

　そしてこうした危機感は現実のものとなり、**第 2 表**のように、1967 年に 1.0
倍であった有効求人倍率は 1973 年には 1.76 倍と、きわめて労働力需給がひっ
迫した状態となる。とくに新規中卒、新規高卒就職者の不足は激しく、**第 2
図**のように 1970 年には新規高卒者の求人倍率が約 5 倍というような状況と
なっている。

　工場の地方分散施策の政策目的を実現するには、農村に居住し、地域間移
動が困難な農家世帯主・長男及び農家主婦が、そのまま地域間移動をせずに、
農村工業の労働力として取り込まれる必要がある。こうした移動困難な労働
力が、離農離村促進的な政策によってやむなく都市に移動せざるをえないよ
うな事態になるならば、多額の投資をして整備した農村工業団地が無用の長
物となり、進出企業は農村で労働力を確保できなくなってしまう。

　農村で兼業従事しながら生計を維持していく兼業農家の存在が、安価な労
働力を農村地域内で豊富に確保するという観点からも、必要不可欠なもので
あったと言ってよい。

236

第11章　米生産調整政策の展開と労働力流動化政策

第2図　高校新規学卒者の職業紹介状況

資料：厚生労働省 平成23年版『労働経済の分析』第2章第2節を一部加工。

　1971年から始まる稲作転換対策の奨励金基本額は3万円であるが、この奨励金は、転作による農家所得の減少を軽減した。特に基本額が比較的高いことは、零細農家がどのような転作方法によって転作しても一定の収入が確保できるということを意味し、「稲作収入＋奨励金＋雇用兼業収入」で何とか家計を賄うことを可能にした。しかも捨て作り的な転作でも基本額を得られることで、雇用兼業農家の農業生産を相対的に労働負荷の少ない稲作に集中させることを通して、兼業農家の労働力を農村工業の労働力基盤として組み込みやすくすることを可能にしたのである。

　このように、比較的高額の基本額を組み込んだ転作政策は、農政側が意図したかどうかにかかわらず、農工法と工配法が一体となった工業の地方分散・工業労働力確保施策の一環に組み込まれていた。こうした労働力確保上の課題があった以上、仮に奨励金とセットになった転作政策、という水田農業政策がとられなかったとしても、兼業農家を農村に滞留させつつ雇用するために必要な何らかの代替策は取られざるを得なかったであろう。

　他方で、前掲**第1表**に示したとおり、雇用兼業従事者数のピークは1975年

第2部　水田フル活用政策の歴史的比較

第3表　労働力人口比率の推移

	労働力調査		国勢調査	
	男	女	男	女
1960	84.8	54.5	85.0	51.0
1965	81.7	50.6	83.2	49.9
1970	81.8	49.9	84.3	50.9
1975	81.4	45.7	83.4	46.1
1980	79.8	47.6	82.2	47.0
1985	78.1	48.7	80.5	47.8
1990	77.2	50.1	79.1	48.5
1995	77.6	50.0	79.4	49.3
2000	76.4	49.3	76.5	48.7
2005	73.3	48.4	75.3	48.8
2010	71.6	48.5	73.8	49.6
2015	70.3	49.6	70.9	50.0
2020	71.4	53.2	71.6	53.5

注：1）15歳以上人口に占める労働力人口の割合。
　　2）国勢調査は分母から不詳を除いて算出している。
　　3）労働力調査の1970年以前については沖縄県を含まない。

であり、世帯員に対する雇用兼業従事者数の割合もこの年に40％に達した後は伸びていない。つまり、1975年以後は農家数の減少に応じて雇用兼業従事者数の数も減少することになる。

　前述のように、1973年のオイルショックを契機として日本経済は一時的にマイナス成長に陥ったが、政策は高度経済成長の再現を目指し各種の景気刺激策を行った。しかし、企業の先行き感は慎重で、正社員の新規採用を抑制しつつ、既雇用者の労働時間延長と、雇用調整しやすい非正社員の雇用によって対応する傾向を強めた。

　そして雇用兼業従事者数の減少という形で労働力基盤としての農村の力に陰りが見え始めた1975年ごろから、**第3表**および**第4表**のように、女子15歳以上人口に占める女子の労働力人口比率がとくに都市部の既婚女子を中心に高まり始める。その傾向は80年代以降も進行し、特に1980～85年の間には、都市部における女子労働力人口比率の上昇幅が全国平均よりも非常に高い状態となって、1980年代後半にはバブル景気に伴う農村人口の都市部への流出

238

第11章　米生産調整政策の展開と労働力流動化政策

第4表　都道府県別に見た労働力人口比率の上昇幅（ポイント）

	1970~75	1975~80	1980~85	1985~90		1970~75	1975~80	1980~85	1985~90
全国計	-4.8	0.8	0.8	0.7	三重	-6.6	0.6	0.9	0.4
北海道	-3.2	1.2	0.8	1.2	滋賀	-9.9	-1.8	-0.6	0.2
青森	-5.6	-0.4	0.2	0.8	京都	-3.3	0.2	0.3	0.8
岩手	-4.3	-1.0	0.3	0.1	大阪	-2.7	1.9	2.2	1.3
宮城	-5.3	0.2	1.5	0.8	兵庫	-5.3	1.1	1.3	1.0
秋田	-5.4	-1.4	0.5	0.2	奈良	-8.5	0.6	1.3	1.1
山形	-5.6	0.0	0.4	-0.4	和歌山	-6.1	1.7	0.5	0.5
福島	-5.1	-0.2	0.1	-0.8	鳥取	-5.2	0.0	-1.3	-1.5
茨城	-7.6	-0.4	0.1	0.2	島根	-6.1	-0.4	-1.1	-2.1
栃木	-6.2	0.7	0.5	-0.2	岡山	-8.0	-0.5	-0.8	-0.8
群馬	-8.2	0.2	-0.3	0.3	広島	-6.0	0.6	-0.2	0.0
埼玉	-6.6	1.7	2.8	1.8	山口	-4.2	-0.3	-0.2	-0.2
千葉	-6.3	1.2	2.3	2.0	徳島	-5.5	0.2	-1.0	-1.1
東京	0.3	1.7	2.5	1.4	香川	-7.5	0.9	-1.1	-0.6
神奈川	-2.9	1.8	3.6	2.2	愛媛	-6.5	1.6	-0.1	-0.8
新潟	-5.7	-0.7	-1.7	-0.3	高知	-5.2	1.0	-1.1	-1.0
富山	-5.9	0.2	-0.8	-0.7	福岡	-3.2	0.3	0.5	0.9
石川	-6.7	1.2	-0.6	-0.2	佐賀	-5.3	0.7	-0.9	0.1
福井	-6.8	0.7	-1.9	-1.2	長崎	-4.4	1.3	0.0	0.9
山梨	-6.7	0.6	0.1	0.2	熊本	-4.5	0.6	0.0	-0.2
長野	-7.5	0.1	-0.4	-1.0	大分	-6.8	0.1	-1.0	-0.1
岐阜	-7.7	0.3	-0.3	-0.5	宮崎	-5.9	0.4	-0.5	-0.7
静岡	-4.3	2.0	1.0	0.7	鹿児島	-8.1	-0.6	-1.4	-1.7
愛知	-4.4	1.4	0.9	1.0	沖縄	-6.3	2.8	2.4	1.7

注：1）国勢調査による。
　　2）各5年間における労働力人口比率の上昇幅である。
　　3）網掛け部分は、上昇幅が全国平均よりも高いことを示す。

と相まって、低賃金労働力基盤の農村から都市既婚女子への転換が決定的となるのである。

　1970年代に水田農業の本格的「再編」がなされないままに、1987年の水田農業確立対策において、それまで兼業滞留を支える力となり増額傾向にあった転作奨励金基本額が反転して一挙に切り下げられるのは、労働力基盤としての農村の位置づけから見ても必然であったと言ってよいだろう。

　自主流通米への助成が1978年の1545億円をピークに減少過程に入っている

第 2 部　水田フル活用政策の歴史的比較

（吉田（1990）p.98）ことや、奨励金削減等によって麦大豆等の作付けが「国
際化と財政との二つの圧力による価格引下げと転作奨励金の削減が優先とな
り、85年をピークに減少に転じる」（吉田（2003）p.28）こと、「21世紀に向
けた農政の基本方向」（1985年）において「所得確保の理念が主たる目標か
らしりぞいた」（吉田（2003）p.28）こと、政府米の支持価格水準が1982 ～
85年は据え置かれ1986 ～ 91年は引下げとなった（吉田（2003）p.28）といっ
たことも、雇用兼業従事者数のピークが1975年であり、1970年代末以降、労
働力基盤が都市部の女子労働力に移行してきたことの反映であろう。

　こうして、1980年代末以降、奨励金の削減によって、水田農業が縮小過程
に入るのは必然であった。

〔参考文献〕
・ 藤井信幸（2003）「高度成長期の経済政策構想―システム選択としての所得倍増
　 計画」東洋大学経済研究会編『経済論集』28（2）：47-79.
・ 藤谷築次（1986）「日米農産物貿易摩擦」大内力編集代表・五味健吉編集担当
　 『経済摩擦下の日本農業』（日本農業年報第34集）御茶の水書房：87-104.
・ 五味健吉（1982）「労働力問題と農政の対応」近藤康男編集代表・大島清編集担
　 当『基本法農政の総点検―二〇年の総括―』（日本農業年報第30集）御茶の水書
　 房：137-163.
・ 川畠平一（1985）「中型機械化技術と農法転換」『農業経営研究』22（3）：37-47.
・ 経済企画庁（1959）『国民所得倍増計画の基本構想（案）』.
・ 経済企画庁（1960）『国民所得倍増計画』.
・ 経済企画庁（1962）『全国総合開発計画』.
・ 菊地裕幸（2011）「地域開発政策の論理と帰結：一全総・新全総を中心に（上）」
　 鹿児島国際大学地域総合研究所『地域総合研究』39（1・2）53-62.
・ 北出俊昭（1986）『食管制度と米価』農林統計協会.
・ 小山陽一郎（2011）「全国総合開発計画とは何であったのか。【前編】」土地総合
　 研究所『土地総合研究』19（2）：18-33.
・ 松淵厚樹（2005）『戦後雇用政策の概観と1990年代以降の政策の転換』（『資料シ
　 リーズ　No.5』）独立行政法人労働政策研究・研修機構.
・ 美崎皓（1979）「労働市場と農民層分解」中安定子編『農村人口論・労働力論』
　 （近藤康男責任編集『昭和後期農業問題論集』⑤）農山漁村文化協会：285-347.
・ 三島徳三（1986）「農産物自由化論議の系譜」大内力編集代表・五味健吉編集担

当『経済摩擦下の日本農業』（日本農業年報第34集）御茶の水書房：195-210.
- 農林漁業基本問題調査会（1959a）『第2回農林漁業基本問題調査会議事録（第2日）』.
- 農林漁業基本問題調査会（1959b）『第3回農林漁業基本問題調査会議事録』.
- 農林漁業基本問題調査会（1959c）『第4回農林漁業基本問題調査会議事録』.
- 農林水産省（2017）『稲作の現状とその課題について』.
- 大来佐武郎（1964）「全国総合開発計画の背景と課題」『日本地域学会年報』第1号：29-39.
- 大島清（1982）「基本法農政の経過と帰結」近藤康男編集代表・大島清編集担当『基本法農政の総点検—二〇年の総括—』（日本農業年報第30集）御茶の水書房：3-25.
- 田代洋一（2003）『新版　農業問題入門』大月書店.
- 氏原正治郎（1989）『日本経済と雇用政策』東京大学出版会.
- 氏原正治郎・高梨昌（1971）『日本労働市場分析　上』東京大学出版会.
- 山崎亮一（2021）『地域労働市場—農業構造論の展開』（山崎亮一著作集第2巻）筑波書房.
- 横山英信（2003）「水田農業転換期における米生産調整・転作をめぐる政策的諸問題」『岩手大学人文社会科学部紀要』第73号：59-79.
- 吉田俊幸（1990）『米の流通「自由化」時代の構造変動』農山漁村文化協会.
- 吉田俊幸（2003）『米政策の転換と農協・生産者　水田営農・経営多角化の課題と戦略』農山漁村文化協会.

第12章

1970〜80年代の水田農業生産力

渡部岳陽

1. はじめに―1970〜80年代の農業・農村を取り巻く状況と動向―

　本章の分析対象となる1970年代、80年代の農業・農村を取り巻く状況と動向はどのようなものだったのか。他章と重複する部分もあるかと思われるが、本題に入る前に簡単に整理しておきたい(1)。

　当該期間の特徴を大づかみにまとめれば、まず1970年代前半は米の生産調整政策が本格的に開始され、それと同時に米価が据え置かれた時期である（**第1図**）。またこの時期は、離農の増加、農家戸数減少率の高まり、経営耕地の減少といった動きが確認できる（**第1表**）。70年代中盤以降、米価は急激に上昇し、農家戸数減の速度も鈍化した。いわゆる「兼業滞留」の時期で

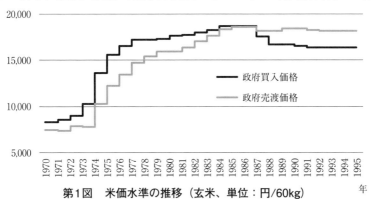

第1図　米価水準の推移（玄米、単位：円/60kg）
出所：食糧庁「米価に関する資料」（各年度版）より作成。

―――――
(1) 以下の整理は宇佐美（1997）の内容に全面的に依っている。

第2部　水田フル活用政策の歴史的比較

第1表　資源量の期間別増減率（全国・農家：1950〜1995年）

（単位：％）

	50-60年	60-65年	65-70年	70-75年	75-80年	80-85年	85-90年	90-95年
農家数	-1.9	-6.5	-5.7	-8.3	-5.9	-6.1	-9.3	-10.2
農家人口	-8.7	-12.6	-12.6	-12.8	-7.9	-7.1	-10.4	-12.8
農業従事者	−	-12.5	0.1	-12.1	-8.7	-7.3	-8.8	-12.5
農業就業人口	−	-20.8	-11.0	-23.6	-11.8	-8.7	-9.4	-13.3
基幹的従事者	−	-23.9	-21.2	-31.2	-15.6	-10.5	-15.0	-11.2
経営耕地面積	4.6	-3.6	-0.5	-7.2	-1.6	-2.7	-4.5	-5.5
田	3.1	0.1	2.6	-8.1	-1.1	-3.8	-4.5	-5.9
畑	5.5	-13.0	-9.6	-9.4	-0.8	1.3	-1.6	-3.3
樹園地	13.3	22.1	16.9	5.9	-6.9	-9.4	-15.1	-12.5
乳用牛	278.2	50.1	44.5	3.8	8.3	8.8	-0.9	-5.0
肉用牛	1.4	-29.3	2.9	2.1	5.7	22.9	0.3	5.7
豚	117.6	138.7	45.7	25.1	24.6	5.8	1.8	-29.5
採卵鶏	183.2	64.3	22.1	-5.4	-11.6	9.6	-2.8	-13.9
ブロイラー	−	−	−	−	43.8	2.7	-2.5	-15.1

出所：宇佐美（1997：p.26）より引用。原資料は農林水産省『農林業センサス』（各年度版）。

ある。この背後には、①石油危機等を契機とした低成長期への移行、②農業機械化一貫体系の進展（土日農業の可能性拡大）、③健康的長寿化による世代交代の遅れ、といった動きがあった。80年代後半に入ると、米価は据え置きから引き下げへとシフトする。そして、農業労働力および農家戸数の減少も本格化することになり、農業の全面的衰退傾向へ突入していく。

また、1969年に自主流通米制度が発足して以降、1970年代、80年代は政府米から自主流通米へのシフトが一貫して進み、主食用米の主産地、ブランド米地域が確立していった（**第2図、第3図**）。それと同時に米生産調整政策のもとで水稲作付の抑制と水稲以外作物の生産振興が図られた。**第4図**にあるように、1970〜80年代は、田利用率が上昇局面にあると同時に、生産調整政策において作付が推進された各種作物の作付面積も概ね増加傾向にあり、水田利用の高度化が進展した時期といえる。

以上をふまえて、本章の目的は1970〜80年代の水田農業生産力の実態を検証することである。具体的には、第1に、農業生産力の重要な要素である労働生産性と土地生産性の伸びはどのようなものだったのかについて明らか

244

第 12 章　1970～80 年代の水田農業生産力

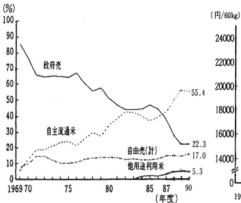

第2図　水稲作販売農家の販売ルート別販売
　　　　数量シェア（全国）

出所：岩谷（1992：p.36）より引用。原資料は農林水産省
　　　『物材統計』。

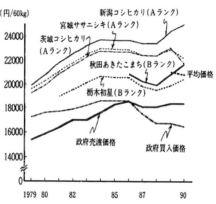

第3図　自主流通米価格の推移

出所：岩谷（1992：p.37）より引用。原資料は食糧庁
　　　『米価に関する資料』。
註：1）1989年産までの自主流通米価格は建値であり、
　　　90年産は自主流通米価格形成機構における入
　　　札取引結果である。
　　2）1989年産以降の価格には消費税相当分を含む。

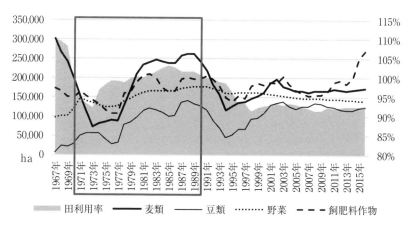

第4図　田における作物別作付面積（左軸）と田利用率（右軸）との推移

出所：農林水産省「耕地及び作付面積統計」（各年度版）より作成。

第2部　水田フル活用政策の歴史的比較

にする。第2に、全国データから読み取れる水田利用高度化の流れは各地域でも見られるのか、また、そこにはどのような地域別の水田利用の特徴が存在するのかについて明らかにする。また、当該期間は田利用率が伸びている一方、田の面積自体は減少している時期である。米生産の貴重な生産手段でもある水田を維持することは今日において重要な政策課題でもあることをふまえ、第3に、田面積の増減に関係する要因を明らかにする。

2．田作付作物の労働生産性と土地生産性

(1) 労働生産性

まず、田作付作物の10a当たり投下労働時間の推移をみていく。**第5図**によれば、1970年から90年において、水稲は約3分の1、小麦は約4分の1に10a当たりの投下労働時間が減少している。大豆についても、1980年から90年にかけて、投下労働時間が約3分の1に減少している。このように、田における水稲、小麦、大豆の栽培における労働生産性はいずれも大幅に向上したといえよう。その背景には、農業の機械化、とりわけ乗用トラクタ、田植機、バインダー・コンバインの普及がこの時期に急速に進んだことがあるこ

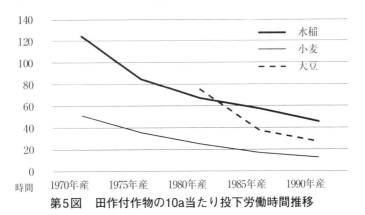

第5図　田作付作物の10a当たり投下労働時間推移

出所：農林水産省「米及び麦類の生産費」、農林水産省「工芸農作物等の生産費」より作成。

第12章 1970～80年代の水田農業生産力

とはいうまでもない(2)。

（2）土地生産性

　続いて水田農業における土地生産性について。**第6図**は、田作付作物の単収の推移をみたものである。1970年から90年にかけて、水稲と麦類の単収は、ともに変動を伴いつつ微増していた。大豆の単収についても、80年から90年にかけて微増傾向にあった。とはいえ、同時期に大幅に向上した労働生産性に比較して土地生産性は停滞気味であったといえよう。水稲作における高単収品種から良食味品種へのシフト、麦・大豆作における転作奨励金獲得を目的とした「捨てづくり」対応等が、単収の伸びを停滞させた背景にあったと推測できる。

　この間の土地生産性の地域性を、田作付麦類の単収動向からみたものが**第7図**である(3)。これによると、関東・東山と四国が全国平均を常時上回る一方、東北、北陸、東海、近畿は下回る傾向にあり、北海道は1980年代に入ってから全国平均を上回ることが多くなってきた。田作麦類については、生産に適する地域とそうではない地域とに分かれている様子がうかがえる。

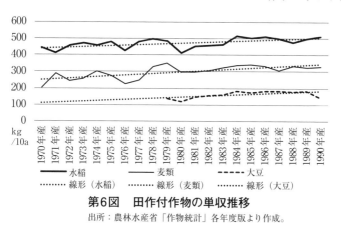

第6図　田作付作物の単収推移
出所：農林水産省「作物統計」各年度版より作成。

(2) 暉峻（2003：p.171）の図を参照のこと。
(3) 本章では地域ブロック毎の分析をする際、九州には沖縄を含めていない。

第2部　水田フル活用政策の歴史的比較

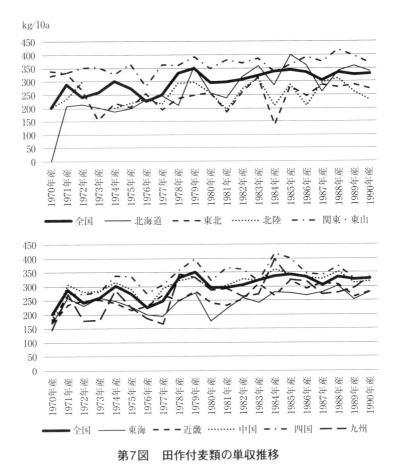

第7図　田作付麦類の単収推移

出所：農林水産省「米及び麦類の生産費」（各年度版）より作成。

（3）小括

　以上のように、1970～80年代の水田作における労働生産性と土地生産性については、米に限らず、田作の麦・大豆にも「省力偏進」傾向が顕著に現れていること、田における麦作においては適地と不適地が存在することが明らかになった。

3．田作付の地域別動向

本節では、1970～80年代の田作付の動向を地域ブロック毎に分析する。

(1) 全国

まず全国の動向から確認する。**第8図**によれば、1970～80年代は水田利用の多様化が進行していることが分かる。麦類、豆類、肥飼料作物、野菜といった水稲以外作物の作付率が軒並み増加している。また、70年代後半から80年代前半は、水田利用率も上昇し、一旦100％台を回復した[4]。しかし80年代後半以降、水田利用率は減少傾向が続いている。また、田面積については、70～80年代はもちろん、その後も一貫して減少傾向にある。90年時点で田における水稲作付率は72％、水稲以外作付率は29％である。

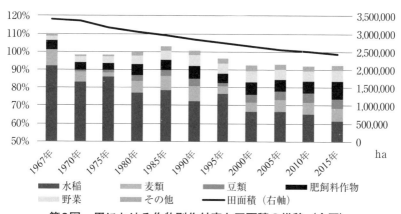

第8図　田における作物別作付率と田面積の推移（全国）
出所：農林水産省「耕地及び作付面積統計」（各年度版）より作成。

---

(4) **第8図**以降において、田における全ての作付作物の作付率を積み上げた値が水田利用率を意味する。

第2部　水田フル活用政策の歴史的比較

（2）北海道

　続いて北海道の動向について。**第9図**によれば、1970 〜 80年代は、急激に水田利用の多様化が進行しており、水稲以外作物の作付率が急増している。とりわけ、70年代後半以降の麦類作付率の伸長が顕著である。期間中、水田利用率も上昇し、水田利用高度化が進展した。結果、水田利用率も減反開始前の水準まで回復している。また、田面積については、70 〜 80年代はもちろん、その後も一貫して減少傾向にあるが、全国と比べて減少速度は比較的緩やかである。90年時点で田における水稲作付率は60％、水稲以外作付率は34％と水稲作付率は全国に比較してかなり小さい。

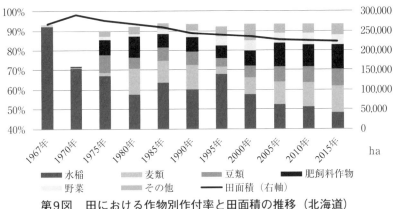

第9図　田における作物別作付率と田面積の推移（北海道）

出所：農林水産省「耕地及び作付面積統計」（各年度版）より作成。

（3）東北

　東北においては、1980年以降に水田利用の多様化が急速に進行しており、その中心は豆類、肥飼料作物である（**第10図**）。75年から90年にかけて、水田利用率も上昇し、水田利用高度化が進展した。結果、水田利用率も減反開始前の水準まで回復している。また、田面積については、70 〜 80年代はもちろん、その後も一貫して減少傾向にあるが、全国と比べて減少速度はかなり緩やかである。90年時点で田における水稲作付率は78％、水稲以外作付率

第 12 章　1970～80 年代の水田農業生産力

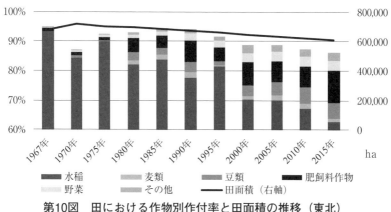

第10図　田における作物別作付率と田面積の推移（東北）
出所：農林水産省「耕地及び作付面積統計」（各年度版）より作成。

は17％と、水稲作付率は全国の値を上回る。

（4）北陸

　北陸も東北と同様、1980年以降に水田利用の多様化が急速に進行した（第11図）。その中心は豆類と麦類であり、肥飼料作物の作付率は少なかった。また、80年代については、水田利用率も上昇し、水田利用高度化が進展した。

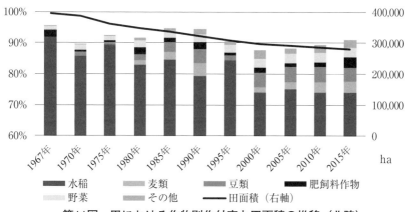

第11図　田における作物別作付率と田面積の推移（北陸）
出所：農林水産省「耕地及び作付面積統計」（各年度版）より作成。

田面積については、70～80年代はもちろん、その後も一貫して減少傾向にある。90年時点で田における水稲作付率は79％、水稲以外作付率は15％と、水稲作付率は全国の値を上回る。

（5）関東・東山

関東・東山においては、減反開始以降、一旦麦類作付率が縮小するものの、1980年以降に再拡大している（**第12図**）。野菜作付率も増加している。70年

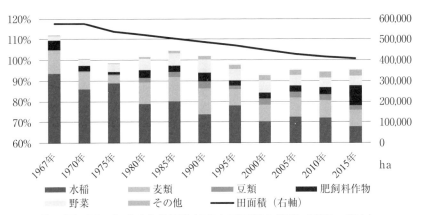

第12図 田における作物別作付率と田面積の推移（関東・東山）
出所：農林水産省「耕地及び作付面積統計」（各年度版）より作成。

第2表 二毛作水田率（表作水稲）の推移

	1970 年	1975 年	1980 年	1985 年	1990 年
全国	10.4%	5.0%	5.6%	6.3%	5.2%
北海道	0.0%	0.0%	0.0%	0.0%	0.0%
東北	0.3%	0.1%	0.1%	0.0%	0.0%
北陸	0.4%	0.3%	0.3%	0.1%	0.1%
関東・東山	10.6%	4.9%	7.4%	8.0%	6.9%
東海	7.1%	1.8%	1.4%	1.5%	1.0%
近畿	9.4%	5.1%	4.4%	4.2%	3.2%
中国	12.2%	3.7%	3.5%	3.6%	2.9%
四国	36.5%	15.9%	19.0%	20.3%	15.5%
九州	34.6%	20.3%	22.9%	27.7%	23.8%

出所：農林水産省「農林業センサス」（各年度版）より作成。
注：ゴチが前期から上昇した数字である。

代後半から80年代前半かけて水田利用率は上昇し、水田利用高度化が進展した。水田利用率も100％台を回復し、二毛作も一定程度復活した（**第２表**）。80年代後半になると水田利用率は再び停滞する。田面積については、70〜80年代はもちろん、その後も一貫して減少傾向にある。90年時点で田における水稲作付率は74％、水稲以外作付率は28％と、ほぼ全国と同じ値である。

（６）東海

東海においては、1980年代に水田利用の多様化が進行した（**第13図**）。作付率が増えたのは、主に麦類、肥飼料作物、野菜であった。80年代前半については水田利用率も上昇し、水田利用高度化が進展したものの、水田二毛作は復活しなかった（前掲**第２表**）。80年代後半になると水田利用率は停滞した。田面積については、70〜80年代はもちろん、その後も一貫して減少傾向にあるが、全国と比べて減少速度は大きい。90年時点で田における水稲作付率は72％、水稲以外作付率23％である。

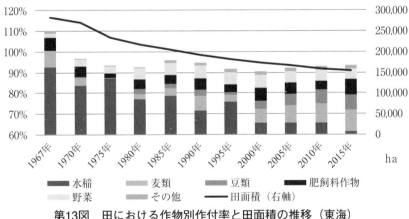

第13図　田における作物別作付率と田面積の推移（東海）
出所：農林水産省「耕地及び作付面積統計」（各年度版）より作成。

（７）近畿

近畿においては、米生産調整政策開始以前から水田における野菜の作付率

第２部　水田フル活用政策の歴史的比較

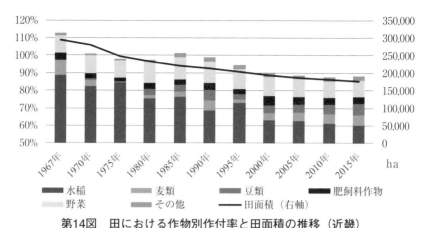

第14図　田における作物別作付率と田面積の推移（近畿）
出所：農林水産省「耕地及び作付面積統計」（各年度版）より作成。

が他地域に比べて高く、減反開始以降も作付率が高位で維持されている（**第14図**）。1980年代に水田利用の多様化が進行した。80年代前半は水田利用率も上昇し85年には100％台を回復したが、二毛作水田率は伸びなかった（前掲**第２表**）。85年以降、水田利用率は減少傾向となった。田面積については、1970〜80年代はもちろん、その後も一貫して減少傾向にある。90年時点で田における水稲作付率は69％、水稲以外作付率31％である。

（８）中国

　中国においては、1980年代に水田利用の多様化が進行し、豆類、肥飼料作物の作付率が増加した（**第15図**）。80年代前半は、水田利用率も上昇し水田利用高度化が進展したものの、水田二毛作は復活しなかった（前掲**第２表**）。80年代後半以降、水田利用率は停滞・減少傾向となった。田面積については、70〜80年代はもちろん、その後も一貫して減少傾向にあり、全国と比べてその速度は大きい。90年時点で水稲作付率は69％、水稲以外作付率は24％と、ともに全国の数値を下回っている。

第 12 章　1970〜80 年代の水田農業生産力

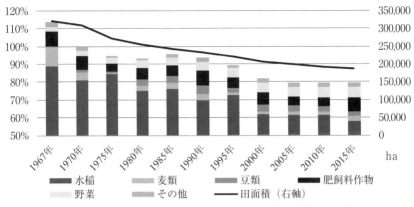

第15図　田における作物別作付率と田面積の推移（中国）
出所：農林水産省「耕地及び作付面積統計」（各年度版）より作成。

（9）四国

　四国においては、米生産調整政策開始以前に取り組まれていた麦類の作付率が一旦減少したが、1980年以降はその作付率が再び増加に転じた（**第16図**）。減反開始前から取り組まれた水田における野菜作付も減反開始以降、その作付率を伸ばしている。80年代に水田利用の多様化が進行している。70

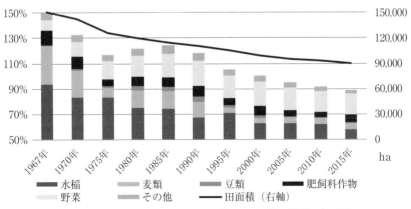

第16図　田における作物別作付率と田面積の推移（四国）
出所：農林水産省「耕地及び作付面積統計」（各年度版）より作成。

255

第2部　水田フル活用政策の歴史的比較

年代後半から80年代前半にかけては水田利用率も上昇し、水田利用高度化が進展し、水田二毛作も一定程度復活した（前掲**第2表**）。85年には水田利用率は120％台中盤まで回復した。ただ85年以降、水田利用率は減少傾向をたどっている。田面積については、70～80年代はもちろん、その後も一貫して減少傾向にある。90年時点で田における水稲作付率は68％、水稲以外作付率は51％と、水稲以外作付率が全国を大きく上回る。

(10) 九州

九州では、四国同様に米生産調整政策開始以前から取り組まれてきた麦類作付が一旦縮小するものの、1980年代に入り作付率が再び増加し、85年までは野菜、肥飼料作物、大豆の作付率も軒並み増加した（**第17図**）。70年代後半から80年代前半は、水田利用率が顕著に上昇し、水田利用高度化が進行した。二毛作も復活し、水田利用率は130％台を回復した（前掲**第2表**）。ただ、80年代後半以降、水田利用率は減少局面へ突入している。田面積については、1970～80年代はもちろん、その後も一貫して減少傾向にある。90年時点で田における水稲作付率は68％、水稲以外作付率は57％と、四国と同様に水稲以外作付率が全国を大きく上回っている。

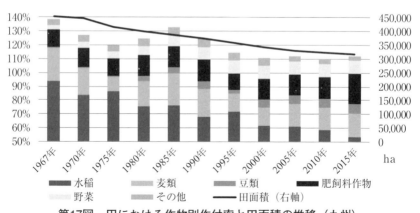

第17図　田における作物別作付率と田面積の推移（九州）
出所：農林水産省「耕地及び作付面積統計」（各年度版）より作成。

第12章　1970～80年代の水田農業生産力

（11）小括

　以上の全国地域ブロック別の1970～80年代の田作付の動向を小括すれば、第1に、70年代後半から80年代前半は、全国各地で水稲以外作物の作付率が伸張するとともに水田利用率も向上し、水田高度利用化が進行していた。そして地域によって伸張した水稲以外作物の種類や作付率も異なっていた。そして第2に、80年代後半は関東以西において水田利用率が停滞・減少していた。これは水稲作付率の減少分を水稲以外作付率の増加分でカバーできていない、すなわち減反強化の速度に転作活用の速度が追いついておらず、減反田の未利用化が進行している実態を示すものである。第3に、田面積については速度の差はあれ、全ての地域で減少傾向をたどっていた。

第3表　水田利用の到達点（1990年時点）

	全国	北海道	東北	北陸	関東・東山	東海	近畿	中国	四国	九州
水稲作付率	72.2%	60.2%	77.6%	79.2%	73.7%	71.6%	68.6%	69.5%	67.6%	67.7%
水稲以外作付率	28.6%	33.5%	16.6%	15.2%	28.4%	23.1%	30.6%	24.1%	50.8%	56.8%
うち麦類	8.5%	12.3%	2.0%	4.2%	12.9%	6.9%	5.7%	3.6%	11.9%	20.3%
うち豆類	4.5%	7.0%	3.4%	4.7%	3.4%	3.3%	6.1%	5.1%	4.1%	5.6%
うち肥飼料	7.0%	7.1%	7.2%	2.2%	4.1%	5.4%	4.0%	7.9%	8.5%	15.6%
うち野菜	5.9%	3.5%	2.4%	2.5%	6.0%	6.0%	12.1%	5.3%	19.6%	9.0%
水田利用率	100.8%	93.7%	94.2%	94.3%	102.2%	94.7%	99.1%	93.6%	118.4%	124.6%

出所：農林水産省「耕地及び作付面積統計」（各年度版）より作成。
注：ゴチが全国平均以上の数値である。

　1990年時点の水田利用の到達点を整理すれば、水田利用のあり方が地域によって多様であることが分かる（**第3表**）。水稲作付率は東北や北陸などの東日本は高く、西日本と北海道は低い。温暖な四国・九州は水稲以外の作付率が高くかつ水田利用率も高い。野菜作は概して関東以西で盛んである。中国地方は、水稲作付率と水稲以外作付率の両方において全国を下回っており、水田利用そのものが停滞気味である。

257

第2部　水田フル活用政策の歴史的比較

4．田面積の増減率を規定する要因

　1970年～80年代においては、全ての地域ブロックで田面積が減少傾向をたどっていたことを確認したが、**第18図**に示すように、その増減率（減少率）には差が生じている。とりわけ、東北における減少率が小さい一方、九州を除く西日本における減少率が大きい点が注目される。この背景には何があるのか。本節では田面積の増減率を規定する要因について探る。

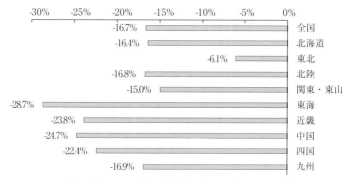

第18図　田面積の増減率（1970年→90年）
出所：農林水産省「耕地及び作付面積統計」（各年度版）より作成。

（1）田面積増減率と水稲作付面積増減率との関係

　第19図は、田面積増減率と水稲作付面積増減率との関係を示したものである。図が煩雑になるため、各地域ブロックのみのデータをプロットしているが、2つの増減率の間には強い正の相関が見られる[5]。すなわち、水稲作付面積の減少率が小さい地域では、田面積の減少率も小さくなる傾向があるといえる。両者ともに全国平均値より減少率が小さい地域は、東北と関

（5）**第19図**の注2に記載しているように、沖縄を除く46都道府県のデータを用いた場合でも同様の傾向が見られる。

第12章　1970～80年代の水田農業生産力

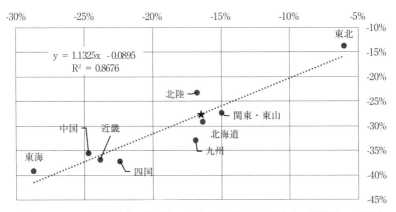

**第19図　田面積増減率（横軸）と水稲作付面積増減率（縦軸）の関係
　　　　（1970年→90年）**
出所：農林水産省「耕地及び作付面積統計」（各年度版）より作成。
注：1）★が全国平均値（田面積増減率-16.7%、水稲作付面積増減率-27.5%）。
　　2）沖縄を除く46都道府県でプロットした場合の回帰式
　　　　【y = 0.9019x - 0.1343, R² = 0.8934】。

東・東山。都道府県では、東北6県、茨城、栃木、新潟、富山、佐賀、熊本の計12県である。

（2）田面積増減率と作付延べ面積増減率との関係

　第20図は、田面積増減率と水稲作付面積増減率との関係を示したものである。図では各地域ブロックのみのデータをプロットしており、両者の間には正の相関が見られる[6]。すなわち、作付延べ面積の減少率が小さい地域では、田面積の減少率も小さくなる傾向があるといえる。両者ともに全国平均値より減少率が小さい地域は、北海道、東北、関東・東山。都道府県では、北海道、東北6県、茨城、栃木、新潟、富山、滋賀、佐賀、熊本の計14道県である。

---

(6) **第20図**の注2に記載しているように、沖縄を除く46都道府県のデータを用いた場合でも同様の傾向が見られるが、地域ブロックのデータを用いた場合よりも回帰式の決定係数がより高くなっている（前者では0.6426、後者では0.8393）。

第2部　水田フル活用政策の歴史的比較

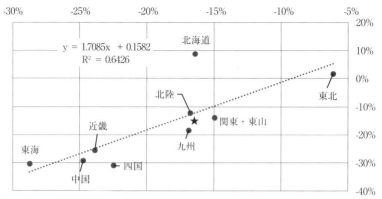

第20図　田面積増減率（横軸）と作付延べ面積増減率（縦軸）との関係
　　　　（1970年→90年）

出所：農林水産省「耕地及び作付面積統計」（各年度版）より作成。
注：1）★が全国平均値（田面積増減率-16.7％、作付延べ面積増減率-14.7％）。
　　2）沖縄を除く46都道府県でプロットした場合の回帰式
　　　　【$y = 1.1733x + 0.0425$, $R^2 = 0.8393$】。

（3）田面積増減率と田のある農家数の増減率との関係

　第21図は、田面積増減率と田のある農家数の増減率との間を示したものである。こちらも各地域ブロックのみのデータをプロットしており、両者の間には正の相関が見られる[7]。すなわち、田のある農家数の減少率が小さい地域では、田面積の減少率も小さくなる傾向があるといえる。両者ともに全国平均値より減少率が小さい地域は、東北、関東・東山。都道府県では、東北6県、茨城、栃木、新潟、富山、佐賀、熊本の計12県である。

---

(7) 第21図の注2に記載しているように、沖縄を除く46都道府県のデータを用いた場合でも同様の傾向が見られるが、地域ブロックのデータを用いた場合よりも回帰式の決定係数がより高くなっている（前者では0.6945、後者では0.8267）。

第12章　1970～80年代の水田農業生産力

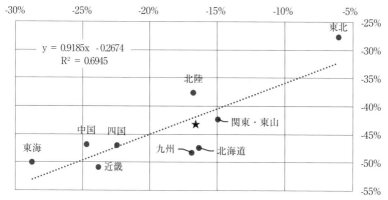

第21図　田面積増減率（横軸）と田のある農家数増減率（縦軸）との関係（1970年→90年）
出所：農林水産省「耕地及び作付面積統計」、農林水産省「農林業センサス」より作成。
註：1）★が全国平均値（田面積増減率-16.7％、農家数増減率-43.3％）。
　　2）沖縄を除く46都道府県でプロットした場合の回帰式
　　　　【y = 0.7989x - 0.2765, R² = 0.8267】。

（4）小括

　1970年から90年にかけての田面積増減率は、水稲作付面積の増減率、作付延べ面積の増減率、田のある農家数の増減率それぞれと正の相関関係にあることが確認され、後者の3指標の減少率が軒並み小さかった東北地域では、田面積の減少率が低く抑えられていた。

　田面積が水稲作付面積や作付延べ面積と正の相関関係にあること（例：田面積が多い地域では水稲作付面積も多くなる）は自明である一方、田面積と田のある農家数と間に正の相関関係があることは必ずしも自明ではない。田のある農家数が減ったとしても（離農して土地持ち非農家になったとしても）、そこから排出される田を他の農家が借りるなどして経営すれば田面積は減らないからである。ここで想定されうる事態は、離農を通じた農地かい廃（転用や荒廃農地化など）であり、田面積の減少が少なかった東北では他地域に比べてそうしたケースが少なかったと考えられる。その背景には、低

261

第2部 水田フル活用政策の歴史的比較

経済成長期における農村経済停滞、米価上昇および価格優位な自主流通米作付増を背景とした離農抑制といった「東北」的事情が存在したと考えられる。

5．おわりに―まとめと考察―

（1）まとめ

1）水田農業生産力における労働生産性と土地生産性について

　米、田作麦（小麦、麦類）、田作大豆については、1970 ～ 80年代において労働生産性は3 ～ 4倍に向上していた一方、土地生産性は微増にとどまっており、いずれも「省力偏進」傾向にあることが明らかになった。

2）全国における地域別の水田利用の特徴について

　1970年代後半から80年代前半にかけては、全国各地で水稲以外作物の作付率が伸張するとともに水田利用率も向上し、水田高度利用化が進展した。80年代後半になると関東以西において水田利用率は停滞・減少へ転じた。地域によって伸張した水稲以外作物の種類や作付率も異なり、70 ～ 80年代を通して、それぞれの地域の実情に合わせて水田が利活用されていた。

3）田面積の増減に関係する要因について

　1970年から90年にかけての田面積増減率は、水稲作付面積の増減率、作付延べ面積の増減率、田のある農家数の増減率それぞれと正の相関関係にあることが確認され、後者の3指標の減少率が軒並み小さかった東北地域では、田面積の減少率が低く抑えられていた。

（2）考察

　1970 ～ 80年代は水稲作付率の減少分を水稲以外作物の作付率の増加分が上回り、水田高度利用が全国的に実現していた（特に水田利用再編対策期の70年代後半と80年代前半）。その一方、米生産調整政策が開始されて20年が

262

第 12 章　1970 〜 80 年代の水田農業生産力

経過し、生産調整が徐々に強化され、水稲作付面積が減らされてきた。そして、90年時点の到達点をみると、米の生産調整を多く引き受け、水稲作付面積を減らした地域ほど、田面積が減っており、水稲を作付けることと田が保全されることの間には深い関係があることが見いだせた。また、作付延べ面積を減らさなかった地域も水田が減っていなかった。すなわち、水稲作付や水田高度利用に地道に取り組んだ地域では水田面積がそれほど減少しなかったというのが、70 〜 80年代の経験から得られる重要な示唆であった。このように、一人ひとりの農家が自分の経営する田で作付を行うことが、田を管理し、保全することに結びついていたのが、70 〜 80年代だったのではないか。「補助金漬け」「捨てづくり」「低単収」といった問題が付随したとはいえ、作付・耕作という行為は最低限、水田面積の維持につながっていたと考えられるのである。

　今日の国内農業・農村の置かれている状況は1970 〜 80年代とは異なり、農村における高齢化も進み、農業の人手不足が深刻である。当時はそれほど存在感が大きくなかった生産組織や集落営農組織が地域農業の「最後の砦」として水田を耕作・管理しているケースも少なくない。そしてそれらの組織の多くが後継者不足や資材価格高騰に苦しんでいる。一方、ウクライナ危機や円安を背景に農産物の安定的な輸入が今後見通しづらくなる中で、米という貴重なカロリー源を安定的に生産できる水田を総量として維持していくことは、食料安全保障上極めて優先順位の高い政策課題である。70 〜 80年代の低成長期の時代、農村に存在した多くの兼業農家の家計を結果的に支えたのが多額の転作助成金であった。その後それらは削減されてきたが、国民に米を安定的かつ安価に供給するとともに、その生産を持続的に行い、国の食料安全保障を担っていく主体に対して、「対価」として直接支払いを手厚く講じていくことが今こそ必要ではないか。そしてその際、管理・作付面積当たりで交付金を支払うというオーソドックスな政策手法は、今日においてもなお通用するのではないか。これが本章で行った70 〜 80年代の水田生産力の分析結果から得られた示唆である。

第2部　水田フル活用政策の歴史的比較

付記

本稿はJP20K06274、JP22K05868による研究成果の一部である。

〔参考・引用文献〕
・ 安藤光義（2016）「水田農業政策の展開過程」『農業経済研究』88（1）：26-39。
・ 磯辺俊彦（1985）『日本農業の土地問題―土地経済学の構成―』東京大学出版会。
・ 岩谷幸春（1992）「農産物価格問題」『農業市場研究』1（1）：34-44。
・ 持田恵三（1990）『日本の米―風土・歴史・生活』筑摩書房。
・ 中渡明弘（2010）「米の生産調整政策の経緯と動向」『レファレンス』60（10）：51-71。
・ 佐藤了（1989）「地域営農集団による水田利用高度化機能」集団的土地利用研究会編『地域農業再編と集団的土地利用』（総合農業研究叢書第15号）農林水産省農業研究センター：39-78。
・ 田代洋一（1993）「水田利用再編対策の政策分析」『農地政策と地域』日本経済評論社：217-250。
・ 暉峻衆三編（2003）『日本の農業150年』有斐閣ブックス。
・ 戸田博愛（1986）『現代日本の農業政策』農林統計協会。
・ 宇佐美繁（1986）「農業生産力構造の現段階的性格」『農業経済研究』58（2）：68-80。
・ 宇佐美繁（1991）「日本農業の現局面と農地問題」宮下・三田・三島・小田編著『経済摩擦と日本農業』ミネルヴァ書房：242-263。
・ 宇佐美繁（1997）「農業構造の変貌」宇佐美繁編著『1995年農業センサス分析：日本農業―その構造変動―』農林統計協会：11-70。
・ 横山英信（2003）「水田農業転換期における米生産調整・転作をめぐる政策的諸問題」『岩手大学人文社会科学部紀要』（73）：59-79。

第13章

1970-1980年代の水田農業における農業生産組織の動向とその後の展開に関する統計分析

平林光幸

1. はじめに

現在の水田農業の中心的な担い手の1つである集落営農組織には、2007～2009年にかけての旧品目横断的経営安定対策への対応として、政策対象とならない小規模農家を中心に設立されたものが多いと言われている。歴史的に見れば、集落営農は小野（2012）が整理しているように、昭和40年代後半頃から秋田県、島根県、広島県、富山県、滋賀県等の一部先進的な県で取組が開始され、平成に入ってから、農林水産省でも新政策等において取り上げられるようになった経緯がある[1]。

このような複数農家による農業生産組織の端緒は、もともと稲作農家の農業機械や施設の発達につれてそれらの農村への導入が政策の助成対象となった1960年代前後の事業において、その導入の受け手、利用主体として設立された農家集団等とする。ここではいわゆる「ぐるみ型」の集落営農ではなく、中核農家の育成のための補完組織であった（津田（1994））。

他方で、米の供給過剰から生産調整、転作への対応が求められる中で、田代（1993）では生産調整拡大においてムラの活用がなされ、そのために集団転作、転作のための生産組織が設立されてきた経緯があること、津田

（1）ただし、ここでの集落営農組織はいわゆる「ぐるみ型」ではなく、主たる従事者が他産業並みの労働時間の下で地域の他産業従事者と遜色ない生涯所得を確保できる経営体が想定されている。

265

第2部　水田フル活用政策の歴史的比較

（1994）においても1980年代では転作関連の組織育成に重点がおかれたことが指摘されている。この時期、水田利用再編対策によって転作が本格化されるなかで、農協系統においても地域営農集団、地域農業の組織化が進められた。梶井・高橋（1983）、全国農業会議所（1982）等ではそれら現地の様々な取組が紹介されている。

　このように1970年代〜80年代の農業生産組織については、①中核農家の育成を目的としたものと、②転作を実行するためにムラの機能を活用して農家の取組を促したものという2つの面があった。

　現在の集落営農組織には、後者の組織がその母体となっているものもあると考えられるが、これら組織が現在において、どのように展開を遂げているのであろうか。本稿ではこの点を課題とし、以下の点を検討する。

　まず、1970年代〜1980年代における転作対応の状況をみるために、農業センサス分析を行う。次に、1980年代における農業生産組織の動向について農業生産組織調査報告書を利用した分析を行う。そして、集落営農実態調査を利用して、1970年代、80年代に設立されたと思われる集落営農組織の現在の状況について検討する。

2．各地域での水田利用の状況

（1）田の利用構造の変化とその推移

　都府県の田の利用構造の推移を**第1表**に示す。稲の作付面積率は、1970年まではほぼ全面的に田に稲が作付けられていたことから100％に近い水準であったが、1975年以降低下を始め、1990年には79.6％となった。その後、1993年の大冷害によって米の緊急輸入が行われるにいたって、一時的に稲の作付面積は増加し、1995年での作付面積率は88.5％に上昇したが、2000年以降は75％超で推移している。ただし、2015年では飼料用米の作付けが増加したことから稲の作付面積率が上昇している。

　1970年代以降、生産調整面積が増加し、稲の作付面積率が低下するなかで、

第13章　1970-1980年代の水田農業における農業生産組織の動向とその後の展開に関する統計分析

第1表　都府県における田の利用構造の推移

(単位：千 ha、%)

都府県	田面積	稲	二毛作	稲以外	不作付け	稲面積率	稲以外面積率
1960 年	2,777	2,757	904	16	4	99.3	0.6
1965 年	2,740	2,712	634	18	10	99.0	0.7
1970 年	2,769	2,734	316	20	16	98.7	0.7
1975 年	2,542	2,397	139	51	94	94.3	2.0
1980 年	2,507	2,208	156	198	101	88.1	7.9
1985 年	2,408	2,068	167	266	74	85.9	11.0
1990 年	2,298	1,830	131	371	97	79.6	16.1
1995 年	2,158	1,911	102	167	80	88.5	7.7
2000 年	1,938	1,473	71	268	197	76.0	13.8
2005 年	1,782	1,371	65	275	136	76.9	15.4
2010 年	1,586	1,232	47	228	125	77.7	14.4
2015 年	1,434	1,196	52	171	67	83.4	11.9

（参考）（単位：千 ha）

	田面積	稲以外
農家以外の農業事業体	6	2
	9	5
	15	6
	15	4
	30	12
組織経営体	75	36
	238	84
	303	94

資料：農業センサス

注：1985（昭和60）年は新定義の総農家、1990（平成2）年以降は販売農家の値である。

稲以外の作物による作付けが進められてきた。当初は不作付けによる対応が多く、1975年をみると、稲以外の作物の作付面積（以下、稲以外の作付面積）は51千haであるのに対して、不作付面積は94千haと前者の2倍の面積であった。しかし、1980年になると、稲以外の作付面積は198千haへと一気に増加し、1975年の約4倍となる一方で、不作付面積は101千haと微増にとどまった。その後は稲以外の面積は増加を続けることになる。

　また、農家以外の農業事業体（2005年からは組織経営体）は、1970-80年代ではその設立があまり見られず、そのため1980年における農家以外の農業事業体の経営田面積は6千ha程度にとどまっていた。こうした経営体による集積が活発になるのは、旧品目横断的経営安定対策によって各地に集落営農組織が設立される2000年代後半であり、2005年の75千haから2010年には238千haへと急増した。

　転作作物別の作付面積の推移を**第1図**に示す。1976年、77年の水田利用総合対策では飼料作物がそれぞれ23千ha、27千haで、次いで大豆が9千ha、10千haであり、麦の作付けはほとんどなかった。

第 2 部　水田フル活用政策の歴史的比較

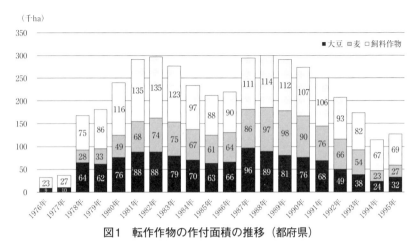

図1　転作作物の作付面積の推移（都府県）

資料：水田総合利用対策実績調査結果表、水田利用再編対策実績調査結果表、水田農業確立対策実績調査結果表、水田営農活性化対策実績調査結果表

　その後、水田利用再編対策でこれらの作物の作付面積が大きく増加する。第 1 期対策（1978-80年）の期末には大豆が72千ha、麦が49千ha、飼料作物が116千haで 3 作合計240千haとなる。第 2 期対策（1981-83年）では麦が大きく増加し、期末の麦の作付面積は75千ha、大豆は79千ha、飼料作物は123千haで計276千haとなり、前期対策の期末面積よりも約 1 割増加した。しかし、第 3 期対策（1984年-86年）では、生産調整が緩和されたことから、大豆、麦、飼料作物のいずれの面積も減少し、期末の1986年計で220千haとなった。

　その後、水田農業確立対策の前期（1987-89年）では生産調整が強化され、転作作物の面積は増加した。大豆は期末で81千ha、麦は98千ha、飼料作物は112千haとなり、 3 作物の合計面積は291千haとなった。しかし、後期対策（1990-92年）及び水田営農活性化対策（1993-95年）では面積が大きく減少している。

　このように1970年代は転作によって、田における麦、大豆、飼料作物の作付面積が増加した。当初は飼料作物の面積が急増したが、その後は麦、大豆の作付面積が大きく増加した。1976年から1995年の間で作物別の最大面積は、飼料作物が1982年の135千haであるのに対して、大豆は1987年の96千ha、麦

第13章　1970-1980年代の水田農業における農業生産組織の動向とその後の展開に関する統計分析

は1989年の98千haである。こうした麦や大豆の作付面積拡大は、農家の農業生産構造、農業生産組織の形成に大きく関わっている。

（2）稲以外の作物生産の取組動向

　稲収穫面積規模別に農家の稲以外の作付面積率の推移を第2図に示す。1980年代は稲収穫面積が5ha以上の農家で稲以外の作付面積率が20％と高く、5ha未満の規模層では一様に低い。しかし、こうした規模層でも稲以外の作付面積率は年々上昇し、1990年になると面積規模間でその面積率に差が生じなくなっている。転作が開始された当初は、面積規模の大きな農家しか転作に取り組んでいなかったが、小規模な農家も徐々に転作に取り組み始め、10年が経過する頃には、全ての規模層で転作に取り組むようになった。

　田における稲以外の主な作物は、麦、大豆、飼料作、野菜であるが、ここで稲の収穫面積規模別にそれぞれの作物の取組率の推移を第2表に示す。まず農家全体の取組状況をみると、1980年では麦類が3.5％、大豆が13.1％、野菜が9.8％、飼料作が6.3％であり、総じて取組は低調で、大豆のみ10％を超えている程度にとどまる。

　しかし、その後は各作物ともに取組割合が上昇しており、1990年になると麦類が15.9％、大豆が33.0％、野菜が44.2％、飼料作が19.0％となり、特に野

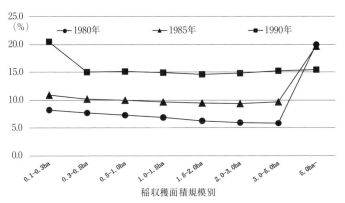

第2図　農家における稲以外の作付面積の田面積割合（都府県）
資料：農業センサス

第2部　水田フル活用政策の歴史的比較

第2表　都府県における稲の収穫面積別田における稲以外の取組農家割合

(単位：％，時間/10a)

収穫面積規模	麦類取組割合			大豆取組割合			野菜取組割合			飼料作取組割合		
	80年	85年	90年	80年	85年	90年	80年	85年	90年	80年	85年	90年
0.1-0.3ha	1.1	6.5	10.8	7.4	28.3	29.5	7.3	42.1	45.4	2.6	9.7	14.4
0.3-0.5	2.5	8.5	11.9	13.8	31.9	33.1	10.2	34.0	46.7	5.3	12.4	16.2
0.5-1.0	4.6	12.5	17.3	17.0	30.8	34.1	11.7	28.4	43.3	8.2	15.4	20.5
1.0-1.5	7.1	17.3	23.8	18.2	28.0	34.0	12.2	24.4	40.7	11.1	17.8	24.0
1.5-2.0	8.4	19.8	26.4	17.8	26.3	35.1	12.1	21.8	39.7	13.5	20.3	26.9
2.0-3.0	9.9	21.7	28.1	17.6	26.0	38.0	10.5	19.0	39.8	16.7	22.4	30.3
3.0-5.0	14.0	25.9	32.4	16.1	25.4	41.7	9.3	16.0	41.8	18.3	23.6	32.5
5.0-	38.8	44.9	47.5	10.0	19.0	46.0	6.4	10.6	38.7	14.7	19.3	27.6
労働時間	24.8	17.2	12.7	75.3	43.5	26.8						

注：労働時間は、都府県の田作。麦類は小麦である。
資料：農業センサス、米及び麦類生産費、工芸農作物生産費.

菜と大豆を田で生産している農家割合が大きく上昇している。

　また、収穫面積規模別にみると、作目によって特徴がある。まず、1980年
においては、麦類は収穫面積規模が大きくなるにしたがって取組割合が上昇
しており、0.1-0.3haでは1.1％であるが、3.0-5.0haになると14.0％にまで上昇し、
さらに5.0ha以上では38.8％となる。飼料作においても同様の傾向であり、
1980年の取組割合は0.5-0.3haで2.6％であるが、3.0-5.0haになると18.3％にま
で上昇する。ただし5.0ha以上は、やや低下し、14.7％になる。

　その一方で、大豆は0.1-0.3haが7.4％、0.3-0.5haが13.8％、0.5-1.0haが17.0％
と上昇するものの、この規模以上では大きく上昇せず、1.0-1.5haの18.2％を
ピークに低下し、5.0ha以上では10.0％にまで低下する。野菜についても同様
で、0.1-0.3haの7.3％から収穫面積規模が大きくなるにつれて上昇し、1.0-
1.5haでは12.2％となるが、それ以上の規模になると低下し、5.0ha以上では
6.4％となる。

　このように大豆や野菜については収穫面積規模が大きくなるにつれて取組
割合が上昇する傾向は、麦類や飼料作のように見られないが、1990年になる
と大豆については異なる動きとなる。1990年の大豆の取組割合を収穫規模別
にみると、0.1-0.3haでは29.5％であるが、収穫規模が大きくなるにしたがっ

270

第13章　1970-1980年代の水田農業における農業生産組織の動向とその後の展開に関する統計分析

て取組割合は上昇し、5.0ha以上では46.0％に達する。また、麦類も0.1-0.3ha
の10.8％から一貫して上昇を続け、5.0ha以上では47.5％となる。

　この間、特に大豆では機械化が進み、労働生産性が飛躍的に向上した。10
ａ当たりの平均労働時間をみると、1980年で麦類は10ａ当たり24.8時間なの
に対し、大豆は75.3時間であり、ほとんど機械化が進展していなかったが、
1990年になると麦類は12.7時間、大豆は26.8時間となった。麦類は10年間で
労働生産性が２倍の上昇であるのに対し、大豆は約３倍の上昇となる[2]。

　ここで地域ブロック別に、稲の収穫があった農家における田に稲以外の作
物を作付けした農家の割合を**第3表**に示す。稲以外の作物（＝転作作物）に
取り組む農家の割合は、1980年では南関東が19.7％と非常に低いが、他の地
域では30～40％台である。その後は各地で転作の取組が全般的に浸透し、
1990年にはほとんどの地域で60％超に上昇する[3]。作物別にみると、麦は
北関東が1980年から10％を超えて取り組まれており、その後1990年でも
17.8％と最も高い。大豆は、山陽や北九州が1980年頃から20％前後であり、
そのまま取組割合は上昇し、1990年には25％を超えている。また、東北、北
陸、近畿でも1990年になると20％を超えている。野菜は、自家消費の面もあ
るため、1980年においても取り組む農家が一定存在し、1990年になると30％
を超える地域もあり、北陸では41.5％に達する。飼料作物は、東北が1980年
時点で18.0％と高く、90年になると32.3％となり、取り組む農家が増えてい
る。また、山陽も1980年には取り組む農家がいなかったが、1990年には
19.5％にまで上昇している。

　さらに、収穫面積規模５ha以上の大規模農家について詳しくみる[4]。

（2）なお、現在ではさらに労働生産性は上昇し、2020年の生産費調査では小麦が
　　10ａ当たり4.5時間、大豆が6.8時間である。
（3）ただし、南関東は27.2％と極めて低く、その周辺の北関東、東海も40％台と低
　　い。
（4）東北については、秋田県を除いた。秋田県の大潟村には入植農家が大規模に
　　営農しており、東北の５ha以上稲収穫農家の48.4％が秋田県に集中している。
　　大潟村の当時の状況については、田代・鈴木（1982）に詳しい。

271

第2部　水田フル活用政策の歴史的比較

第3表　都府県農家における稲以外の作物に取り組む農家の推移

(単位：％)

		稲以外の作物に取り組む農家割合			麦類取組割合			大豆取組割合			野菜取組割合			飼料作物取組割合		
		80年	85年	90年	80年	85年	90年	80年	85年	90年	80年	85年	90年	80年	85年	90年
	東北	42.0	46.7	62.8	2.0	3.0	5.5	16.8	15.4	22.1	3.2	7.4	30.0	18.0	22.6	32.3
	北陸	45.6	48.3	62.0	2.1	8.7	14.4	13.5	12.8	23.1	19.6	15.0	41.5	10.1	3.8	9.1
	北関東	30.8	31.3	40.7	10.9	11.8	17.8	4.2	3.9	7.6	4.4	3.3	30.5	10.2	7.5	13.2
	南関東	19.7	20.7	27.4	4.4	5.3	7.1	3.9	4.0	5.0	8.2	8.6	12.0	6.1	2.5	1.2
	東海	30.8	32.3	42.4	4.3	5.2	10.1	9.0	7.7	10.6	5.4	5.9	15.1	10.7	1.7	3.4
	近畿	45.0	46.3	61.1	2.4	4.3	11.1	15.7	13.1	22.1	16.3	6.5	34.5	2.3	3.7	6.6
	山陽	44.3	47.1	65.1	2.5	2.1	4.5	19.6	20.1	30.1	14.8	18.2	33.1	0.0	10.9	19.5
	北九州	47.3	48.1	62.8	4.7	6.1	14.3	21.0	19.2	26.4	15.4	10.0	30.1	5.1	6.3	10.2
稲収穫面積5ha以上	東北[秋田除]	67.0	76.0	85.5	12.8	14.6	26.2	11.3	12.0	26.7	5.0	10.4	30.5	30.6	32.3	40.1
	北陸	78.0	81.3	85.4	18.8	37.8	45.8	13.0	18.6	48.3	19.6	15.0	41.5	10.1	3.8	9.1
	北関東	87.8	82.9	81.7	66.1	59.2	64.2	2.0	9.3	46.2	4.4	3.3	30.5	10.2	7.5	13.2
	南関東	42.9	50.6	53.6	22.4	29.6	31.3	4.1	6.2	9.6	8.2	8.6	12.0	6.1	2.5	1.2
	東海	60.7	65.5	71.8	25.0	47.1	56.7	7.1	8.4	32.0	5.4	5.9	15.1	10.7	1.7	3.4
	近畿	76.7	87.0	84.5	25.6	50.9	66.4	20.9	17.6	58.4	16.3	6.5	34.5	2.3	3.7	6.6
	山陽	48.1	72.7	80.5	18.5	27.3	37.3	7.4	16.4	33.1	14.8	18.2	33.1	0.0	10.9	19.5
	北九州	43.6	70.0	77.4	12.8	31.3	50.0	5.1	17.5	41.4	15.4	10.0	30.1	5.1	6.3	10.2
	[参考] 秋田	91.9	92.6	70.7	72.9	58.9	31.5	11.1	21.9	43.5	1.4	2.7	29.1	4.7	7.2	17.2

資料：農業センサス.

第13章　1970-1980年代の水田農業における農業生産組織の動向とその後の展開に関する統計分析

1980年では、北陸（78.0％）、北関東（87.8％）、近畿（76.7％）では8割前後の大規模農家が取り組むが、南関東（42.9％）、山陽（48.1％）、北九州（43.6％）では4割台であり、半数の大規模農家は転作に取り組んでいなかった。また、東北では、秋田県で91.9％の農家が取り組んでいるが、同県を除く東北では67.0％と低い。

しかし、1990年になると、南関東の53.6％を除いて、すべての地域で70％以上の大規模農家が、田において稲以外の作物に取り組むようになる。実際に取り組んでいる作物をみると、1990年においても地域差が見られ、近畿や北関東では、麦類、大豆の両者の割合が高く、北陸は両者ともに都府県平均と同水準であり、北九州、東海では麦類が高く、大豆がやや低く、東北、山陽、南関東では都府県平均よりも取組割合は低い。

また、稲の収穫面積が5ha以上の大規模農家について、主要な地域別の稲以外の作付面積率の変化を**第3図**に示す。稲以外の作付面積率はすべての地域で上昇しており、1990年では多くの地域で15％以上となり、特に東海地域は25％を超えた水準で、経営田の1/4が転作していることになる。大規模農家は地域内で転作の牽引役として確立していったと考えられる。

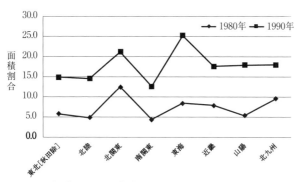

第3図　稲の収穫5ha以上農家における稲以外の作付面積の田面積割合
　　資料：農業センサス

第2部　水田フル活用政策の歴史的比較

3．農業生産組織の形成と農家の参加

（1）農業生産組織の調査について

　麦や大豆の生産にあたっては、農業生産組織に参加して取り組むことで、農業機械投資の負担軽減、労働力の節約になると考えられる。ただし、農業生産組織は多様である。そこで、まず農林水産省の実施した農業生産組織調査の内容について確認した上で、農業生産組織の当時の動向について検討する。

　農林水産省が実施した農業生産組織の調査には、古くは1968年に「集団的生産組織に関するリスト作成」[5]から取り組まれ、1972年と1976年に「農業生産組織調査」、1970年と1980年に「世界農林業センサス農業集落調査」、1985年に農業センサス関連調査として把握が行われている[6]。本稿では主に1985年の調査結果を利用した分析を行う。

　把握されている組織は、主に共同利用組織、受託組織、栽培協定組織であり、協業組織は前三者と性質がやや異なるが調査されている[7]。なお、本稿では栽培協定組織は分析の対象外とした。

（2）農業生産組織への農家参加状況

　農業生産組織への農家の参加状況をみる（**第4表**）と、農家の収穫面積規模が大きくなるにしたがって、組織への農家参加率も上昇する傾向にある。共同利用組織が最も高いが、3.0-5.0haで参加率は鈍化する。1985年の参加率は5.0ha以上で20.8％であるが、90年では18.9％に低下する。その一方で、

（5）最初の調査である「集団的生産組織に関するリスト作成」では、市町村、農協、農業改良普及所等が組織のリスト作成を目的として代表者の氏名及び若干の項目について聞き取ったものである。
（6）農業生産組織に関する統計調査については、農業生産組織研究会（1980）が大変詳しい。

第13章　1970-1980年代の水田農業における農業生産組織の動向とその後の展開に関する統計分析

第4表　都府県における稲収穫面積規模別農業生産組織の参加状況

（単位：％）

稲収穫規模	共同利用組織		受託組織		協業経営組織	
	85年	90年	85年	90年	85年	90年
0.1-0.3ha	6.4	7.2	1.1	1.5	0.5	0.6
0.3-0.5	8.6	7.6	1.5	1.8	0.7	0.8
0.5-1.0	10.8	10.1	1.8	2.4	0.8	1.2
1.0-1.5	13.6	12.8	2.0	2.9	1.1	1.7
1.5-2.0	15.2	14.4	2.3	3.4	1.2	1.7
2.0-3.0	16.9	15.4	3.0	4.3	1.3	1.8
3.0-5.0	19.8	18.4	5.3	6.8	1.5	1.9
5.0- ［秋田除く］	20.8	18.9	10.3	13.3	2.0	2.5

資料：農業センサス.

注：5ha以上は秋田県を除いた.

　1985年の受託組織への参加率は5.0ha以上でも10.3％にとどまるが、90年は13.3％へとやや上昇する。協業経営組織については、1990年でも5 ha以上の2.5％が最高である。

　地域別に稲収穫面積5 ha以上農家の組織への参加状況を**第5表**に示す。共同利用組織は北関東（1985年で参加率36.0％）、近畿（同33.3％）が高く、東北（秋田除く）、北九州でも20％を超えている。受託組織では東海の参加率が42.9％と高く、近畿、山陽が20％以上である。85年から90年にかけて共同

（7）それぞれの組織の定義は以下の通りである。共同利用組織とは、複数の農家が、農業機械・施設の利用に関する規定により結合している組織をいい、共同利用とは、組織が共同で購入あるいは借入れた機械・施設を、共同作業によって共同利用する場合のことをいうとされている。したがって、共同所有個別利用の場合はこの共同利用組織に含まれていない。農作業受託組織とは、農業経営、全面農作業又は部分作業を受託し、一定の受託料を収受する組織である。ここで対象としている作業は、育苗、植付、耕起、代かき、防除、中耕、除草、刈取り、乾燥、脱穀・調製である。また、栽培協定組織については本稿の分析では対象としないが、この組織には、栽培協定に取り組む農家集団に加え、これに関連する共同作業、機械施設の共同利用を行うものも含まれている。協業経営組織とは、2戸以上の世帯が、共同で出資し、一つ以上の農業部門の生産から生産物の販売、収支決算、収益の分配に至るまでの経営すべてを共同で行う組織である。

第2部　水田フル活用政策の歴史的比較

第5表　稲収穫5ha以上農家における農業生産組織の参加状況

(単位：%)

	共同利用組織		受託組織		協業経営組織	
	85年	90年	85年	90年	85年	90年
東北［秋田除く］	20.1	19.1	5.5	7.9	0.9	2.0
北陸	15.8	15.3	12.2	17.0	4.5	5.0
北関東	36.0	32.2	8.4	10.3	1.2	1.2
南関東	9.9	13.3	6.2	7.2	2.5	0.0
東海	17.6	7.9	42.9	37.5	1.7	4.5
近畿	33.3	23.5	25.9	24.3	1.9	2.2
山陽	16.4	18.6	20.0	7.6	1.8	0.0
北九州	21.3	26.3	8.8	12.9	3.8	1.6
［参考］秋田	67.8	9.0	0.5	1.6	0.9	1.0

資料：農業センサス

利用組織での参加率が上昇している地域は、南関東、山陽、北九州であり、受託組織では東北（秋田除く）、北陸、北関東、南関東、北九州である。共同利用組織への大規模農家の参加率が上昇する地域よりも、受託組織の参加率が上昇している地域の方が多い。

（3）農業生産組織の設立状況

　1985年調査において農業生産組織のうち、主位作物が稲作の組織は13,733組織、麦の組織は3,310組織、豆類の組織は2,180組織ある（**第6表**）。これら組織の設立年代みると、稲作の組織は1969年以前のものが15.9％、1970～74年が27.8％、1975～79年が32.0％、1980～85年が24.3％であり、当時では過半が1970年代に設立されたものであった。麦類では1974年以前に設立された組織の割合が6.8％に対し、1975～79年が27.4％、80～85年が65.8％であり、75年頃から麦の生産組織の設立が始まり、80～85年に大きく増加している。同様に豆類の組織も、1974年以前は4.5％に過ぎず、75～79年が12.3％、80～85年が83.2％を占める。つまり、豆類の生産組織は1980年以降に急速に設立されている。このように稲作は1970年以降、麦は1975年以降、そして大豆は1980年以降に設立された組織が多い。これら組織の設立時期の

第 13 章　1970-1980 年代の水田農業における農業生産組織の動向とその後の展開に関する統計分析

第6表　主位作目別農業生産組織の設立の推移（都府県）

（単位：組織、%）

	組織数	1964 年 以前	1965- 1969 年	1970 – 1974 年	1975 – 1979 年	1980 – 1985 年
稲	13,733	6.0	9.9	27.8	32.0	24.3
麦	3,310	0.5	1.3	5.0	27.4	65.8
豆類	2,180	0.6	0.6	3.3	12.3	83.2

資料：1985 年農業生産組織調査

第7表　地域ブロック別農業生産組織の立地状況

（単位：組織、%）

		都府県	東北	北陸	関東 東山	東海	近畿	中国	四国	九州
実数	稲	13,733	3,894	1,976	2,228	1,102	1,402	1,420	426	1,283
	麦	3,310	219	489	952	119	581	133	105	712
	豆類	2,180	288	278	501	30	225	340	28	490
構成比	稲	100.0	28.4	14.4	16.2	8.0	10.2	10.3	3.1	9.3
	麦	100.0	6.6	14.8	28.8	3.6	17.6	4.0	3.2	21.5
	豆類	100.0	13.2	12.8	23.0	1.4	10.3	15.6	1.3	22.5
	稲	(71.4)	(88.5)	(72.0)	(60.5)	(88.1)	(63.5)	(75.0)	(76.2)	(51.6)
	麦	(17.2)	(5.0)	(17.8)	(25.9)	(9.5)	(26.3)	(7.0)	(18.8)	(28.7)
	豆類	(11.3)	(6.5)	(10.1)	(13.6)	(2.4)	(10.2)	(18.0)	(5.0)	(19.7)

資料：1985 年農業生産組織調査

規定要因は、稲作については機械化、麦と大豆については転作対応と機械化の進展によるものと考えられる。

　次に地域ブロック別に農業生産組織の設立状況について、主に取り組む作目別にみると（**第7表**）、稲が中心の生産組織は東北（3,894組織、28.4％）、関東・東山（2,228組織、16.2％）、北陸（1,926組織、14.4％）で多いが、東海、近畿、中国、九州でも組織数は1,000組織を超えている。稲の生産組織は全国的に設立が進んだ。麦が中心の生産組織は関東・東山（952組織、28.8％）が突出して多く、次いで九州（712組織、21.5％）、近畿（581組織、17.6％）となる。豆類のそれは近年、組織の設立が急速に進んだことから、組織数そのものはまだ少ないが、関東・東山（501組織、23.0％）、九州（490組織、22.5％）、中国（340組織、15.6％）の3地域で都府県の約6割を占め

277

第2部　水田フル活用政策の歴史的比較

ている。

　地域ブロック別に、それぞれの地域における生産組織の作目別に立地状況
をみると、東北では稲の生産組織の割合は88.5％と圧倒的に高く、東北では
稲を中心に取り組む組織が多い。東海も同様に稲中心の組織が多く、その割
合は88.1％である。北陸、中国、四国では、稲に中心的に取り組む組織の割
合はそれぞれ72.0％、75.0％、76.2％へとやや低下しており、その分、北陸
（17.8％）と四国（18.8％）では麦類の割合がやや高く、中国では豆類の割合
（18.0％）がやや高い。そして、関東・東山、近畿、九州では、稲中心の生
産組織の割合はそれぞれ60.5％、63.5％、51.6％と低く、関東・東山と近畿
では麦中心の生産組織の割合が高く（25.9％、26.3％）、九州は麦と豆類の生
産組織の割合がそれぞれ高い（28.7％、19.7％）

　このように東北と東海では稲が中心の生産組織の割合が高く、関東・東山
と近畿は麦が中心の生産組織の割合が相対的に高く、九州では麦や豆類が中
心の生産組織の割合が高い。

　次に麦や大豆を対象とした農業生産組織への参加率と、それぞれの作物を
田で生産している農家の取組割合を**第4図**に示す。基本的には農業生産組織
への参加率が高い地域ほどそれぞれの作物に取り組んでいる農家割合は高く
なるが、特に大豆についてみると、農業生産組織の参加率が高い地域では農
家の取組割合も高い傾向が見られる。大豆生産における農業生産組織の重要
さが現れている。

　また、こうした農業生産組織について、設立の範囲をみると（**第5図**）、
多くが集落内を範囲として設立されている。ここで対象作物ごとにやや詳し
くみる。稲については、集落を範囲とした割合は、5～7割程度であり、集
落を超えた組織化が一定程度見られる。一方、麦、大豆で集落を範囲とした
割合は、7～9割であり、集落をベースとした組織が多い。つまり、麦や大
豆の農業生産組織は集落の転作実施を主な目的として設立されたと考えられ
る。ただし、四国については集落を範囲とした組織は少ない。

278

第13章　1970-1980年代の水田農業における農業生産組織の動向とその後の展開に関する統計分析

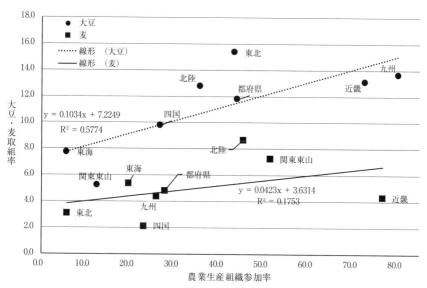

第4図　大豆・麦の取組と生産組織への参加状況

資料：1985年農業センサス、1985年農業生産組織調査
注：大豆・麦取組率は、田のある農家のうち田で稲以外の作物を作った農家のうち大豆あるいは麦を作付けした農家の割合である。農業生産組織農家参加率は、対象作目別に農業生産組織に参加した農家数を田で稲以外の作物を作った農家のうちそれぞれの作物を作った農家で除した割合である．

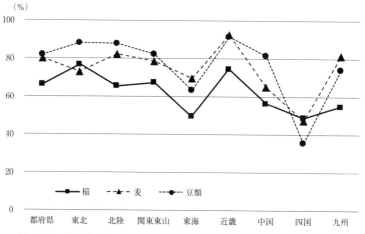

第5図　農業集落内の構成員で設立された農業生産組織の割合

資料：1985年農業生産組織調査報告書

279

第2部　水田フル活用政策の歴史的比較

4．集落営農実態調査にみる経営発展の状況

　1970〜80年代の転作の実施主体は農家が中心であり、当初、大規模農家が転作の中心であったが、その後は規模にかかわらず全農家が転作を実施するように変化してきた。ただし、規模による転作作物への取組の相異が見られた。まず、麦は大規模農家による取組が多く、大豆は中小規模農家が多い構造にある。これは、麦については個別に所有する稲作機械等で対応することが可能であり、大型機械を所有する大規模農家が麦に取り組みやすかったことが考えられる。他方で、大豆は収穫機械が必要となり、その導入のために組織化が図られることとなるが、その過程で中小規模農家も参加しやすかったことが考えられる。

　したがって、転作に取り組むために、各地で生産の組織化が図られたが、その多くは集落内の農家を集めて、農業生産組織が設立されたものと考えられる。

　そうした農業生産組織の一部は、集落営農組織になるとともに、経営発展しているものも少なくないと考えられるが、その経営実態は不明である。そこで、集落営農実態調査（平成22年）のデータを利用して分析する。

　設立年代別に集落営農の取組内容を**第8表**に示した。2009年までに設立された集落営農数（都府県）は13,000であり、このうち1980年代以前に設立された集落営農は、「1979年以前」が13.3％、「1980年代」が8.5％であり、約2割がシェアである。この年代の集落営農数は2,836である[8]。他方で直近の「2005-09年」の集落営農数のシェアは、53.5％と過半数を占めており、旧品目横断的経営安定対策の影響を受けて設立されたことがよくわかる。

　経営概要についてみると、まず設立年次が新しい集落営農ほど、法人化が進んでおり、1980年代以前に設立された集落営農で法人化した割合は3％程度と極めて低い一方で、「2000-04年」と「2005年以降」は20％前後である。また、1980年以前に設立された集落営農は、経営所得安定対策への加入率は

280

第 13 章　1970-1980 年代の水田農業における農業生産組織の動向とその後の展開に関する統計分析

低く、「1979年以前」は6.7％、「1980年代」は15.8％であるのに対して、「2005年以降」は83.1％である⁽⁹⁾。

具体的な取組内容をみると、「稲の生産・販売」や「麦、大豆の生産・販売」の実施率は、「2005-09年」が7割程度であるのに対して、「200-04」年以前は4割を切る水準であり、とりわけ1980年代以前では2割にも満たない。一方で機械の共同利用・所有は、「1979年以前」でも70.8％、1980年代以降は概ね8割代であり、この取組割合は全期間を通じて高い⁽¹⁰⁾。

1980年代以前に設立された農業生産組織の一部は、現在も存続し、集落営農実態調査で捕捉されていると考えるが、その経営内容は当初の設立時の経営内容と大きく変わっていないものも少なくない。農業生産組織を発展させて、共同販売、法人化へと農業経営体へと変化している組織も多少確認されるが、多くは作業受託組織等にとどまっていると言えよう。

ただし、平成31（2019）年集落営農実態調査による設立年代別の集落営農数から減少率（平成22（2010）年調査との比較）を算出すると、「1979年以前」の減少率は28.7％、「1980年代」が20.2％である。30〜40年前、あるいは40年以上前に設立された集落営農が約10年経過しても、7〜8割が存続している。他方で、「2005-09」年に設立された組織では10年で4分の1が減少している⁽¹¹⁾。1980年代以前の集落営農は経営体化していなくても、その存続の強靱性が伺え、地域農業にとって定着していることがわかる。

（8）前掲第7表（1985年調査）における稲、麦、大豆の作目別組織の合計は19,223であることから、同調査と集落営農実態調査の対象組織が同一と考えれば、捕捉率（あるいは残存率）は14.8％である（ここでの集落営農実態調査の数は「1980年代以前」であり対象時期にズレがあるが、参考として算出を試みた）。

（9）この時期に設立された集落営農が「政策対応型集落営農」と言われるゆえんである。

（10）農業生産・販売の取組割合が低い年代（とりわけ1980年代以前）にあっても、集落営農の経営耕地面積が大きいが、これは集落営農の取組として関与している面積を回答している可能性がある。

（11）合併によって再編している場合には、集落営農数が減少するため、過小評価の可能性がある。

第2部　水田フル活用政策の歴史的比較

第8表　設立年代別集落営農の取組内容（都府県）

		単位	1979年以前	1980年代	1990年代	2000-04年	2005-09年
集落営農数の年代別割合（～2009年）		%	13.3	8.5	11.8	12.8	53.5
概要	法人化率	%	2.9	3.1	11.9	20.6	18.9
	平均参加農家数	戸	36.9	40.4	39.4	38.9	41.6
	平均経営耕地面積	ha	14.8	16.7	16.8	17.7	31.4
	平均作業受託面積	ha	10.1	8.2	10.3	9.7	7.1
経営所得安定対策加入率		%	6.7	15.8	32.2	41.1	83.1
集落内の営農を一括管理・運営している		%	5.8	13.2	20.2	27.7	37.4
活動内容	稲の生産・販売	%	9.1	18.1	39.5	42.4	70.1
	麦、大豆の生産・販売	%	8.0	18.9	30.9	40.4	67.8
	機械の共同所有・利用	%	70.8	86.4	88.9	82.2	78.5
	農作業の受託	%	47.6	61.2	64.2	64.2	42.3
	出役作業（機械作業なし）	%	26.9	31.6	39.3	42.1	53.2
	土地利用調整	%	46.5	50.0	53.3	60.3	74.6
収支の一元経理	農業機械の利用・管理	%	55.1	70.1	85.7	82.9	78.4
	オペレーター等の賃金	%	49.8	64.7	81.7	79.4	77.6
	資材の購入	%	29.4	39.6	56.7	63.0	82.7
	生産物の出荷・販売	%	16.1	26.1	44.3	53.4	86.5
	農業共済	%	11.5	21.5	39.5	48.6	76.5
集落営農減少率（平成31年2月調査）		%	28.7	20.2	17.7	12.1	25.6

資料：集落営農実態調査（平成22（2010）年、平成31（2019）年）
注：「麦、大豆の生産・販売」には原料用ばれいしょも含む.

5．おわりに

　現在の水田農業の担い手の一つに集落営農組織が存在する。農家の集団化、組織化は、1970年代頃から活発化するが、中核農家の育成のための補完組織という位置付けのものと、転作が本格的に取り組む1980年代以降にムラの機能を活用して転作を促すための組織化というものがあった。現在の集落営農組織の一部は、後者の組織がその母体となっていると考えられる。本稿では、そうした動きについて過去の統計データから整理するとともに、現在におけるそれら組織の状況について統計分析した。

282

第 13 章　1970-1980 年代の水田農業における農業生産組織の動向とその後の展開に関する統計分析

　1970 ～ 80年代の転作は、当初、大規模農家が中心であったが、その後は規模にかかわらず全農家が転作を実施するようになった。しかし、農家の経営規模によって転作作物への取組に相違が見られた。まず、麦は大規模農家による取組が多く、大豆は中小規模農家が多い構造にある。これは、麦については個別に所有する稲作機械等で対応することが可能であり、大型機械を所有する大規模農家が麦に取り組みやすかったことが考えられる。他方で、大豆は収穫機械の導入が求められ、その導入にあたって組織化が図れることとなり、その過程で中小規模農家でも参加しやすかったことが考えられる。したがって、転作を実施するために、各地で組織化が図られたが、その多くは集落内の農家を集めて、農業生産組織が設立されたと考えられる[12]。

　しかし、その一方で1970年代 ～ 80年代にかけて設立された農業生産組織について、統計分析すると、2010年頃に取り組まれていた事業は機械の共同利用や共同作業が中心であり、経営収支の一元化を図るなどの経営体として独立した組織にまで発展しているものは少なかった。これら組織は、30 ～ 40年前に設立した時から、取組内容が大きく変化していないものが多いと推察される。経営体として組織を発展させるよりも、農家の補完組織として維持存続させてきたとも言える。

　こうした組織においては、設立から長らく存続しており、構成員の世代交代を経験している組織も多いと考える。旧品目横断的経営安定対策によって設立された集落営農の多くは、構成農家が高齢化・離農することによって維持存続が困難化している。1970-80年代に設立された組織が現在も活動を継続している要因を検討することは、参考になる可能性が高い。事例調査に基づいた要因の検討が望まれる。

---

(12)事例の中には、新潟県長岡市旧越路町のように、農業生産組織が法人化するとともに、法人化する中で構成員が農業専従者に特定され、現在の集落営農組織では捕捉できなくなったものも存在する（平林（2014））。

第 2 部　水田フル活用政策の歴史的比較

参考資料
・安藤光義（2019）「構造政策とむらの関係—歴史的な展開と変容」土地と農業
　（49）
・梶井功・高橋正郎編『集団的農用地利用』筑波書房
・梶井功（1986）『現代農政論』柏書房
・小野智昭（2012）「集落営農の発展と法人化について」農林水産政策研究所編
　『集落営農の発展と法人化—2009年度日本農業経済学会大会特別セッションの記
　録—』
・小野智昭（2014）「集落営農実態調査の変遷と集落営農の類型」2014年度日本農
　業経済学会論文集
・昭和農業技術発達史編纂委員会（1995）『昭和農業技術発達史　第 3 巻　畑作
　編・工芸作編』、農林水産技術情報協会
・水田農業確立研究会（1987）『62年版水田農業確立対策必携』
・水田農業確立研究会（1987）『62年度版水田農業確立対策の手引・250問250答』
・全国農業会議所（1982）『水田利用再編対策〈優良事例集〉』
・田代洋一・鈴木直建（1982）『水田利用再編下の八郎潟農業』日本の農業（140・
　141）、農政調査委員会
・田代洋一（1993）『農地政策と地域』日本経済評論社
・津田渉（1994）「新政策路線と生産組織のゆくえ」今村奈良臣編著『農政改革の
　世界史的帰趨』農文協
・津田渉（2009）「秋田県大潟村大規模水田経営の現局面」農業経営研究（47）　1
・農業生産組織研究会編（1980）『日本の農業生産組織』農林統計協会
・平林光幸（2014）『良質米産地における担い手育成戦略の10年』日本の農業（248）、
　農政調査委員会

第14章

おわりに
―水田フル活用政策の歴史的性格―

西川邦夫

1．はじめに

　本書の目的は、水田フル活用政策が日本の水田利用に及ぼした影響を検証することで、同政策の到達点を明らかにすることであった。課題に接近するために、本書では第1に水田フル活用政策自体の分析として、実施期間中の水田利用の地域的展開を検討した（第1部）。第2に、1970年代から1980年代にかけて実施された水田利用再編対策との比較を行った（第2部）。以下では、まず「2」で第2章以降の各章を、編者の解釈も加えながら要約し、これまでの分析を振り返る。続いて「3」では、各章の分析から得られた事実を、本書の2つの視角に沿って整理し考察する。そして最後に、「4」では水田農業政策と研究に関する今後の課題を提示し、本書の総括としたい。

2．本書の要約

　第2章から第9章までは、水田フル活用政策による水田利用の地域的展開を、統計分析と実態調査から明らかにしたものである。

（1）第2章「北海道水田農業の特徴と良食味米産地の実態」

　本章では北海道の水田農業の現状を描いている。統計に基づき、都府県と比べた北海道水田農業の特徴が指摘されるとともに、北海道の中でも良食味

米地帯とされる上川中央・比布町での実態調査によって良食味米産地の実態が明らかにされた。都府県と比べた北海道水田作経営の行動は、作物収入の大きさや農業経営費の低さによって生まれた余剰（現金・預貯金）を農地購入に投じて、規模拡大を行うというものであった。近年の比布町における急速な農業構造変動は、こうした水田作経営の行動が原動力となっていると考えられる。

　北海道水田作経営の良好なパフォーマンスは、第1に水稲作付面積の割合の高さに象徴される作物収入の多さで説明できる。それをもたらしているのは、都府県と比較した単収の高さと近年の米価の上昇である。比布町では非主食用稲の作付が増加しているが、転作助成への依存が強い飼料用米ではなく、加工用米を選択していることも影響している。非主食用稲のうち何を選択するかの重要性を示している。第2に大区画圃場の整備である。比布町の水田は道営圃場整備事業によって概ね1ha区画に整備されており、購入した農地では大規模水田作経営が自己負担で畦抜き等の面工事を実施していた。圃場整備は農業機械と家族労働力を効率的に利用する前提となる。

（2）第3章「都府県における稲麦経営に関する統計分析」

　本章では統計分析によって以下の点を明らかにしている。第1に、2005年から2015年にかけて、品目横断的経営安定対策の影響で稲麦の経営主体は家族経営体から組織経営体へと大きくシフトしたことである。稲麦経営では作付面積が増加、二毛作面積も増加し、土地利用率が118.2％から124.6％へ、二毛作率も26.0％から29.1％へ上昇した。このような動きは、二毛作地帯の北関東、北九州で顕著に観察することができる。第2に、北関東、北九州では大豆の作付面積が減少する一方で稲の作付面積が増加している。夏作で大豆から非主食用稲に作付が転換し、それが水田二毛作の拡大を促したという、第5章（栃木県）の分析と整合的である。

　第3に、稲麦経営における麦作部門の位置づけを明らかにした。二毛作地帯の10a当たり所得は、関東、北九州ともに稲の方が高いが、1時間当たり

第 14 章　おわりに―水田フル活用政策の歴史的性格―

所得でみると転作麦が多い関東では稲よりも麦が高く、二毛作が多い北九州では麦よりも稲の所得が高いという結果となった。規模の経済性を見ると、関東では規模が大きな個別経営ほど労働生産性が高まっているが、北九州ではそうした関係を見出すことはできないとしている。北関東ではかつて転作麦単作で経営規模を拡大する、いわゆる「夏季休閑」が普及したことが指摘されてきた。本章の分析は関東における麦の労働生産性の高さを示すことで、【夏季休閑＋麦】という作付単元をとる経済合理性を明らかにしたものといえよう[1]。一方で、麦の労働生産性が低い北九州においては、夏作の水稲と冬作の麦を合計した所得水準が問題となる。この点について第 3 章では掘り下げた分析はされていないが、夏作の非主食用米の収益性を改善する水田フル活用政策は、北九州の二毛作に少なくともネガティブな影響は与えなかったと考えられる。

（3）第 4 章「茨城県における飼料用米の作付拡大と水田作経営の行動」

　本章では、主食用米の「過剰作付県」とされてきた茨城県において、飼料用米による生産調整の進展の過程と、水田作経営の行動の特徴を明らかにしている。同県の状況を見ることで、2014 年から主食用米の需給調整に偏倚したとされる、水田フル活用政策の問題点の一端が把握できると考えられる。

　これまでは飼料用米収入が主食用米収入を上回った翌年に、農業者が飼料用米作付を増やすというのが基本的なパターンであったが、2021 年産は異なった。情報提供と推進活動、さらに作付転換に必要な予算を十分確保することで、農業者の間に出来秋における価格下落と所得確保に対する「期待」を形成し、作付選択の変容を促すというフォーワード・ガイダンス的な枠組

（1）秋山（1985）、pp.83-84、94、を参照。秋山の議論は転作助成に注目したものであり、麦の交付金が通年借地の小作料を上回るので、交付金を小作料代わりに委託者に支払う期間借地を受託者が選好するというものであった。なお、夏季休閑、麦単作という奇形的土地利用を克服する展望は、転作受託組織による稲麦二毛作の再生と地代負担力の上昇に与えられていた。二毛作の担い手としての集落営農組織に注目する、本書の視角にも通ずるものである。

みが用いられたのである。しかし、飼料用米への転換は水田生産力の上昇に結びついていない。検討が行われた水田作経営では，「コシヒカリ」以外の品種について追肥が必要であるにもかかわらず，労働力不足のために実施されず単収が停滞し、大規模水田作経営の営農体系は粗放的なものとなっている。主食用米から飼料用米への作付転換に力は注がれたが、水田作経営の生産力構造には注意が払われてこなかった結果であるとしている。

（4）第5章「栃木県における水田二毛作の再編と担い手」

　本章では、栃木県小山市における飼料用米の作付拡大を通じた水田二毛作の再編と、担い手の実態を明らかにしている。同市では水田フル活用政策の実施以降、飼料用米として「あさひの夢」と「とちぎの星」の作付面積が増加した。この両品種は、2010年代に流行したイネ縞葉枯病に抵抗性を有し、普通期栽培に適しているため麦収穫と田植の重複を避けることができた。その結果、これまで作付面積の多かった「コシヒカリ」よりも二毛作でも高い水稲単収をあげられるようになり、既存の稲麦二毛作の維持と、麦一毛作の二毛作化を促進することになった。

　また、農業者の高齢化による中耕培土の困難化及び連作障害の発生により、大豆の作付面積は縮小し、収穫作業を担ってきた大豆コンバイン利用組織の解散が相次いでいた。飼料用米は大豆に置き換わって水田二毛作の維持に貢献していた。交付金による収益性の下支えもあり、【非主食用稲＋麦】の作付単元は、【大豆＋麦】に匹敵する農業所得を実現したからである。非主食用稲の導入は北関東において、①主食用米の置き換え、②大豆の置き換え、③夏期不作付田（夏期休閑）の解消による麦一毛作の二毛作化、という3つのルートを通じて、水田二毛作の拡大と田利用率の上昇をもたらす結果となった。

（5）第6章「新潟県における水田園芸導入の実態と課題」

　本章では、農業生産における米の位置づけが高く、米に代わる作物が見当

第 14 章　おわりに―水田フル活用政策の歴史的性格―

たらない新潟県における園芸作の導入に焦点を当てた。そして、水田での枝豆生産の実態を検討し、水田園芸導入の課題を明らかにしている。そこでのポイントは、主食用米からの作付転換に際しての園芸作と非主食用稲の作付選択である。

　新潟県は作付面積では全国トップの枝豆産地だが、自家消費に依存した粗放的な生産が主である。地域別に見ると上越と中越での作付増加が目立っている。トラクターアタッチメント型収穫機の普及に対応して作業面積を確保できる、大規模水田作経営が多く存在する地域で作付面積が増加しているのである。一方で、枝豆生産拡大を阻んでいるのは、主食用米をはじめ米の所得が枝豆よりも高く、強粘質土壌の水田での排水対策が必要であることの2点である。後者は稲作作業と競合し、場合によっては稲作への復帰を困難とするためハードルは高い。その結果、枝豆作経営のほとんどは、水稲作業との競合が避けられる規模の作付面積にとどめ、調製以降の作業も農協に委託をしていることが明らかになった。確かに収穫後の調製・包装作業を行い、予冷庫も所有して農協以外に販売する大規模な経営も一部に出現しているものの、枝豆のこれ以上の作付拡大は展望していなかった。水田園芸を拡大するのであれば、稲作作業と競合しない作物の検討が不可欠ということのようだ。

（6）第7章「瀬戸内地方における水田二毛作の存立構造」

　本章では、岡山県と香川県の平坦水田地域での近年における水田二毛作の動向に影響を与えた要因を明らかにし、瀬戸内地方における水田二毛作を維持・拡大するのに必要な方策を検討している。

　気象条件等が似通っている両県だが、水田フル活用政策の影響は異なった。岡山県では水田二毛作が維持されているのに対して、香川県では減少が進んでいる。分析の結果、水田二毛作の維持には、多様な水稲晩生品種の確保が必要であることが明らかにされた。晩生品種は田植適期を遅らせ、作物切り替え時の労働ピークを緩和し、水田作経営の規模拡大を可能にする。岡山県

は「アケボノ」「朝日」「雄町」等の多様な晩生品種を作付けることで、水田二毛作を維持していた。それに対して、香川県は溜池水利の制約や小麦の熟期が遅いなどの制約に加えて、晩生品種の欠如が田植適期を短くし、集落営農組織の規模拡大を妨げていることが示された。香川県では田植作業が作業適期を過ぎて行われるため、水稲の単収が岡山県と比べて30～60kgも低くなっている。水田二毛作を維持するには晩生品種の開発・普及がポイントであるとしている。

（7）第8章「北部九州における水田二毛作の到達点と課題」

本章では、2000年以降進展してきた北部九州における水田二毛作の到達点と課題を、特に冬作の麦類に注目して明らかにしている。分析で明らかになったことは、第1に需要のある麦の品種への転換と、品目横断的経営安定対策の規模要件による担い手の「特定」により、1経営体当たり、また合計でも麦作の作付規模が拡大した。第2に、水田麦作が盛んな市町村では、大規模な土地利用型農業経営体による農地集積が進んでおり、それらが水田麦作を担っていた。第3に、実態調査を行った糸島市における水田二毛作の担い手は、単収増を伴いながら、豊富な資本設備をバックとした大規模家族経営であった。しかし、今後生じることが予想される規模拡大の壁に後継者層がどのように対応していくかが水田二毛作の長期的な発展に向けてのポイントであること、麦類生産量の増加による乾燥・調製・貯蔵を担うカントリエレベーターの受け入れキャパシティ問題、増産した麦類の販路確保の問題などが存在していることも指摘されている。

（8）第9章「南九州における水田二毛作の存立条件」

本章では、稲と飼料作物により二毛作が行われている宮崎県を事例として取り上げ、南九州における水田二毛作の存立条件を明らかにしている。近年の水田二毛作は、夏作の主食用米が稲WCSと加工用米に転換し、冬作ではイタリアンライグラス等の飼料作物の作付が拡大した結果、【稲WCS＋飼料

作物】と【加工用米＋飼料作物】の作付単元が普及している。

　南九州における水稲と飼料作による水田二毛作の存立条件は、①焼酎産業による加工用米需要の高まり→②加工用米を中心とした米の転作に対する重点的な政策的支援→③冬作の飼料作は耕畜連携として畜産経営が作業を実施→④高齢化した畜産経営の飼料作作業を受託するコントラクター組織の存在と整理することができる。水田二毛作を維持するための核となっているのが、集落営農組織やJA出資型農業生産法人等の組織的経営である。現在の交付金体系を前提としつつ、こうした経営が労働力を確保できるか否かに南九州における水田二毛作の維持が懸かっているとする。

　第10章から第13章までは、水田フル活用政策の比較対象として、1970年代から1980年代にかけて実施された、水田利用再編対策を中心とした生産調整政策の実績を再検討する。

（9）第10章「1970-80年代の水田農業政策」

　本章では、「食管制度の堅持」の下で進められた米の生産調整は、本当に正しい選択であったのかという問題意識の下、米の生産調整の基本的な方向を決めることになった1970年代から1980年代初めにかけての水田農業政策展開の整理を行っている。政策担当者の発言録等から課題に接近している。

　水田利用再編対策で政策の軌道が固まった後は、財政の制約のため生産調整面積は増加しても予算は増えず、転作奨励金単価と受給要件の細かい改変が繰り返され、これを補う形で生産調整に実効性を与えたのが集落の活用であったとする。これは「地域農政」の下で推進された「農地の自主的管理」と共振し、1980年代には集落（むら）重視の農政が一つの潮流を形成することになったとしている。また、世界食料危機と第1次石油危機の下での食料安全保障が国策として浮上したため生産調整は緩和され、また、冷害が頻発することでアクセルを踏み切れない一方、豊作年もあるなど、偶然を含む不安定な政策環境の下で難しい舵取りが迫られたため、水田農業政策はある方

向を目指して一直線には進むことはできなかったとする。しかし、生産調整の狙いは財政支出の削減にあり、予算の制約から、価格（生産者米価）引下げ・生産調整協力者限定の直接支払い（補償支払い）という選択肢、自給率向上のために必要な麦、大豆、飼料作物（特に飼料用穀物）への水田利用の抜本的な転換、あるいは過剰米の加工用米・飼料用米・輸出用米への転換といった選択肢もなかったと結論づけている。

(10) 第11章「米生産調整政策の展開と労働力流動化政策」

　本章では、農外労働市場と生産調整政策の関連について、当時の政策文書や先行研究を整理して考察した。農外労働市場における労働力需給の状況と農業政策は密接な関係を持っている。少なくとも、農業基本法に基づく構造政策の展開による農家労働力の流出と、高度経済成長期の旺盛な労働力需要は一体のものであった。しかしながら、生産調整と労働力流動化政策の関係については、これまでほとんど言及されてこなかった。

　本章では労働政策及び労働力需給状況と生産調整の関係を検討し、比較的高額の転作奨励金基本額を組み込んだ生産調整政策は、工業の地方分散・工業労働力確保施策の一環に組み込まれていることを指摘した。本章でも指摘されているように、生産調整の実施が労働力の流出を促すという主張はこれまでも多くあり、また水田利用再編対策の構造政策的側面を強調する見解は存在した（佐伯（1987）、pp.51-52、田代（1993）、pp.233）[2]。兼業滞留構造を維持するために生産調整が行われたという本章の指摘は、研究史上ユニークなものであろう。

　他方、雇用兼業従事者数の減少という形で労働力基盤としての農村の力に陰りが見え始めた1975年ごろから、低賃金労働力基盤は農村から都市既婚女子へと移っていく。それまで兼業滞留を支える力となり増額傾向にあった転

（2）ただし、佐伯、田代ともに、政策の意図とは裏腹に、実際の展開は必ずしも構造再編にはつながらなかったことも指摘している。

作奨励金基本額が一挙に切り下げられるのは、労働力基盤としての農村の位置づけから見ても必然であったと言ってよい。奨励金が削減されることによって、1980年代末以降、水田農業は縮小過程に入るのである。

(11) 第12章「1970〜80年代の水田農業生産力」

本章では、1970年代から1980年代の水田農業生産力を統計分析に基づいて検証した。分析によって明らかになった点は、第1に米、田作麦（小麦、麦類）、田作大豆の労働生産性は3〜4倍に向上したが、土地生産性は微増にとどまり、いずれも「省力偏進」傾向にあったことである。第2に、1970年代後半から1980年代前半は全国各地で水稲以外作物の作付率が伸張するとともに水田利用率も向上し、水田高度利用化が進展した。地域によって伸張した水稲以外作物の種類や作付率も異なり、それぞれの地域の実情に合わせて水田の利活用が取り組まれた。しかしながら、1980年代後半になると関東以西の水田利用率は停滞・減少へ転じた。第3に、1970年から1990年にかけての田面積増減率は水稲作付面積の増減率と正の相関関係にある。1970年代から1980年代にかけても、水稲を作付けることが水田の維持につながっていたことが確認できる。この点は、非主食用稲の作付が田本地利用率の上昇をもたらした。水田フル活用政策にも通ずるところがあるだろう。

(12) 第13章「1970-1980年代の水田農業構造」

本章では、1970年代から1980年代にかけての農業生産組織の展開について、統計分析から検討した。当時の生産組織は大規模農家と転作大豆を原動力として設立されたものが多かった。生産組織への参加率は大規模農家ほど高く、地域別にみると農業生産組織への参加率が高い地域ほど大豆への取組率も高い分析結果が得られた。しかしながら生産組織はほとんどが共同利用組織、受託組織にとどまっており、協業経営まで発展したものはわずかであった。『集落営農実態調査』を用いて現在の地点から1970年代から1980年代にかけて設立された組織を検証しても、共同利用組織や受託組織が多いことが確認

された。つまり、現在経営体として展開している集落営農組織と、1970年代から1980年代にかけて設立された生産組織に連続性は無いのである。

3．考察

（1）水田利用の地域的展開

　第1表は、第1部の事例分析から水田利用に関する指標を取り出して整理したものである。それぞれの事例によって分析期間、データのとり方も異なる。よって大まかな傾向を検討することになるが、第1章での分析結果と合わせながら水田フル活用政策下の水田利用の地域的展開を考察したい。

　政策による水田利用への影響は、最終的には田本地利用率に現れる。そのような観点から田本地利用率の動向を見ると、第1に、水田フル活用政策が最もポジティブな影響を与えたのは、二毛作地帯の栃木県（＋8.5ポイント（以下、「pt」と表記））、福岡県（＋8.0pt）であった。第5章で明らかにしたように、栃木県においては夏作への非主食用稲の導入によって（＋11.3pt）、大豆の置き換えと夏季休閑の解消が起きた。その結果として、水田二毛作が拡大した。福岡県については、第8章の分析が冬作の麦に焦点を当てていたので同様の論理は見出せなかったが、大規模水田作経営に非主食用稲が広範に導入されていることも示されている。非主食用稲は連作障害や機械更新に問題がある大豆の代わりとして、また夏期休閑を解消するものとして、さらには冬作の収穫と夏作（水稲）の田植が競合する春作業を円滑にすることで、水田二毛作の拡大を可能にしたのである。その他の二毛作地帯である岡山県（－1.3pt）と宮崎県（－1.1pt）でも、田本地利用率の後退は最小限に抑えられた。宮崎県の場合は2020年においても110.5％と高い田本地利用率が維持されており、主食用米早期栽培の後退によって主食用米作付割合が大きく低下したこと（－10.7％）を考慮すると、非主食用稲の普及による効果は上々であったと評価できよう[3]。

　非主食用稲の出荷先が確保されていたことも重要である。栃木県では隣県

294

第14章　おわりに—水田フル活用政策の歴史的性格—

第1表　事例分析の総括表

単位：kg/10a

		北海道 （上川中央）	茨城	栃木	新潟	岡山	香川	福岡	宮崎
分析期間		～2020年	2008 ～2021年	2010 ～2020年	2010 ～2020年	2010 ～2020年	2010 ～2020年	2000 ～2021年	2013 ～2020年
主食用米 作付割合	期首	-	76.9%	64.7%	74.9%	68.4%	62.7%	-	50.9%
	期末	60.9%	65.4%	59.4%	75.5%	63.4%	50.4%		40.2%
	増減 ポイント		-11.5%	-5.3%	0.6%	-5.0%	-12.3%		-10.7%
非主食用稲 作付割合	期首	-	0.0%	4.0%	7.3%	1.7%	0.6%	-	13.5%
	期末	6.0%	12.5%	15.3%	10.5%	4.5%	1.3%		24.5%
	増減 ポイント		12.5%	11.3%	3.2%	2.8%	0.7%		11.0%
（水稲合計）	期首	-	76.9%	68.7%	82.2%	70.1%	63.3%	-	64.4%
	期末	66.9%	77.9%	74.7%	86.0%	67.9%	51.7%		64.7%
	増減 ポイント		1.0%	6.0%	3.8%	-2.2%	-11.6%		0.3%
二毛作田割合	期首	-	-	15.5%	-	8.1%	19.9%	40.0%	24.5%
	期末			19.8%		9.5%	18.0%	46.0%	26.6%
	増減 ポイント			4.3%		1.4%	-1.9%	6.0%	2.1%
田本地利用率	期首	-	-	100.2%	92.8%	89.8%	98.0%	122.0%	111.6%
	期末	91.6%	87.4%	108.7%	94.4%	88.5%	87.8%	130.0%	110.5%
	増減 ポイント			8.5%	1.6%	-1.3%	-10.2%	8.0%	-1.1%
非主食用米単収		-	512	540～600	540	421～620	岡山県と 比べて -30～-60	-	625
田の作付単元		・水稲 ・麦 ・大豆	・水稲 ・大豆-麦	・水稲-麦 ・大豆-麦 ・水稲	・水稲 ・野菜	・水稲-麦	・水稲-麦	・水稲-麦	・水稲-飼料
担い手		個別経営	個別経営	集落営農	個別経営	個別経営	集落営農	個別経営	集落営農 コントラ

資料：各章より作成。
注：1）割合は全て田本地面積に対するもの。
　　2）茨城県の非主食用稲作付割合は飼料用米の値で求めた。

の茨城県鹿島港から飼料用米を海上輸送することが可能であり、宮崎県では地域の畜産経営がWCS用稲を利用する耕畜連携が形成されていた。また、岡山県と宮崎県では、加工用米も大きな役割を果たしていた。岡山県の場合は清酒の酒造好適米（晩生）の、宮崎県では焼酎原料としての加工用米（普通期栽培）の作付拡大により、春作業の競合を回避することが可能になった。

（3）第1章・第4表では、2010年から2020年にかけて南九州における田本地利用率は＋8.1ptである。宮崎県だけで計算すると、＋9.9ptである。データの出所が異なるので本章の分析結果と単純な比較はできないが、ここまでのずれは説明が難しい。データのとり方を含めて検証していく必要がありそうである。

ただし、第1章で指摘したように、飼料用米と比べて加工用米は市場の拡大に限りがあったので、水田利用に及ぼす効果も小さかったということが言えるだろう。

なお、岡山県と自然的条件が似通っている、瀬戸内海対岸の香川県では、田本地利用率が大きく低下した（-10.2pt）。第7章では香川県における水稲晩生品種の不在を、岡山県との違いとして指摘した。しかしながら、四国における担い手形成の遅れに注目して分析する必要もあるだろう。水田農業の縮小再編の中で、特に四国における担い手形成の遅れはこれまでも度々指摘されてきた[4]。一方で、水田二毛作が維持・拡大した他の地域では、担い手の特定が水田フル活用政策に先立って、2007年に導入された品目横断的経営安定対策への対応を1つの契機として行われたのであった。

第2に、北海道、茨城県、新潟県のような水稲単作地帯においては、田本地利用率は維持にとどまった、**第1表**における新潟県の変化は+1.6ptである。第1章・**第4表**の分析では北海道-0.4pt、同じように茨城県を計算すると-0.3ptになる。水稲単作地帯においては、水田フル活用政策は主食用米から非主食用稲への置き換えにとどまったのである。しかしながら、長年継続してきた田本地利用率の低下を押しとどめたという点も、それ自体は重要な政策効果である。これらの地域、特に茨城県（県南地方）と新潟県は、水稲以外の作付が困難な湿田が多く、そのことが主食用米からの作付転換の障害となってきた。小川真如が指摘するような、水田フル活用政策における劣等地（湿田）の保全効果は、水稲単作地帯によく当てはまるのであろう（小川（2022）、pp.367-373）。

（4）1995年農業センサス分析において、宇佐美繁は四国における5ha以上層への農地集積の鈍化、農業衰退的様相の強まりを「四国的現象」と呼んだ。宇佐美（1997）、p.44、を参照。その後、農業衰退は西日本から東日本へ、中山間地域から平地地域へという移行の論理で捉えられてきた。本書の分析結果からは、四国という地域に内在する問題として改めて捉え直す必要があるように思われる。

第 14 章　おわりに―水田フル活用政策の歴史的性格―

　以上の検討より、水田フル活用政策の特徴として指摘できることは、①田利用率の上昇と二毛作の拡大、②政策実施に先立った担い手形成ということになるだろう。

（2）水田利用再編対策との比較

　第2部の各章における共通した問題意識は、外部環境が類似している2つの政策を比較することで、水田フル活用政策の性格をより明確にしようということ、そして本格的な生産調整が始まる同時期に別の選択肢は無かったのか再検討しようということである。

　まず後者の点から論じる。本書の結論は、主食用米の過剰に対して交付金による作付転換で対応するという、現在の生産調整に代わる選択肢は現実のものとはなりえなかったということである。財政制約を中心とした当時の政策形成過程の側面からも（第10章）、また労働力流動政策と兼業滞留構造との関係の側面からも（第11章）、他の選択肢を取る可能性は無かったと言える。以上の点は、2つの政策を比較する前提として押さえておきたい。生産調整をやめることは現在も過去も極めて難しく、そのことを前提として議論を進めていく必要がある。

　そのうえで、第12章では当時の農業生産力構造について興味深い事実を明らかにしている。1970年代から1980年代を通じて田利用率は上昇し、水田二毛作は回復した（＝①田利用率の上昇と二毛作の拡大）。それは、麦、大豆。飼料作物等の畑作物の作付が拡大したことによるものだった。一方で、水稲の作付を維持している地域ほど田面積を維持し、そのことが田利用率を高めていることも明らかになった。水田利用再編対策の第3期対策からは、他用途利用米制度が創設されて湛水利用を進める手法も整えられた。

　そのうえで、なぜ水田利用再編対策は畑地利用を優先させたのか。それは、水田利用再編対策が水田農業の構造再編を、作付転換と同時に進めようとしたからということになろう（≠②政策実施に先立った担い手形成）。水稲と比べて畑作物の麦・大豆・飼料作物は規模の経済が働きやすく、経営の大規

297

模化を要求する。大規模化を推し進めるために水田利用再編対策で設けられたのが、団地化転作、集落恒久化転作等の、転作助成に対する各種加算措置である。これらは転作の団地化を通じて、耕作する主体を特定の専業的農家や受託組織に誘導することを狙ったものであった（佐伯（1987）、pp.52-53）[5]。実際に転作麦大豆の受託組織が多く設立され、現在まで継続している組織も存在することは、第13章でも指摘されているところである。

　一方で、水田フル活用政策には構造政策的な要素は組み込まれていない。政策が形成された2000年代後半の政治環境が、品目横断的経営安定対策への反動から構造政策に否定的であったということもあるだろう。しかし、本書で明らかにしたように、その品目横断的経営安定対策によって担い手が一応特定されていたことが、水田フル活用政策を実施する前提となっていたのである。水田利用再編対策と水田フル活用政策を比較した時に、両者の違いとして明確化されたのは、構造政策の有無、それに派生する手法としての畑地利用と湛水利用の違い、ということになる。

4．おわりに

　本書の副題にもある、水田フル活用政策の歴史的性格を規定する段階となった。水田フル活用政策とは、経営の規模拡大を促進するという意味での構造政策を欠き、それゆえ手法として湛水利用をとった生産調整政策である。より端的に表現すると、ポスト構造政策の生産調整政策とすることができよう。政策の空気が徐々に構造政策的な色彩を弱めていく中で[6]、水田フル活用政策は13年間にわたって継続したのである。ただし、政策自体が構造政策の色彩を弱めたことと、現実に農業構造問題が消失したかは別問題である。今後離農はますます進み、2015年と比べて2030年には、関東地方では担い手

（5）畑作物による規模拡大効果を加算措置によって追求した典型例が、2000年から2003年にかけて実施された水田農業経営確立対策であろう。安藤（2005）、pp.250-253、を参照。

第 14 章　おわりに―水田フル活用政策の歴史的性格―

が担う農地面積は 1 経営当たり4.8倍（25ha→121ha）になるという推計もある（松本（2018）、pp.72-73）。本書では農業構造の分析は手薄であった。改めて検証が求められよう。

　水田フル活用政策は水田利用の重点を変えた。畑地利用から湛水利用への本格的な転換は、本政策で初めて実現した。しかしながら、水田生産力を上昇させる効果が乏しかったことも指摘する必要がある。**第 1 表**を再び見ると、事例分析における単収には幅が大きく、高くても600kg/10a（10俵）にとどまっている。2022年における主食用米の平年単収536kg/10aとは、60kg（1俵）程度の差しかない⁽⁷⁾。非主食用米には多収品種の導入による単収の上昇、生産コストの削減も期待されていたが、必ずしもそのような状況にはなっていない。本書でも冬作の麦では顕著な単収の上昇が見られたが（第 8 章）、非主食用米ではなぜそのようにならないのか、生産力構造に接近した検証が必要であろう。水田農業政策はやみくもな経営規模の拡大から、単収の上昇への誘導に舵を切るべき時である。生産力の上昇は規模拡大だけでなく、単収の上昇によっても達成できる。本書でも度々登場した、新品種の開発に注目したい。

　最後に、本書では分析することができなかったが、米市場の観点からも水田フル活用政策の残したものを指摘したい。同政策は日本に本格的な非主食用米市場を形成した。現在のところ、制度的に主食用米市場と非主食用米市場は切り離されている。しかしながら、第 1 章でも検討した様に、作付転換

（6）毎年農業政策の評価を行っている財政制度等審議会は、2017年に農地中間管理事業の評価として、「自発的に担い手への集積が進むのであれば、必要な政策の重点は、単に担い手に農地を集中させること（＝集積）ではなく、まとまりのある農地にして生産性を高めること（＝集約）に向けられるべきである」と指摘している。財政制度等審議会「平成30年度予算の編成等に関する建議」（2017年11月）、pp.68-69、を参照。財政当局からの規模拡大をあえて促進する必要はないという指摘は、政策形成の場における空気を示していることがうかがえる。

（7）農林水産省『作物統計』（2022年）による。

に対する財政支援と非主食用米市場内部での代替関係にもとづいて、間接的に主食用米市場に影響を与える市場構造となっている。生産調整政策に対する財政的な制約が強まっていく中で、水田フル活用政策が残した非主食用米市場がどのようになっていくかという点も、今後注視していく必要があるだろう。

〔参考文献〕
・ 秋山邦裕（1985）『稲麦二毛作経営の構造』（日本の農業155）農政調査委員会.
・ 安藤光義（2005）『北関東農業の構造』筑波書房.
・ 松本浩一（2018）「水田作経営における最小適正規模の上昇の可能性に関する一考察」『関東東海北陸農業経営研究』108：71-77.
・ 小川真如（2022）『現代日本農業論考—存在と当為、日本の農業経済学の科学性、農業経済学への人間科学の導入、食料自給力指標の罠、飼料用米問題、条件不利地域論の欠陥、そして湿田問題—』春風社.
・ 佐伯尚美（1987）『食管制度—変質と再編—』東京大学出版会.
・ 田代洋一（1993）『農地政策と地域』日本経済評論社.
・ 宇佐美繁（1997）「農業構造の変貌」『農業構造の動向分析に関する結果報告 日本農業の展開構造』農林統計協会：11-70.

執筆者紹介

安藤　光義（あんどう　みつよし）
　東京大学大学院農学生命科学研究科教授
　専門は農政学、構造政策、農地制度論
　主な著書として『北関東農業の構造』筑波書房（単著）、『日本農業の構造変動』農林統計協会（編著）など

友田　滋夫（ともだ　しげお）
　日本大学生物資源科学部食品ビジネス学科准教授
　専門は農村労働市場論
　主な著書として『経済構造転換期の共生農業システム　労働市場・農地問題の諸相』農林統計協会（共著）、『農政の展開と農業・農村問題の諸相』農林統計出版（共著）など

平林　光幸（ひらばやし　みつゆき）
　農林水産省農林水産政策研究所総括上席研究官
　専門は農業政策論、農業構造問題
　主な著書として『良質米産地の担い手育成戦略の10年』農政調査委員会（単著）など

渡部　岳陽（わたなべ　たかあき）
　九州大学大学院農学研究院准教授
　専門は農業構造論、農業政策論
　主な著書として『農地政策と地域農業創生―参加型改革の原点を探る―』東北大学出版会（共著）、『転換期の水田農業―稲単作地帯における挑戦―』農林統計協会（共著）など

編著者紹介

西川　邦夫（にしかわ　くにお）

　茨城大学学術研究院応用生物学野准教授

　専門は農政学、比較農業論

　主な著書として『「政策転換」と水田農業の担い手―茨城県筑西市

田谷川地区からの接近―』農林統計出版（単著）、『環太平洋稲作

の競争構造―農業構造・生産力水準・農業政策―』農林統計出版

（共編著）など

水田利用と農業政策
―水田フル活用政策の歴史的性格―

2024年12月6日　第1版第1刷発行

　　　　　　　　編著者　　西川 邦夫

　　　　　　　　発行者　　鶴見 治彦

　　　　　　　　発行所　　筑波書房
　　　　　　　　　　　　　東京都新宿区神楽坂2－16－5
　　　　　　　　　　　　　〒162－0825
　　　　　　　　　　　　　電話03（3267）8599
　　　　　　　　　　　　　郵便振替00150－3－39715
　　　　　　　　　　　　　http://www.tsukuba-shobo.co.jp

　定価はカバーに示してあります

印刷／製本　平河工業社
© 2024 Printed in Japan
ISBN978-4-8119-0687-4 C3061